机械制图

（第二版）

》 主 编 毕 思 张宗巧

》 副主编 王 伟 蒋慧琼 周 健

U0172428

华中科技大学出版社
http://press.hust.edu.cn
中国·武汉

图书在版编目(CIP)数据

机械制图/毕思,张宗巧主编. —2 版. —武汉：华中科技大学出版社,2022.11
ISBN 978-7-5680-8843-5

Ⅰ.①机… Ⅱ.①毕… ②张… Ⅲ.①机械制图-高等学校-教材 Ⅳ.①TH126

中国版本图书馆 CIP 数据核字(2022)第 211255 号

机械制图(第二版)　　　　　　　　　　　　　　　　　毕　思　张宗巧　主编

Jixie Zhitu(Di-er Ban)

策划编辑：袁　冲
责任编辑：史永霞
封面设计：孢　子
责任监印：朱　玢
出版发行：华中科技大学出版社(中国·武汉)　　　电话：(027)81321913
　　　　　武汉市东湖新技术开发区华工科技园　　　邮编：430223
录　　排：武汉创易图文工作室
印　　刷：武汉市籍缘印刷厂
开　　本：787mm×1092mm　1/16
印　　张：17.25
字　　数：453 千字
版　　次：2022 年 11 月第 2 版第 1 次印刷
定　　价：49.00 元

本书若有印装质量问题,请向出版社营销中心调换
全国免费服务热线：400-6679-118　竭诚为您服务
版权所有　侵权必究

前言

叶大萌主编的教材《机械制图》出版后，被很多学校选作教材，其编写团队也收到了很多建设性的意见和建议。本书在吸收学校的意见和建议的基础上进行修订，仍旧突出了实用、适用、够用和创新的特点。

本书以教育部制定的《高等学校工科画法几何及机械制图课程教学基本要求》为依据，参考了高等学校工科制图课程教学指导委员会提出的《画法几何、工程制图、计算机绘图系列课程内容与体系改革建议》，根据 21 世纪高级应用型人才培养的需求，并吸取了近年来教学改革的成功经验和同行专家的意见，精心编写而成。

第二版在保留第一版一些优点的基础上，在以下几个方面进行了改进。

(1)对第一版教材存在的不当之处进行更正。

(2)参照最新版"机械制图"与"技术制图"国家标准进行修改。

(3)全书各章均编写了综合题解或典型零部件分析，以利于培养学生分析问题和解决问题的能力。

(4)精简画法几何部分的知识，降低难度，加强制图基础知识和看图、画图基本技能方面的内容。

本书的主要内容包括制图的基本知识和技能，投影法，点、直线、平面的投影，投影变换，立体的投影，组合体的视图和尺寸标注，轴测投影图，机件的图样画法，标准件与常用件，零件图，装配图及薄壁零件的表面展开等。本书保留作为制图理论基础的基本内容，适当降低了画法几何部分的难度。制图基础和机械图部分是本书的重要内容，以培养读图能力为教学重点。本书适合应用型本科院校机械类和近机械类各专业的多学时与少学时教学选用。本书保留作为制图理论基础的基本内容，适当降低了画法几何部分的难度。制图基础和机械图部分是本书的重要内容，以培养读图能力为教学重点。本书适合应用型本科院校机械类和近机械类各专业的多学时与少学时教学选用。

本课程的学习和训练，将会让读者对工程图样的制图与识图有一个比较系统的了解，也为后续专业课程的学习奠定基础。

本次修订由武昌工学院毕思和张宗巧主编，武昌工学院王伟和蒋慧琼老师及武汉东湖学院周健老师也做了大量的工作。由于笔者能力有限，书中存在疏漏及错误不可避免，敬请读者批评指正！

编　者
2022 年 10 月

目录

第 0 章　绪论

0.1　本课程的性质和任务

在现代工业生产中,制造各种机器、设备、仪器仪表等,以及各类建筑物的施工都必须先进行设计,绘出图样,然后根据图样进行加工、装配或施工。在使用机器设备和仪器仪表时,也常常要通过阅读图样来了解它们的结构和性能。工程图样是现代工业生产中不可缺少的技术文件,是工程技术人员进行技术交流、沟通技术思想的语言基础。因此,掌握工程图样这门"语言",具备一定的工程图样制图与识图的能力是对所有即将进入工程技术领域的工程技术人员最基本的要求。本课程是一门既有系统理论又有较强实践性的技术基础课。绘制和阅读工程图样的技能必须在学习理论的基础上,通过大量的绘图和读图实践才能逐步掌握。

计算机绘图具有出图速度快、作图精度高等特点,而且图形以数据文件方式保存在磁盘中,便于管理、检索、修改、重用(在相似的或相关的设计中,只需对原有图形稍作修改即可得到新图)等。目前,计算机绘图技术正在被广泛使用并快速发展,作为应用型本科院校的学生,有必要单独进行课程学习,因此,本书不具体介绍 AutoCAD 等计算机绘图软件的基本功能及基本操作。

本课程研究的是用投影法绘制和阅读工程图样,以及解决空间几何问题的理论和方法,它是工科专业学生必修的一门学科基础课,其目的是培养学生的制图、识图技能及空间想象能力,同时又是学生学习后续课程和完成课程设计、毕业设计不可缺少的前提条件。

本课程的主要任务有以下几点。

(1)学习和掌握投影法,并以此为依据培养用二维平面图形表达三维空间形状的能力。

(2)培养绘制和识图工程图样的基本能力。

(3)培养空间几何问题的图解能力。

(4)培养空间想象能力和空间分析能力。

(5)培养工程意识,贯彻、执行国家标准的意识。

(6)培养认真负责的工作态度和严谨细致的工作作风,使其具备基本的工程职业道德。

此外,在教学过程中,还必须有意识地培养学生自学能力、分析问题和解决问题的能力,以及创造能力和审美能力。

■ 0.2 本课程的学习方法

本课程包括了画法几何、制图基础、机械图等内容,既有系统理论,又有较强的实践性和技术性。要学好这门课程,应注意以下几点学习方法。

(1) 认真预习、听讲和课后及时复习,掌握投影理论的基本概念和基本方法。

(2) 理论联系实际,自觉地多进行实践练习,由物到图、由图到物反复练习,逐步提高空间想象能力和空间分析能力。

(3) 在绘图过程中,要养成正确使用制图工具和仪器的习惯,按照正确的方法和步骤来画图和看图,使所绘制的图样内容正确、图面整洁。

(4) 严格遵守国家标准关于制图的相关规定,掌握查阅和使用国家标准及相关资料的方法。

第 *1* 章　制图的基本知识和技能

工程图样是产品设计、制造、安装等过程中的重要技术资料和技术交流的重要工具。为便于绘制、阅读、管理和交流，必须规定一个制图标准。工程技术人员只有熟悉并遵守有关制图标准，才能保证绘图和读图的顺利进行。

本章着重介绍机械制图国家标准中对图纸幅面和格式、比例、字体、图线、尺寸标注等的一些规定，以及一些绘图工具和仪器的使用方法、几何作图方法、平面图形的尺寸分析和画法、绘图方法和步骤等。

1.1　机械制图国家标准的基本规定

图样是工程界的共同技术语言，为了加强交流，必须对图样的画法、尺寸标注等作统一规定。每一个工程技术人员都必须树立标准化的概念，严格遵守、认真执行国家标准。

1.1.1　图纸幅面和格式(国家标准 GB/T 14689—2008)

1. 图纸幅面

图纸幅面是指图纸宽度与长度尺寸规格组成的纸张，用 $B \times L$ 代替。绘图时，应优先采用表 1-1 所规定的基本幅面 $B \times L$，标准图幅代号为 A0～A4。

表 1-1　图纸幅面代号及尺寸　　　　　　　　　　　　　　　　　单位:mm

幅面代号	A0	A1	A2	A3	A4
$B \times L$	841×1189	594×841	420×594	297×420	210×297
a	25				
c	10			5	
e	20		10		

必要时，也允许选用由基本幅面的短边成整数倍增加后所得出的加长幅面。如图 1-1 所示，图中粗实线所示为基本幅面(第一选择)；细实线和虚线所示为加长幅面(第二选择和第三选择)。

2. 图框格式

图框是指图纸上限定绘图区域的线框。图样无论是否装订，都应在图幅内用粗实线画出图框，其格式有两种：一种是需要装订的图样，图框格式如图 1-2(a)、(b)所示；另一种是

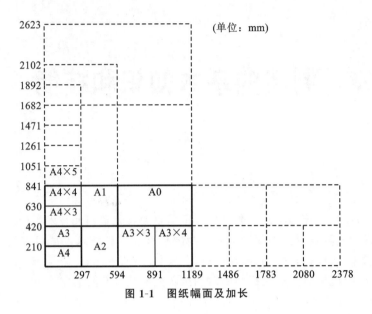

图 1-1　图纸幅面及加长

不需要装订的图样,图框格式如图 1-2(c)、(d)所示,其周边的尺寸按表 1-1 的规定。但需要注意的是,同一产品的图样只能采用一种格式。

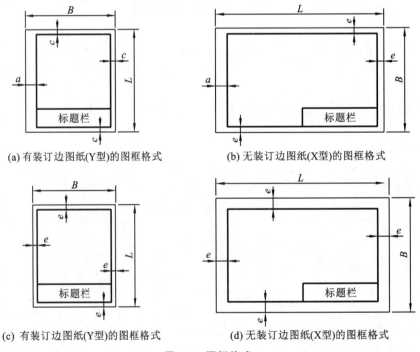

(a) 有装订边图纸(Y型)的图框格式　　(b) 无装订边图纸(X型)的图框格式

(c) 有装订边图纸(Y型)的图框格式　　(d) 无装订边图纸(X型)的图框格式

图 1-2　图框格式

为了复制和缩微摄影时定位方便,可采用对中符号,对中符号是从周边画入框内约 5 mm 的一段粗实线,如图 1-3 所示。

3. 标题栏

每一张图样都必须有标题栏。标题栏是由名称、代号区、签字区、更改区和其他区组成的栏目。标题栏可提供图样自身、图样所表达的产品及图样管理的若干信息,是图样不可缺少的内容。标题栏一般位于图纸的右下角,如图 1-2 所示,标题栏的底边与下图框线重合,标题栏的右边与右图框线重合。必要时也可按图 1-4 所示的方式配置。标题栏中文字的方向为看图方向,标题栏的格式由国家标准 GB/T 10609.1—2008 规定,如图 1-5(a)所示。学校制图作业中使用的标题栏可简化,建议采用如图 1-5(b)所示的格式。

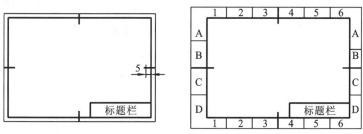

图 1-3　有对中符号的图框格式

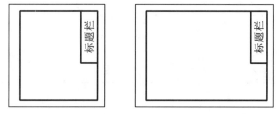

图 1-4　标题栏另一种方式配置

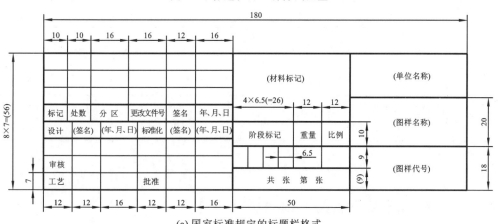

(a) 国家标准规定的标题栏格式

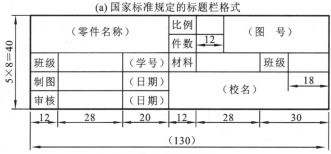

(b) 制图作业标题栏格式

图 1-5　标题栏格式

1.1.2 比例(国家标准 GB/T 14690—1993)

图样中机件要素的线性尺寸与实际机件相应要素的线性尺寸之比称为比例。国家标准规定绘制图样时一般采用如表 1-2(a)所示的比例。必要时,也允许选用如表 1-2(b)所示的比例。

为了能从图样上得到实物大小的真实概念,应尽量用原值比例,即 1:1 的比例画图。当机件不宜采用 1:1 画图时,可采用图形画得比相应实物小的方法,称为缩小比例,即 1:n;也可采用图形画得比相应实物大的方法,称为放大比例,即 n:1。但无论缩小或放大,在标注尺寸时,必须标注机件的实际尺寸。每一张图样上均要在标题栏的"比例"一栏中填写比例。

表 1-2 标准规定比例

种　　类	比　　例		
原值比例	1:1		
放大比例	5:1 $5 \times 10^n:1$	2:1 $2 \times 10^n:1$	$1 \times 10^n:1$
缩小比例	1:2 $1:2 \times 10^n$	1:5 $1:5 \times 10^n$	1:10 $1:1 \times 10^n$

(a)

种　　类	比　　例				
放大比例	4:1 $4 \times 10^n:1$	2.5:1 $2.5 \times 10^n:1$			
缩小比例	1:1.5 $1:1.5 \times 10^n$	1:2.5 $1:2.5 \times 10^n$	1:3 $1:3 \times 10^n$	1:4 $1:4 \times 10^n$	1:6 $1:6 \times 10^n$

注:n 为正整数。

(b)

1.1.3 字体(国家标准 GB/T 14691—1993)

图样中书写的汉字、数字、字母必须做到字体工整、笔画清楚、排列整齐、间隔均匀。如果图样上的字体很潦草,不仅会影响图样的清晰和美观,而且还会造成差错,给生产带来麻烦和损失。

各种字体的大小要选择适当,字体高度(用 h 表示)的公称尺寸系列为 1.8 mm、2.5 mm、3.5 mm、5 mm、7 mm、10 mm、14 mm、20 mm。如果需要书写更大的字,其字体高度按 $\sqrt{2}$ 的比率递增。字体的高度代表字体的号数。

1. 汉字

图样上的汉字应写成长仿宋字体,并应采用国家正式公布推行的简化汉字。汉字的高度 h 不应小于 3.5 mm,其字宽一般为 $h/\sqrt{2}$。

长仿宋字体的基本笔画是横、竖、撇、捺、点、挑、钩、折等,书写的要点在于横平竖直,注意起落,结构均匀,填满方格,每一笔画要一笔写成,不宜勾描。长仿宋字体示例如图 1-6 所示。

10 号字

字体工整　笔画清楚　间隔均匀　排列整齐

7 号字

横平竖直　注意起落　结构均匀　填满方格

5 号字

技术 制图 机械 电子 汽车 航空 船舶 建筑 矿山 井坑

3.5 号字

螺纹 齿轮 零件 公差 极限 调质处理 硬度

图 1-6　长仿宋字体示例

2. 数字和字母

数字和字母分为 A 型和 B 型:A 型字体的笔画宽度(d)为字高(h)的 1/14;B 型字体的笔画宽度(d)为字高(h)的 1/10。在同一图样上,只允许选用一种型号字体。字母和数字可写成斜体和直体,斜体字字头向右倾斜,与水平基准成 75°角。书写数字和字母如图 1-7 所示。

0123456789

数字斜体

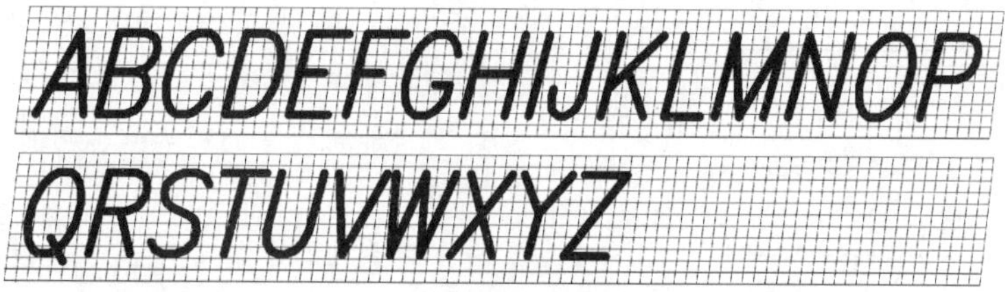

ABCDEFGHIJKLMNOP

QRSTUVWXYZ

大写斜体

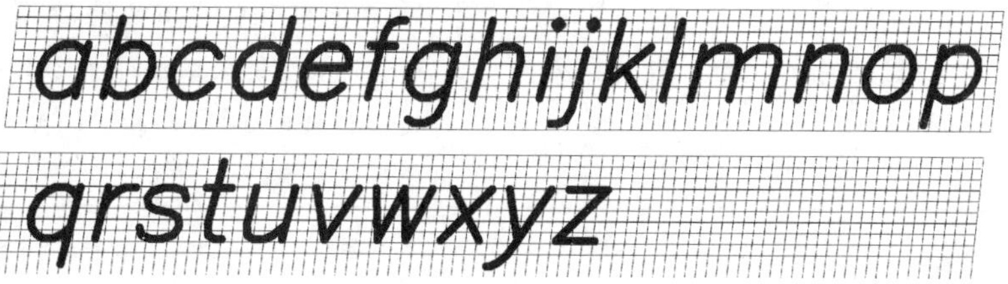

abcdefghijklmnop

qrstuvwxyz

小写斜体

图 1-7　数字及字母示例

在图样中书写用做指数、分数、注脚、极限偏差等的字母和数字时,一般采用小一号字体,如图 1-8 所示。

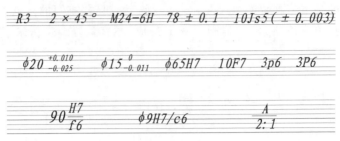

图 1-8　字体的应用示例

1.1.4　图线(国家标准 GB/T 17450—1998)

图线是起点和终点间以任意方式连接的一种几何图形,图形可以是直线或曲线、连接线或不连接线。国家标准对图线有详细的规定,此处仅介绍部分基本内容。

1. 图线形式及应用

机件的图样是用各种不同粗细和形式的图线画成的。

机械图样中,图线分为粗细两种,粗线的宽度 d 应按图的大小和复杂程度,在下列数系中选择:0.13 mm、0.18 mm、0.25 mm、0.35 mm、0.5 mm、0.7 mm、1.0 mm、1.4 mm、2.0 mm。细线的宽度为 $d/2$。机械图样的常用图线如表 1-3 所示。图线应用示例如图 1-9 所示。

表 1-3　机械制图常用图线

图线名称	图 线 形 式	图线宽度	主 要 用 途
粗实线	——————	d	可见轮廓线、可见棱边线、相贯线等
细实线	——————	$0.5d$	尺寸线、尺寸界线、剖面线、引出线、重合断面的轮廓线
波浪线	∿∿∿∿	$0.5d$	机件断裂处的边界线、视图与局部剖视的分界线
双折线	⌐√⌐	$0.5d$	断裂处的边界线
虚线	- - - - - -	$0.5d$	不可见轮廓线
细点画线	— · — · —	$0.5d$	轴线、对称中心线、轨迹线、节圆及节线
粗点画线	— · — · —	d	有特殊要求的线或表面的表示线
双点画线	— · · — · · —	$0.5d$	极限位置的轮廓线、相邻辅助零件的轮廓线、假想投影轮廓线、中断线

2. 图线画法

(1) 点画线和双点画线的首末两端应为"画"而不应为"点"。它们中的点是极短的一画(长约 1 mm),不能画成圆点,且应点、线一起画。

(2) 同一图样中,同类型图线的宽度应一致,虚线、点画线及双点画线的线段长度和间隔应各自大致相等。

(3) 两平行线之间的距离应不小于粗实线的 2 倍宽度,其最小距离不得小于 0.7 mm。

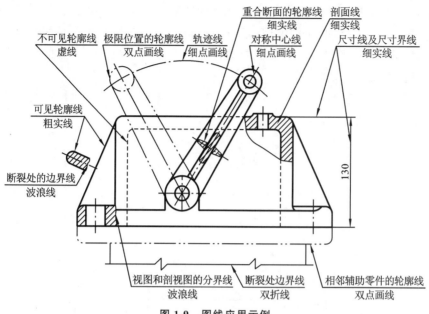

图 1-9　图线应用示例

（4）虚线、点画线或双点画线和实线相交或它们自身相交时，应以"画"相交，而不应为"点"或"间隔"相交。

（5）在较小的图样上绘制细点画线和细双点画线有困难时，可用细实线代替。

（6）绘制圆的对称中心线时，圆心应为线段的交点。首末两端超出轮廓线为 2～5 mm。

（7）虚线、点画线或双点画线为实线的延长线时，不得与实线相连。

图 1-10 所示为图线在相交、相切处正确与错误画法的比较。

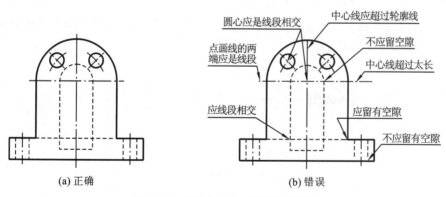

图 1-10　图线在相交、相切处的画法

1.1.5　尺寸标注(国家标准 GB/T 16675.2—2012)

1. 尺寸标注的基本规则

（1）机件的真实大小应以图样上所注的尺寸数值为依据，与图形的大小及绘图的准确度无关。

（2）图样中(包括技术要求和其他说明)的尺寸，以毫米为单位时，不需标注计量单位的代号或名称,如果用其他单位,则必须注明相应的计量单位的代号和名称。

(3) 图样中所注的尺寸为该图样所示机件的最后完工尺寸,否则应另加说明。

(4) 机件的每一个尺寸一般只标注一次,并应标在反映该结构最清晰的图形上。

2. 尺寸的组成

一个标注完整的尺寸应具有尺寸界线、尺寸线、尺寸数字和符号,以及表示尺寸线终端的箭头或斜线,如图 1-11 所示。

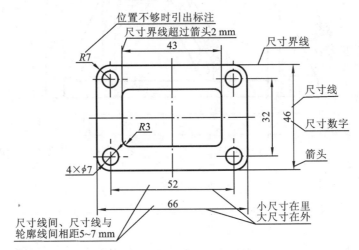

图 1-11　尺寸的组成及标注示例

(1) 尺寸界线用来表示所注尺寸的范围。尺寸界线用细实线绘制,并应由图形的轮廓线、轴线或对称中心线处引出。也可借用轮廓线、轴线或对称中心线作尺寸界线。尺寸界线一般应与尺寸线垂直,并超出尺寸线的终端 2 mm 左右。

(2) 尺寸线用来表示尺寸度量的方向。尺寸线用细实线绘制,其终端有两种形式,即箭头和斜线,如图 1-12 所示。

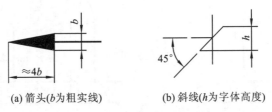

(a) 箭头(b为粗实线)　　　(b) 斜线(h为字体高度)

图 1-12　尺寸线终端的画法

绘制尺寸线应注意以下几点:

① 尺寸线必须用细实线单独绘制,不能借用图形中的任何图线,也不能画在其他图线的延长线上;

② 尺寸线终端采用箭头的形式时,箭头尖端应与尺寸界线接触,同一张图纸上箭头的大小要一致,采用斜线的形式的尺寸线与尺寸界线必须垂直,同一张图样中尽量采用同一种尺寸线终端的形式;

③ 标注线性尺寸时,尺寸线必须与标注的线段平行;

④ 当采用箭头时,在位置空间不够的情况下,允许用圆点或斜线代替箭头。

（3）尺寸数字表示机件尺寸的实际大小。线性尺寸数字一般标注在尺寸线的上方，也可标注在尺寸线的中断处，但同一张图样上的标注方法应保持一致。国家标准中还规定了一组表示特定含义的符号，作为对数字标注的补充及说明，如表 1-4 所示。

表 1-4　尺寸标注常用符号及缩写词

名称	直径	半径	球直径	球半径	厚度	正方形	45°倒角	深度	沉孔或锪平	埋头孔	均布
符号或缩写词	ϕ	R	$S\phi$	SR	t	□	C	↓	⊔	∨	EQS

3. 各类尺寸的标注

线性尺寸、圆及圆弧尺寸、角度尺寸、弧度尺寸、曲线尺寸、简化注法及其他标注方法如表 1-5 所示。

表 1-5　各类尺寸的标注方法

标 注 内 容	示　　例	说　　明
线性尺寸的数字方向		尺寸数字应按左图所示的方向注写，并尽可能避免在图示 30°范围内标注尺寸，当无法避免时，可按右图的形式标注
角度		尺寸界线应沿径向引出，尺寸线画成圆弧状，圆心是角的顶点。角度的数字一律水平书写，一般应注在尺寸线的中断处，必要时也可按右图的形式标注
圆及圆弧		直径、半径的尺寸数字前必须加符号"ϕ"、"R"。通常对小于或等于半圆的圆弧在半径数字前注半径符号"R"，大于半圆的圆弧则在直径数字前标注直径符号"ϕ"
大圆弧		用大圆弧无法标出圆心位置时，可按此图例标注

标注内容	示　例	说　明
小尺寸	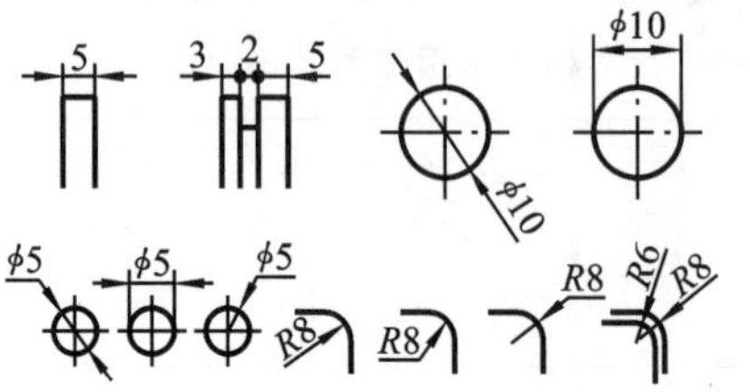	没有足够位置时,箭头可画在尺寸界线的外面,或用小圆点代替两个箭头;尺寸数字也可写在外面或引出标注,圆和圆弧的小尺寸,可按这些图例标注
球面	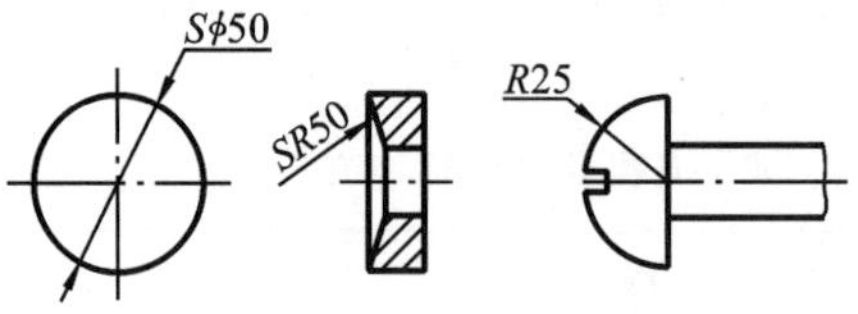	标注球面的尺寸,如左侧两图所示,应在"φ"或"R"前加注"S"。对于螺钉、铆钉的头部、轴和手柄的端部等,在不致引起误解的情况下,可省略符号"S",如右图所示
弦长和弧长	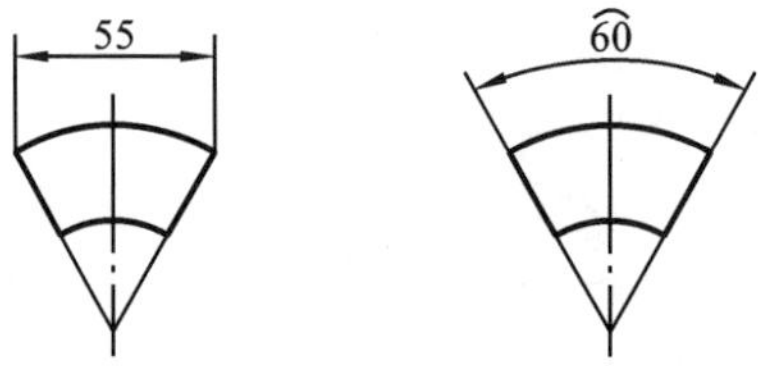	标注弦长和弧长时,如图例所示,尺寸界线应平行于弦的垂直平分线;标注弧长尺寸时,尺寸线用圆弧,并在尺寸数字上方加注符号"⌒"
对称机件只画出一半或大于一半时	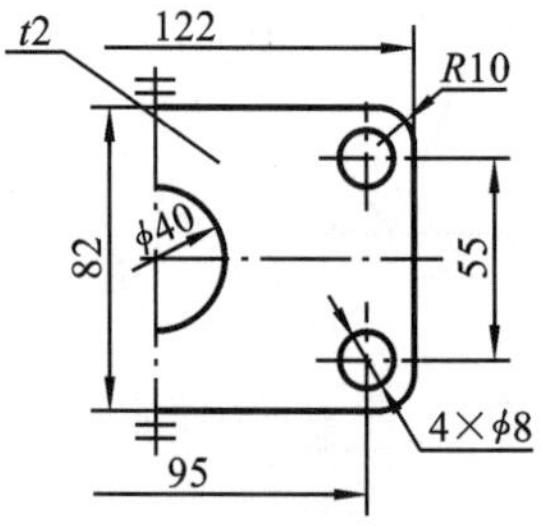	尺寸线应略超过对称中心线或断裂处的边界线,仅在尺寸线的一端画出箭头。图中在对称中心线两端分别画出两条与其垂直的平行细实线即对称符号
板状零件		标注薄板状零件的尺寸时,可在厚度的尺寸数字前加注符号"t"
光滑过渡处的尺寸	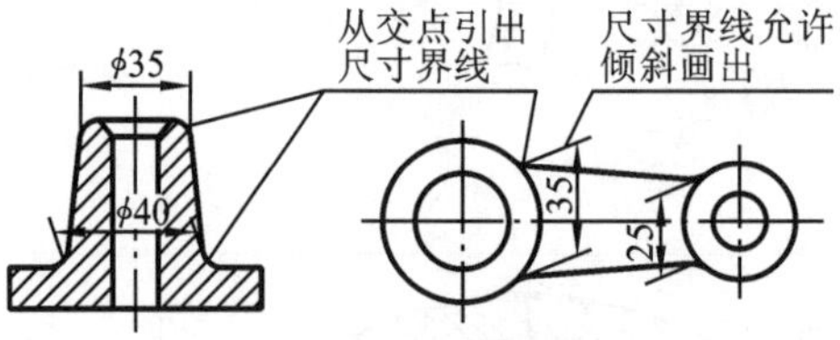	尺寸界线一般与尺寸线垂直,当尺寸界线接近轮廓线时,允许倾斜画出。在光滑过渡处标注尺寸时,必须用细实线将轮廓线延长,从它们的交点引出尺寸界线

续表

标注内容	示　例	说　明
正方形结构	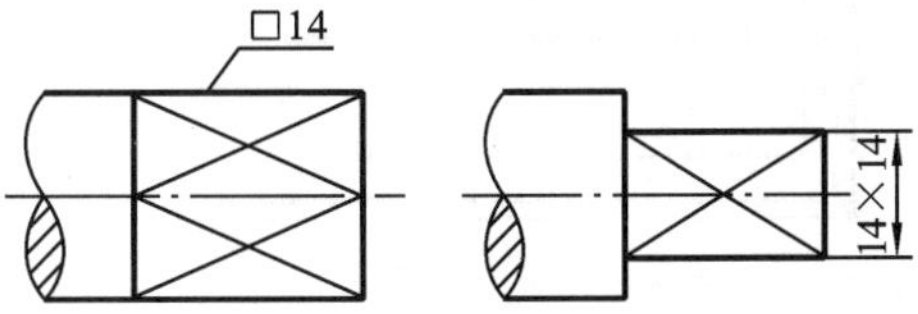 □14　　14×14	标注断面为正方形结构的机件尺寸时,可在边长尺寸数字前加注符号"□",或者用 14×14 代替□14 图中相交的两条细实线是平面符号(当图形不能允许表达平面时,可用这个符号表示平面)
斜度和锥度	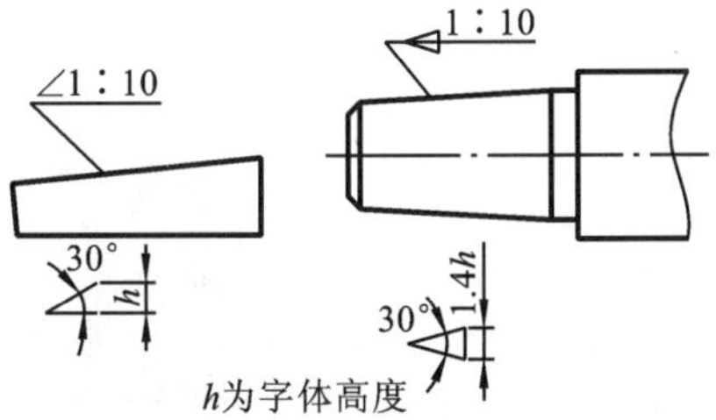 ∠1:10　　1:10　　30° h　　30° 1.4h　　h为字体高度	斜度、锥度可用例图中所示的方法标注,符号的方向应与斜度、锥度的方向一致
均布孔的标注	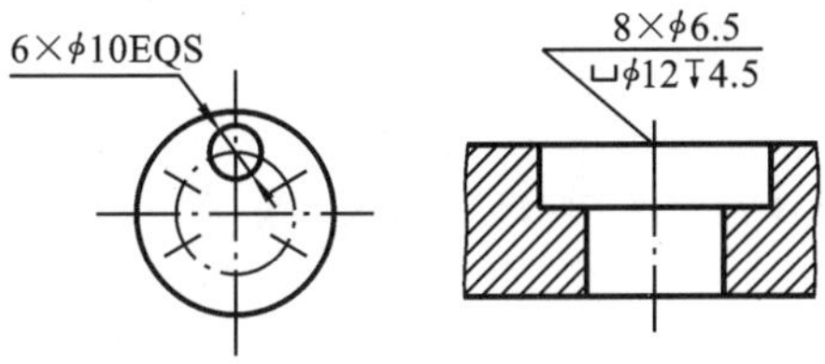 6×φ10EQS　　8×φ6.5 ⊔φ12↧4.5	均匀分布的孔,可按例图所示标注

1.2　绘图工具和仪器的使用

在绘图中要想保证绘图质量,提高绘图速度,必须正确使用绘图工具和仪器。下面介绍几种常用的绘图工具、仪器及它们的使用方法。

1.2.1　图板、丁字尺和三角板

图 1-13 所示为图板、丁字尺和三角板。

1. 图板

图板的规格有 0 号(900 mm×1200 mm)、1 号(600 mm×900 mm)、2 号(450 mm×600 mm)等,可根据需要选用。图板是画图时的垫板,因此要求其表面光洁平整,四边平直。

2. 丁字尺

丁字尺用于画水平线,它由尺头和尺身组成,绘图时尺头必须紧贴图板,水平线必须自左向右画,如图 1-14(a)所示。丁字尺还常与三角板配合起来画铅垂线,如图 1-14(b)所示,

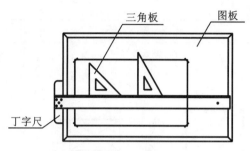

图 1-13 图板、丁字尺和三角板

将丁字尺上下滑动,可画出一系列相互平行的水平线。

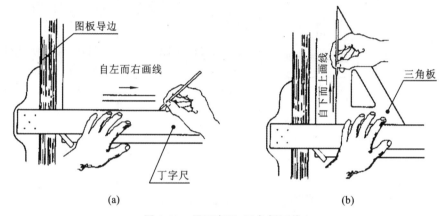

图 1-14 用丁字尺、三角板画线

3. 三角板

一副三角板有 45°和 30°/60°的各一块,用一块三角板能画出与水平线成 30°、45°、60°的倾斜线,用两块三角能画出与水平线成 15°、75°的倾斜线,如图 1-15 所示。

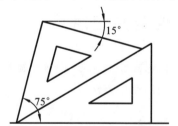

图 1-15 用三角板画 15°、75°的倾斜线

1.2.2 比例尺

比例尺是刻有不同比例的直尺,形式很多,最常见的比例尺为三棱柱形,所以又称三棱尺,如图 1-16 所示。在尺的三棱面上分别刻有六种不同的比例。作图时,尺寸数值可按相应比例直接从尺上量取。

1.2.3 曲线板

曲线板是用来画非圆曲线的,如图 1-17(a)所示。用曲线板作图时,首先将曲线的各点用铅笔徒手轻轻地大致相连,如图 1-17(b)所示,然后从一端开始选择曲线板上的曲率与之相吻合的线段将徒手连成的曲线光滑地画出,如图 1-17(c)所示。用曲线板将各点逐段连成曲线时,应注意每段应不少于四个点与曲线板的轮廓相吻合,并且留出最后两点之间的一段以待下段画出,画下段时即以此两点为起始端,依此类推,才能使曲线光滑过渡。

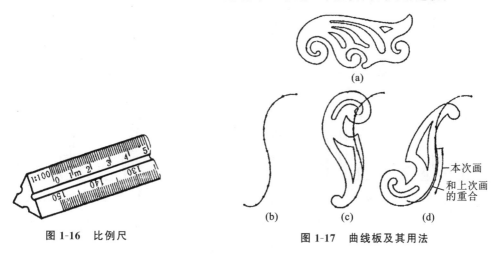

图 1-16 比例尺

图 1-17 曲线板及其用法

1.2.4 绘图仪器

1. 分规

分规是用来量取和等分线段的工具,分规两脚针尖在并拢后应对齐。用分规量取尺寸,如图 1-18 所示,不应把针尖扎入尺面。

用分规来等分线段时,首先目测估计,大致使分规两针尖在线段 AB 上试分。如图 1-19所示,五等分线段 AB,如果第五个试点 5 在线段 AB 内(离点 B 的距离为 b),则说明两针尖间距小于 1/5 线段长度,应增加两针尖距离约 b/5(反之减少)再进行试分,经过几次,即可较准确地五等分线段 AB。

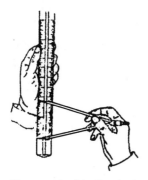

图 1-18 用分规量取长度

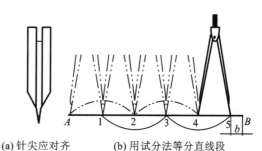

(a)针尖应对齐   (b)用试分法等分直线段

图 1-19 用分规等分线段

2. 圆规

圆规是用来画圆及圆弧的,如图 1-20 所示。它可分为大圆规、弹簧圆规和点圆规。圆规在使用前应调整针脚,将针尖调整到略长于铅芯的位置,圆规用的铅芯要进行修磨且要比同一类型的直线铅芯软一级。

弹簧圆规和点圆规用来画小圆,如图 1-21 所示。

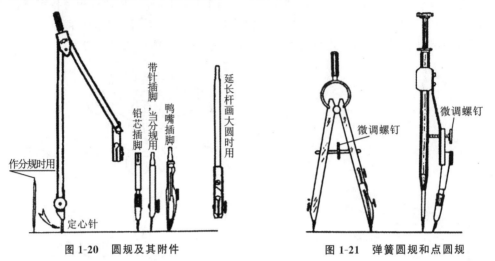

图 1-20　圆规及其附件　　　　　图 1-21　弹簧圆规和点圆规

在画圆时,不论圆的大小,尖针和插腿应尽可能垂直于纸面,如图 1-22 所示。

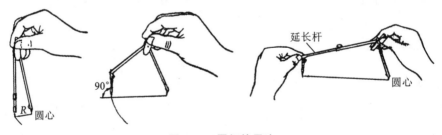

图 1-22　圆规的用法

1.2.5　绘图用品

1. 铅笔

绘图时应使用绘图铅笔。绘图铅笔铅芯可分为软硬两种,用字母 B 和 H 表示,B(或 H)的前面数字越大表示铅芯越软(或越硬)。一般画底稿或细线时用 2H 铅笔,画粗线用 2B 铅笔,写字用 HB 铅笔。

铅笔应从无标记一端削起,以免不知铅芯规格,一般削成锥状,如图 1-23(a)所示,而画粗实线时可以削成四棱柱或偏铲状,如图 1-23(b)所示。

2. 其他用品

绘图时还需要有橡皮、小刷、量角器、擦图片、胶带纸和修磨铅笔的砂纸等,如图 1-24 所示。绘图用品的齐全,将给绘图带来方便。

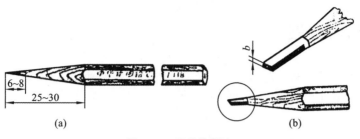

图 1-23　铅笔的削法

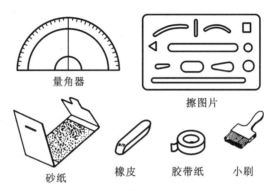

量角器

擦图片

砂纸　　橡皮　　胶带纸　　小刷

图 1-24　其他绘图工具

1.2.6　手工绘图机

手工绘图机是一种效率较高的绘图器械,它的图板高低和倾角可以调整,它可以代替丁字尺、三角板、量角器等绘图工具。对于绘制较为复杂、多角度的图形,手工绘图机效率高的特性尤为显著。手工绘图机的形式有两种:图 1-25 所示为钢带式绘图机,它可以绘制 A1 幅面范围内的各种图纸;图 1-26 所示为导轨式绘图机,它可以绘制大幅面的图纸,这种绘图机的刚性好,绘制的图样准确度较高。

图 1-25　钢带式绘图机

图 1-26　导轨式绘图机

1.3 几何作图

绘制机件的图样时,经常遇到正多边形、圆弧连接、非圆曲线,以及斜度、锥度等几何图形,现将其中常用的几何图的作图方法介绍如下。

1.3.1 等分已知直线

如图 1-27 所示,将已知线段 AB 作五等分。

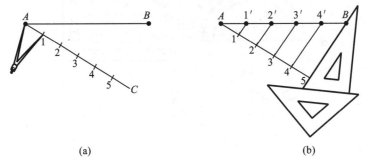

(a)   (b)

图 1-27 等分已知线段

作法

(1) 过端点 A 任作一直线 AC,用分规以相等的距离在 AC 上量 1、2、3、4、5 各一个等分点,如图 1-27(a)所示。

(2) 连接 $5B$,过 1、2、3、4 等分点作 $5B$ 的平行线与 AB 相交,得等分点 $1'$、$2'$、$3'$、$4'$ 即为所求点,如图 1-27(b)所示。

1.3.2 等分圆周和作正多边形

等分圆周和作正多边形常用的方法如表 1-6 所示。

表 1-6 等分圆周和作正多边形

等分	作图步骤	说　明
(内接正三角形)三等分		(1)用 60°三角板过 A 点画 60°斜线交于 B 点; (2)旋转三角板,用同样的方法画 60°斜线交 C 点; (3)连接 BC,即得正三角形

续表

等分	作图步骤	说　明
（内接正四边形）四等分		（1）用45°三角板斜边过圆心,交圆于1、3两点； （2）移动三角板,用直角边作垂线21、34； （3）用丁字尺画41和32水平线,即得内接正四边形
（内接正五边形）五等分		（1）以 A 为圆心,OA 为半径,画弧交圆于B、C,连 BC 得 OA 中点 M； （2）以 M 为圆心,MI 为半径画弧,得交点 K,IK 线段长为所求五边形的边长； （3）用 IK 长自 I 起截圆周得点 G、H、L、J,依此连接,即得正五边形
（内接正六边形）六等分		方法一： 以 A（和 B）为圆心,1/2AB 为半径,截圆于点 1、2、3、4,即得圆周六等分。 方法二： （1）用60°三角板自 2 作弦 21,右移自 5 作弦 45。旋转三角板作 23、65 两弦； （2）用丁字尺连接16、34,即得正六边形
（内接正七边形）七等分		（1）将直径 AB 分成七等分（若作 n 边形,可分成 n 等分）； （2）以 B 为圆心,AB 为半径,画弧交 CD 延长线于 K 和 K′； （3）自 K（或 K′）与直径上奇数点（或偶数点）连接,延长至圆周,得点 Ⅰ、Ⅱ、Ⅲ、Ⅳ,再对应找出 Ⅴ、Ⅵ、Ⅶ各点,依次连接点 Ⅰ、Ⅱ、Ⅲ、Ⅳ、Ⅴ、Ⅵ、Ⅶ,即得正七边形

1.3.3　圆弧连接

　　机件的形状各种各样,如图 1-28 所示,这些机件大部分为圆弧形状,因此在绘制图样时常会遇到用圆弧去连接另一圆弧或直线,这类作图就称为圆弧的连接。

　　在圆弧连接中,按已知条件可以直接作图的线段称为已知线段,需要根据与已知线段的连接关系才能作出的圆弧称为连接圆弧。圆弧连接的主要问题是求连接圆弧的圆心位置,以及为保证连接光滑而必须确定的连接点,即切点。作图时,连接圆弧的半径是已知的,而连接圆弧的圆心和切点则需要作图来确定。

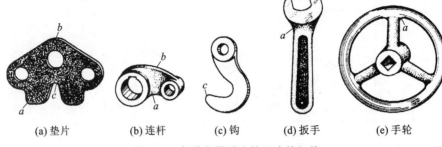

(a)垫片   (b)连杆   (c)钩   (d)扳手   (e)手轮

图 1-28　各种有圆弧连接形式的机件

（1）圆弧连接的基本原理如表 1-7 所示。

（2）用一段圆弧连接两圆弧如表 1-8 所示。

（3）用一段圆弧连接两直线如表 1-9 所示。

表 1-7　圆弧连接的基本原理

类别	直径与圆弧连接	两圆弧外连接	两圆弧内连接
图例	$OK \perp AB$ $OK = r$（连接圆弧半径）	$O_1O_2 = R + r$ 切点 K 在 O_1O_2 连心线上	$O_1O_2 = R - r$ 切点 K 在 O_1O_2 连心线的延长线上
作图步骤	连接圆弧的圆心位于距离等于连接弧半径的平行线上； 切点即为连接圆弧的圆心向已知直线作垂直线的垂足	连接圆弧的圆心位于已知同心圆，并以 $(R+r)$ 为半径所作的圆周上； 切点即为两圆圆心连线与已知圆的交点	连接圆弧的圆心位于已知同心圆，并以 $(R-r)$ 为半径所作的圆周上； 切点即为两圆心连线的延长线与已知圆的交点

表 1-8　用一段圆弧连接两圆弧

名称	已知条件和作图要求	作 图 步 骤		
外连接	已知两圆弧 O_1、O_2 的半径为 R_1、R_2，求作以 R 为半径的连接圆弧，与两已知圆外切	（1）分别以 (R_1+R) 和 (R_2+R) 为半径，O_1、O_2 为圆心，作同心圆弧相交于 O	（2）作连心线 OO_1 和 OO_2，与已知圆弧相交于点 A、B，即为切点	（3）以 O 为圆心，R 为半径，在两切点 A、B 间作连接圆弧，即为所求

名称	已知条件和作图要求	作 图 步 骤		
内连接	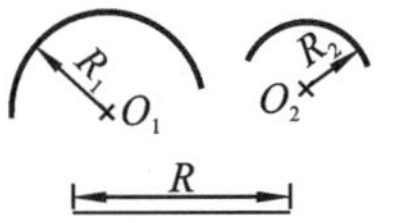 已知两圆弧 O_1、O_2 的半径为 R_1、R_2，求作以 R 为半径的连接圆弧，与两已知圆弧内切	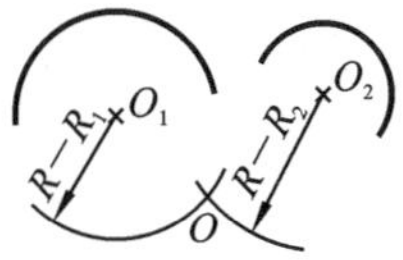 （1）分别以 $(R-R_1)$ 和 $(R-R_2)$ 为半径，O_1、O_2 为圆心，作同心圆弧相交于 O	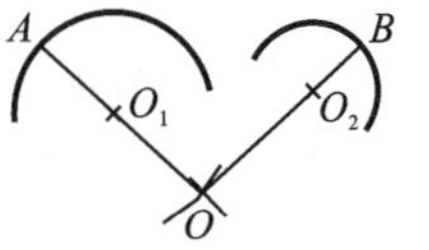 （2）作连心线 OO_1 和 OO_2，并延长与已知圆弧相交于点 A、B，即为切点	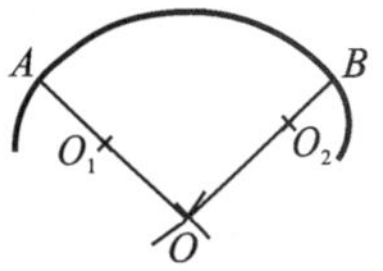 （3）以 O 为圆心，R 为半径，在两切点 A、B 间作连接圆弧，即为所求
混合连接	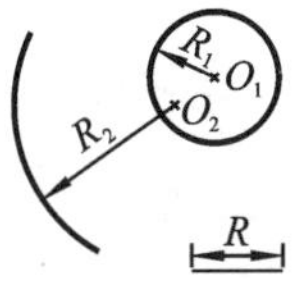 已知两圆弧 O_1、O_2 的半径为 R_1、R_2，求作以 R 为半径的连接圆弧，外切于圆心为 O_1、半径为 R_1 的圆弧，内切于圆心为 O_2、半径为 R_2 的圆弧	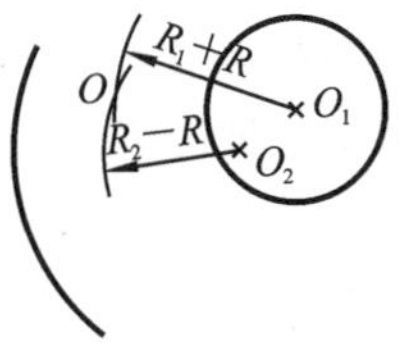 （1）分别以 (R_1+R) 和 (R_2-R) 为半径，O_1、O_2 为圆心，作同心圆弧相交于 O	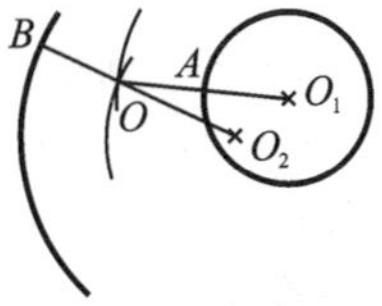 （2）作连心线 OO_1 和 OO_2，与已知圆弧相交于点 A、B，即为切点	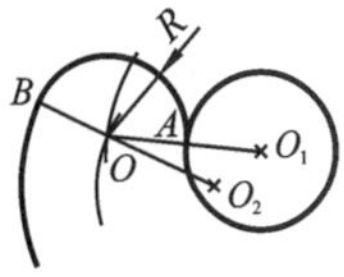 （3）以 O 为圆心，R 为半径，在两切点 A、B 间作连接圆弧，即为所求

表 1-9　用一段圆弧连接两直线

类别	用圆弧连接锐角或钝角（圆角）	用圆弧连接直角（圆角）
图例	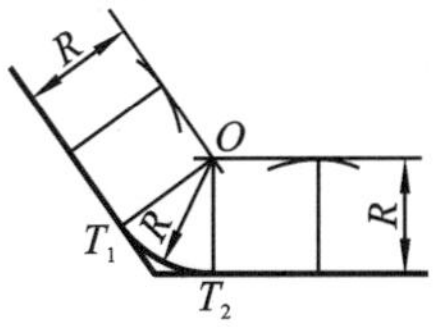 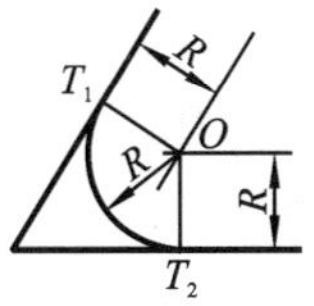	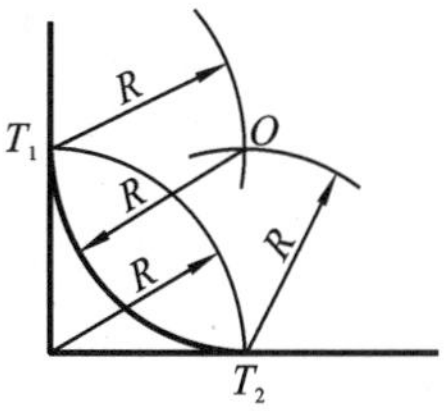

21

续表

类别	用圆弧连接锐角或钝角(圆角)	用圆弧连接直角(圆角)
作图步骤	(1)作与已知角两边分别相距 R 的平行线,交点 O 即为连接圆弧的圆心; (2)从 O 点分别向已知角两边作垂线,垂足 T_1、T_2 即为切点; (3)以 O 点为圆心,R 为半径在两切点 T_1、T_2 之间画连接圆弧,即为所求	(1)以直角顶点为圆心,R 为半径作圆弧交直角两边于 T_1 和 T_2,即为切点; (2)以 T_1 和 T_2 为圆心,R 为半径作圆弧,相交得连接圆弧圆心 O; (3)以 O 为圆心,R 为半径在两切点 T_1、T_2 之间画连接圆弧,即为所求

1.3.4 平面曲线

工程上常用的平面曲线有椭圆、阿基米德涡线、圆的渐开线、摆线等,它们的性质、画法如表 1-10 所示。

表 1-10 平面曲线的性质及画法

名称	性 质	画 法	图 示
椭圆	一动点到两定点(焦点)的距离之和为一常数(等于长轴),该动点的运动轨迹为椭圆	(1)同心圆法(精确法):分别以长轴 AB 和短轴 CD 为直径画同心圆,过圆心作一系列的放射线,交圆周得一系列的点,过放射线与大圆的交点作平行于短轴 CD 的直线,过放射线与小圆的交点作平行长轴 AB 的直线,两组相应直线的交点即为椭圆上的点,依此光滑连接,即得椭圆	
		(2)圆心扁圆法(近似画法):作出椭圆的长轴 AB 和短轴 CD,连接 AC,作 $CM = OA - OC$,作 AM 的中垂线,使之与长、短轴分别交于 O_3、O_1 两点;作与 O_3、O_1 的对称点 O_4、O_2,连 $O_3 O_1$、$O_4 O_1$、$O_4 O_2$、$O_3 O_2$,分别以 O_1、O_2 为圆心,$R_1 = O_1 C$(或 $O_2 D$)为半径,画弧交 $O_1 O_3$、$O_1 O_4$、$O_2 O_4$、$O_2 O_3$ 的延长线于 E、F、H、G,再分别以 O_3、O_4 为圆心,$R_2 = O_3 A$(或 $O_4 B$)为半径,画弧与前所画圆弧连接,即得椭圆	

名称	性　质	画　法	图　示
圆的渐开线	一直线沿圆周作无滑动的滚动,线上的任意一点(例如端点)所形成的轨迹即为圆的渐开线	将圆周分成 n 等分(如图所示为 12 等分),过这些等分点按同方向作圆的切线;在第一条线上量取圆周长度的 $1/n$,在第二条切线上量取圆周长度的 $2/n$,依此类推;将所得各切线的端点 Ⅰ、Ⅱ、Ⅲ……直到 Ⅻ 光滑地连接,即得圆的渐开线	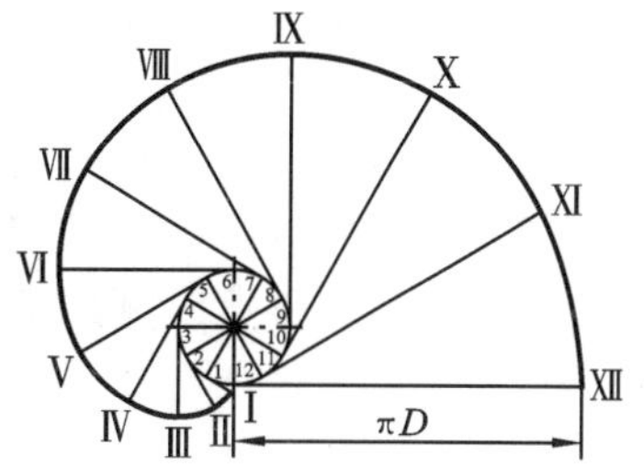 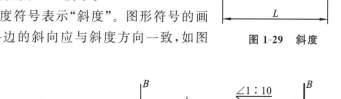
阿基米德涡线	一切点在平面上沿直线作等速运动,同时该直线又绕线上一定点作等角速度旋转运动,则该动点的轨迹为阿基米德涡线	将导程(直线转动一周,动点沿直线移动的距离)和圆分成相同的等分(如图所示为 8 等分),以点 O 为圆心,点 O 到导程上各等分点的距离为半径画圆弧,连接点 O 和圆上各等分点并作延长线,得射线 $O1$、$O2$、$O3$……圆弧与相应射线相交得点 Ⅰ、Ⅱ、Ⅲ……把这些点光滑相连,即得阿基米德涡线	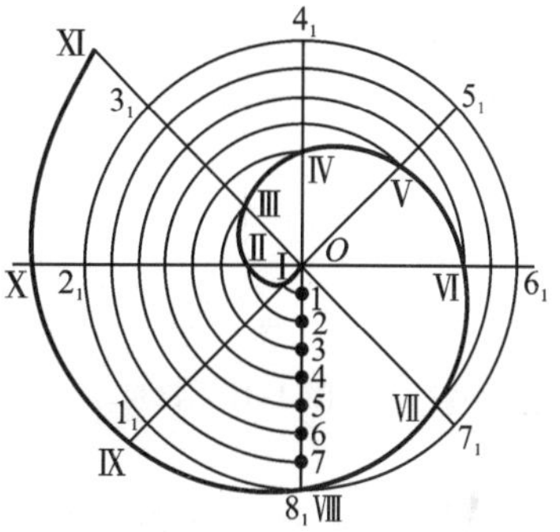

1.3.5　斜度和锥度

1. 斜度

　斜度是指一直线(或平面)对另一直线(或平面)的倾斜程度。其大小用它们夹角的正切表示,并把比例前项化为 1 而写成 $1:n$ 的形式。由图 1-29 中可看出:

$$斜度 = \tan\alpha = H:L = 1:\frac{L}{H}$$

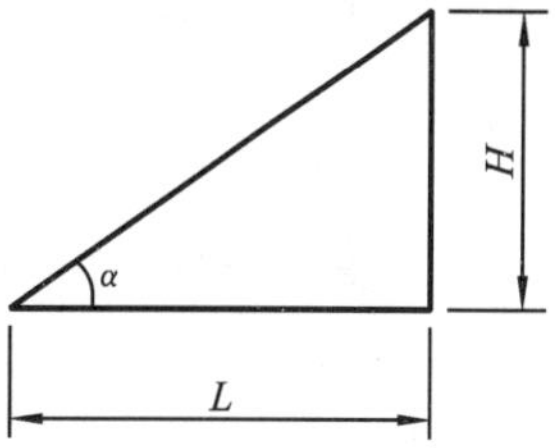

　过已知点作斜度线的步骤如图 1-30 所示。

　在图上标注斜度时,用斜度符号表示"斜度"。图形符号的画法如图 1-30(a)所示。符号斜边的斜向应与斜度方向一致,如图 1-30(a)所示。

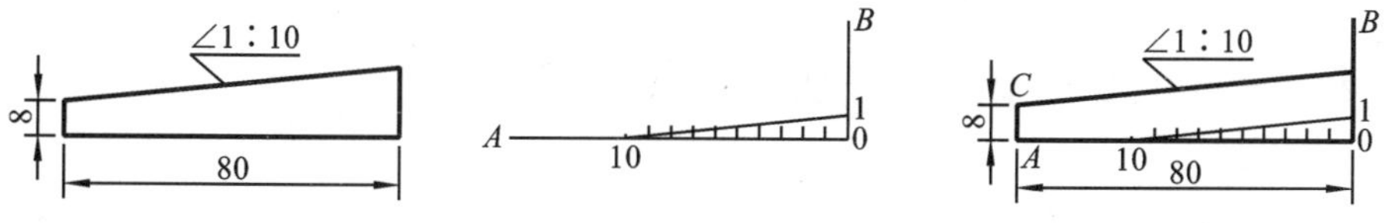

图 1-29　斜度

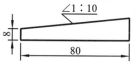

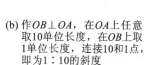

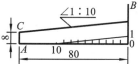

(a) 求作如图所示的斜楔　　(b) 作 $OB \perp OA$,在 OA 上任意取10单位长度,在 OB 上取1单位长度,连接10和1点,即为1:10的斜度　　(c) 按尺寸定出点 C,过点 C 作线10-1的平行线,即完成作图

图 1-30　斜楔的作图步骤

2. 锥度

锥度是指圆锥的底圆直径与锥体高度之比,如果是圆台,则为上、下两底圆直径之差与高度之比,如图 1-31 所示,即:

$$锥度 = \frac{D}{L} = \frac{D-d}{l} = 2\tan\alpha$$

通常,锥度也写成 $1:n$ 的形式。

在图上标注锥度时,用图形符号表示"圆锥"。图形符号画法如图 1-32(b)所示。图形符号应与圆锥方向相一致,基准线应与圆锥的轴线平行,如图 1-33(a)所示。

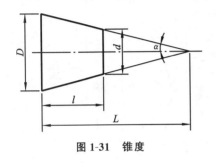

图 1-31 锥度

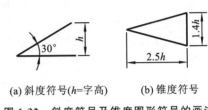

(a) 斜度符号(h=字高)   (b) 锥度符号

图 1-32 斜度符号及锥度图形符号的画法

锥度的作图步骤如图 1-33 所示。

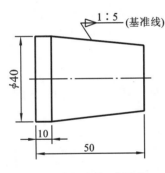

(a) 求作如图所示的图形

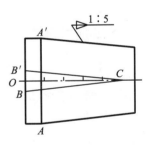

(b) 从点O开始任意取5单位长度,得点C,在左端面上取直径为1单位长度,得点B和B′,连BC、B′C,即得锥度为1:5的圆锥

(c) 过点A作线BC的平行线,过点A′作B′C的平行线,即完成作图

图 1-33 锥度的作图步骤

1.4 平面图形的尺寸分析和画法

绘制平面图形时,有些线段给出了足够的尺寸,可以直接画出;有些线段则要根据两线段相切的几何条件来画。因此,在绘制平面图形之前,首先要对图形的尺寸进行分析,找出每个尺寸的作用和类型,然后才能正确地画出图形和标注尺寸。

1.4.1　平面图形的尺寸分析

1. 尺寸基准

尺寸基准是指标注尺寸的起点。在平面图形中,尺寸基准一般为对称图形的对称中心线、较大圆的对称中心线或较长的直线。一个平面图形应有两个坐标方向的尺寸基准。图 1-34 所示图形中,$\phi27$ 的中心线即为该图形的尺寸基准。

2. 定形尺寸

确定平面图形中线段形状大小的尺寸称为定形尺寸。如线段的长度、圆弧的半径、圆的直径及角度的大小等尺寸。图 1-34 所示图形中,除 6、10、60 以外的全部尺寸都是定形尺寸。

3. 定位尺寸

确定平面图形中线段与基准之间相对位置的尺寸称为定位尺寸,它不改变线段大小和形状,只引起线段相对基准位置的改变。例如圆心、线段等在平面图形中所处位置的尺寸,如图 1-34 所示的 6、10、60。定位尺寸应以尺寸基准作为标注尺寸的起点。有时某个尺寸既是定形尺寸,也是定位尺寸,具有双重作用。

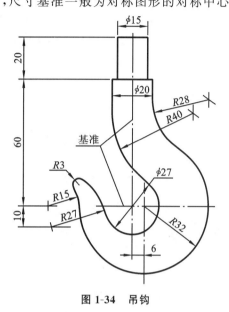

图 1-34　吊钩

1.4.2　平面图形的线段分析

为了便于画图和标注尺寸,要对平面图形的线段进行分析,一般有以下三种不同性质的线段。

(1) 已知线段　定形尺寸和定位尺寸都齐全的线段,即可以根据尺寸直接做出的线段,称为已知线段。

(2) 中间线段　给出了定形尺寸,但定位尺寸不全,必须依靠一端与另一线段相切而画出的线段,称为中间线段。例如,图 1-34 所示的 $R27$ 的圆弧除定形尺寸 $R27$ 外,只给出圆心的一个定位尺寸 10,还必须根据与已知圆弧 $\phi27$ 相切的几何条件求出具体定位。同理,图中 $R15$ 也是中间线段。

(3) 连接线段　只给出定形尺寸,没有定位尺寸,需要依靠两端与另两线段相切,才能画出的线段,称为连接线段。例如,图 1-34 所示的 $R3$ 便是连接线段,因为此圆弧只给出了半径,而没有圆心的定位尺寸,画图时要根据它与 $R15$ 圆弧外切及与 $R27$ 圆弧内切的条件,求出圆心的位置和连接点后才能作出此圆弧。同理,图中 $R28$ 和 $R40$ 两圆弧也是连接线段。

在平面图形中,当需要用一线段去连接两已知线段时,这一线段必须是连接线段。若需要用两条线段去连接两已知线段时,只能有一条为连接线段而另一条必须是中间线段。

1.4.3　平面图形的作图方法和步骤

根据以上分析,图 1-34 所示吊钩的画法和步骤可归纳如下。

(1) 画基准线,如图 1-35(a)所示。所画图形中有多个基准时,应以一个为主,其他为辅,主辅之间直接以定形尺寸相联系。

(2) 画已知线段,如图 1-35(b)所示。

(3) 画中间线段,如图 1-35(c)所示。

(4) 画连接线段,如图 1-35(d)所示。

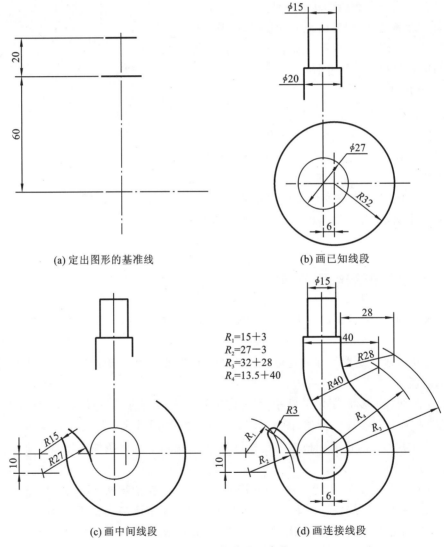

(a) 定出图形的基准线　　　(b) 画已知线段

(c) 画中间线段　　　(d) 画连接线段

图 1-35　吊钩的画图步骤

1.4.4　平面图形的尺寸标注

标注平面图形尺寸要求正确、完整和清晰。

（1）正确　正确是指平面图形的尺寸要按照国家标准的规定标注，尺寸数值不能写错或出现矛盾。

（2）完整　完整是指平面图形的尺寸要标注齐全，也就是不能遗漏各组成部分的定形尺寸和定位尺寸，同时也不应标重复尺寸。要保证按平面图形上所标注的尺寸，既能完整地画出这个图形，又没有多余尺寸。

（3）清晰　清晰是指尺寸的位置要安排在图形的明显处，标注要清晰，布局要整齐，以便于看图。为了图形的清晰，尺寸一般应安排在图形外；但如果图形内空白区域较大，将有关尺寸引到图形外，会使尺寸界线太长或与较多图线相交的，此时应把这种尺寸安排在图形之内。直径较小的圆的直径和圆弧的半径尺寸，一般应直接标注在圆和圆弧处；但如果图线较密，安排不下时，可引出标注。当图形中要标注同方向的几个线性尺寸时，应把小尺寸安排在里面（即靠近图形处），大尺寸安排在外面，以免尺寸界线相交而显得混乱。

下面具体说明按上述要求标注尺寸的方法。如图 1-36 所示。

先分析形状，确定尺寸基准。该图形由三部分组成，整个图形不对称，应以底边作为上下方向的基线，右边作为左右方向的基线。

分析了这个平面图形的形状后，标注出各部分的定形尺寸 $\phi10$、$\phi20$、$R30$、$R60$、$R15$、$R5$、9、50 和定位尺寸 48、40，所有定位尺寸都应与尺寸基准有所联系。

最后，按正确、完整、清晰的要求，校核所注的尺寸，如发现有遗漏、重复、不够清晰或错误，应及时修改或调整。

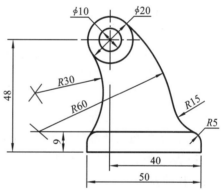

图 1-36　平面图形的尺寸标注

1.5　绘图方法和步骤

为了提高图样的质量和绘图速度，除了正确地使用制图工具，熟悉制图标准外，还必须掌握正确的绘图程序和方法。同时，也要具备徒手绘制草图的能力。

1.5.1　用仪器绘图的方法和步骤

1. 绘图前的准备工作

首先准备好绘图仪器和工具，磨削好铅笔和圆规上的铅芯，然后把手洗净，安置好图板，使光线从图板的左前方射入，把准备好的仪器和工具放在方便取用之处，以便于绘图。

2．固定图纸

图纸要固定在图板上，丁字尺尺头应紧靠图板左边，图纸按尺身找正后用胶纸条按对角线方向顺次固定，使图纸平整。图纸的下边与图板的下边之间要保留 1～2 个丁字尺尺身宽度的距离。当图纸较小时，应将图纸布置在图板的左下方，以便操作。图纸的固定方法如图 1-37 所示。

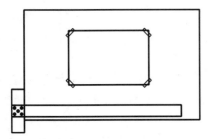

图 1-37　图纸的固定方法

3．画底稿

画底稿时，用削尖的 H 或 2H 铅笔轻轻地画，先画出图框和标题栏，然后再画图形。画图形时，先画轴线或对称中心线，再画主要轮廓，最后画细节。底稿画好后要仔细检查，在加深线条之前把图上的错误尽量改正过来。

4．铅笔加深

在加深线条时，应做到线形正确、粗细分明、连接光滑、图面整洁。加深图形时，不同类型的线条用不同型号的铅笔，粗实线用 B 铅笔，虚线及细实线用 H 或 2H 铅笔，写字、画箭头用 HB 铅笔，切不可用一支铅笔画到底。加深图线时用力要均匀，还应使加深的图线均匀地分布在稿线的两侧。

铅笔加深的顺序如下：

（1）加深所有的点画线；

（2）加深所有圆和圆弧的粗实线；

（3）从上向下依次加深所有水平线的粗实线；

（4）从左到右依次加深所有竖直的粗实线；

（5）从图的左上方开始依次加深所有倾斜方向的粗实线；

（6）按加深粗实线的顺序加深所有虚线；

（7）加深所有细实线、波浪线等。

5．标注尺寸

标注尺寸时，应先画尺寸界线、尺寸线和箭头，再注写尺寸数字和其他文字说明。

6．检查全图，填写标题栏

检查全图，在确定没有错误之后，在标题栏中的相应地方签名并填写日期，并检查纸面整洁后完成全图。

1.5.2　徒手画草图的方法

不使用绘图仪器和工具，而按目测比例徒手画出的图样称为草图。在设计构思阶段，往往需要先画出草图，以表达初步设计方案。另外在仿制或修理机器进行测绘时，因受现场条件限制，也需要徒手绘制草图。因此，我们不仅要掌握用仪器画图的技能，而且要培养徒手绘制草图的能力。

1．握笔的方法

手握笔的位置要比用仪器绘图的位置高些，以便运笔和观察目标。笔杆和纸面成 45°～60°角,执笔要稳而有力。

2. 直线的画法

画直线时,手腕轻靠在纸上(画长直线时手腕应悬空)沿画线方向移动,保证图线画得直,眼要注意终点方向,便于控制图线。

画垂直线应由上而下画,画水平线应由左向右画。画斜线时,为了运笔方便,可将图纸转一个适合的角度,使画的斜线正好处于顺手方向。图 1-38 所示为徒手画直线的姿势,画短线时常以手腕运笔,画长线则要移动手臂。

图 1-38 徒手画直线

3. 圆和曲线的画法

画圆时,应先定出圆心位置,过圆心画对称中心线,再根据半径大小以目测估计在中心线上定出四点,过四点画圆即可,如图 1-39(a)所示。如果是较大的圆,可再加画一对十字线,并同样截取四点,过八点画圆,如图 1-39(b)所示。

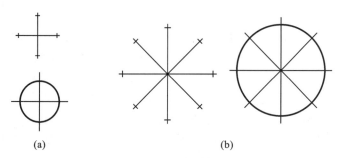

(a)   (b)

图 1-39 圆的画法

画椭圆时,可先根据长、短轴的长度,定出长短轴上的四个顶点,过四个顶点作一矩形 $EFGH$,如图 1-40(a)所示,连接矩形 $EFGH$ 的对角线,并在其上目测 $O1:1E=O2:2F=O3:3G=O4:4H≈7:3$,取点 1、2、3、4,顺次光滑连接点 A、1、C、2、B、3、D、4、A,即为所求椭圆。

另外也可以根据菱形相切的特点画椭圆,如图 1-40(b)所示。

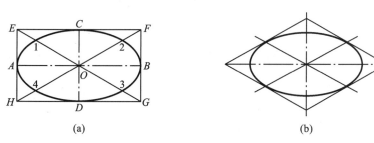

(a)   (b)

图 1-40 椭圆的画法

第2章 点、直线和平面的投影及相对位置

在技术实践中,我们会见到各种各样的图样(图纸),如机械制造用机械图样、建筑工程用建筑图样等,这些图样都是按不同的方法绘制出来的。本章将介绍投影法的基本知识,以及点、直线及平面的投影。

2.1 投影法的基本知识

2.1.1 投影法的概念

在日常生活中,人们可以看到太阳光或灯光照射物体时,在地面或墙壁上会出现物体的影子。投影的概念与这种自然现象相类似,如图 2-1 所示,先建立一个平面 P(相当于地面或墙壁)和不在该平面内的一点 S(相当于太阳或灯),平面 P 称为投影面,点 S 称为投影中心,$\triangle ABC$ 上任意顶点 A 与投影中心 S 的连线 SA 称为投射线,SA 与平面 P 的交点 a 称为 A 点在平面 P 上的投影。同理,可作出 B、C 点和 $\triangle ABC$ 在平面 P 上的投影 b、c 和 $\triangle abc$。

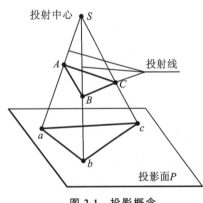

图 2-1 投影概念

这种用投射线通过物体,向选定的平面投射,并在该平面上得到图形的方法称为投影法。根据投影法所得到的图形称为投影(投影图);在投影法中,得到投影的面称为投影面。

2.1.2 投影法的种类

根据投射线之间及投射线与投影面之间相对位置的不同,投影法可分为中心投影法和平行投影法两种。

1. 中心投影法

投射线汇交于一点的投影法称为中心投影法,如图 2-1 所示。投射线的汇交点 S 即所有投射线的起源点,称为投射中心。用中心投影法得到的物体的投影大小与投影面的位置

有关,当物体靠近或远离投影面时,物体在投影面上的投影就会变小或变大。中心投影法不能真实地反映物体的形状和大小,所以机械图样不采用这种投影法绘图。但中心投影法具有立体感强的特点,常用于绘制建筑物的外观图,也称为透视图。

2. 平行投影法

投射线相互平行的投影法称为平行投影法。

在平行投影法中,因为投射线是互相平行的(相当于投影中心 S 与投影面的距离为无穷大),即使改变物体与投影面的距离,所得的投影形状和大小也不会改变。

在平行投影法中,因投影方向的不同,又可分为正投影法和斜投影法两种,如图 2-2 所示。

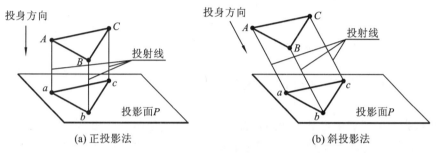

图 2-2　平行投影法

(1) 正投影法　投射方向垂直于投影面的平行投影法称为正投影,如图 2-2(a)所示。

正投影图有很多优点,它能完整、真实地表现物体的形状和大小,不仅度量性好,而且作图简便。因此,正投影法是机械工程中应用最广泛的绘图方法,是我们学习的重点。

(2) 斜投影法　投射方向倾斜于投影面的平行投影法称为斜投影法,如图 2-2(b)所示。

2.1.3　平行投影的基本特性

(1)投影的同类性　点的投影仍是点;直线的投影在一般情况下仍是直线;平面图形的投影在一般情况下是原图形的类似形。

(2)投影的从属性　若点在直线上,则点的投影仍在该直线的投影上。

(3)投影的真形性　当直线或平面平行于投影面时,其投影反映原线段的实长或原平面图形的真形。

(4)投影的积聚性　当直线或平面平行于投影方向时,直线的投影积聚成点,平面的投影积聚成直线。

(5)投影的平行性　若两直线平行,则其投影仍互相平行。

(6)投影定比性　直线上两线段长度之比或两平行线段长度之比,分别等于其投影长度之比。

2.2　点的投影

任何物体的表面均由点、线、面等几何元素所组成,所以学好点、线、面的投影规律及作图方法至关重要,能为后续学习打下坚实的基础。

2.2.1 多面投影的形成

如图 2-3 所示,有一空间点 A。通过 A 点作垂直于 P 面的垂线,与 P 面相交得唯一一点 a,a 点即 A 点在投影面 P 上的正投影。但是知道了投影 a,却不能唯一地确定点 A 的空间位置。因此,常把几何体放在相互垂直的两个或三个投影面体系中,作出多面正投影。这种多面正投影法由法国学者加斯帕·蒙日(Gaspard Monge,1746—1818)首次从理论上加以系统地阐述,故有蒙日法之称。

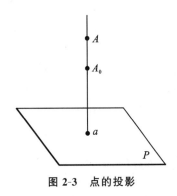

图 2-3 点的投影

2.2.2 点在两面投影体系中的投影

为了根据点的投影确定其空间的位置,首先要建立起两个互相垂直的投影面。设正投影面为 V 面,水平投影面为 H 面,如图 2-4(a)所示。空间有一点 A,现将 A 点投影到 H 面和 V 面上。方法是由 A 点分别向 H 面和 V 面引垂线得到交点 a 和 a',则 a 点称为 A 点的水平投影,a' 点称为 A 点的正面投影。

在这里用大写字母表示空间的点,它的水平投影用相应的小写字母表示,正面投影用相应的小写字母加一撇表示。如图 2-4(a)所示的空间点 A,它的水平投影和正面投影分别用 a 和 a' 表示。

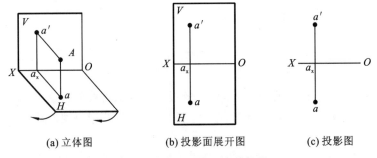

(a)立体图 (b)投影面展开图 (c)投影图

图 2-4 点在两面体系中的投影

图 2-4(a)是一直观图,为了使两个投影 a 和 a' 画在同一平面(图纸)上,将 H 面绕 OX 轴按图示箭头方向旋转 $90°$,使它与 V 面展开成一个平面,如图 2-4(b)所示。为了作图方便,不画投影面的边框线,如图 2-4(c)所示。投影图上的细实线 aa' 称为投影连线。

从图 2-4(a)可以看出来,$Aa'\perp V$ 面,$Aa\perp H$ 面,所以 Aa 和 Aa' 所组成的平面不仅垂直于 V 面和 H 面,而且也垂直于它们的交线 OX 轴,因此平面 $Aa'_x a$ 与 H 面的交线 aa_x 及与 V 面的交线 $a'a_x$ 都分别垂直于 OX 轴,即 $aa_x\perp OX$ 和 $a'a_x\perp OX$。当 a 跟着 H 面旋转而与 V 面展成一个平面时,$aa_x\perp OX$ 的关系不变,因此投影图上的 $aa_x a'$ 三点共线。

另外,由于四边形 Aaa_xa' 是一个矩形,所以有 $a_xa'=aA$, $a_xa=a'A$,即点 A 的 V 面投影 a' 与投影轴 OX 的距离等于点 A 到 H 面的距离,点 A 的 H 面投影 a 与投影轴 OX 的距离等于点 A 到 V 面的距离。

　　由以上分析可以得出点的两面投影特性如下:

　　(1) 点的正面投影和水平投影的连线垂直于 OX 轴,即 $a'a\perp OX$;

　　(2) 点的正面投影到 OX 轴的距离,反映该点到 H 面的距离,点的水平投影到 OX 轴的距离,反映该点到 V 面的距离,即 $a'a_x=Aa$, $aa_x=Aa'$。

　　由点的两面投影可以确定该点的空间位置,可以想象,若将图 2-4(c)中的 OX 轴之上的 V 面保持不动,将 OX 轴以下的 H 面绕 OX 轴向前旋转 $90°$,恢复原来的水平位置,再由 a' 和 a 分别作垂直与 V 面和 H 面的投影线,就可唯一地确定点 A 的空间位置。

2.2.3　点在三面投影体系中的投影

　　由点的两个投影已能确定该点的空间位置,但为了更清楚地表达某些形体,有时需要在两投影面体系的基础上,再增加一个与 H 面及 V 面垂直的侧立投影面(简称侧面)W,形成三面投影体系。如图 2-5(a)所示,它的三条投影轴 OX、OY、OZ 互相垂直且交于一点 O,称为原点。

　　由空间点 A 分别向 V、H 和 W 面引垂线,得点 A 的水平投影 a、正面投影 a' 和侧面投影 a''(侧面投影用相应的小写字母加两撇表示)。与在两投影面体系中一样,每两条投射线确定一个平面,它们与三个投影面分别相交,构成一个长方体 $Aaa_xa'a_za''a_yO$,如图 2-5(a)所示。

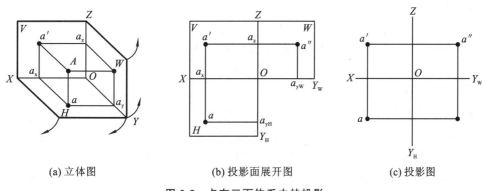

(a) 立体图　　　　　　　(b) 投影面展开图　　　　　　　(c) 投影图

图 2-5　点在三面体系中的投影

　　为了使三个投影面展开在一个平面上,V 面不动,H 面绕 OX 轴向下旋转 $90°$ 与 V 面在同一平面,W 面绕 OZ 轴向右旋转 $90°$ 与 V 面在同一平面,这样三个投影面都在同一平面上,如图 2-5(b)所示。

　　在这里应注意:OY 轴一方面随着 H 面旋转到 OY_H 的位置,另一方面又随着 W 面旋转到 OY_W 的位置,a_y 成为 H 面上的 a_{yH} 和 W 面上的 a_{yW}。于是有 $a'a\perp OX$, $a'a''\perp OZ$, $a_{yH}a\perp OY_H$, $a_{yW}a''\perp OY_W$ 和 $Oa_{yH}=Oa_{yW}$ 的关系。

　　与两面投影体系一样,为了作图方便,不画投影面边框线,如图 2-5(c)所示,可由 O 点出发作一条 45°辅助线，aa_{yH} 和 $a''a_{yW}$ 的延长线必与这条辅助线交于同一点。

2.2.4　点的投影与坐标

根据点的三面投影可以确定该点在空间的位置。点在空间的位置也可以由直角坐标值来确定,将三投影面体系看做直角坐标系,则投影面 H、V、W 为坐标面,投影轴 OX、OY、OZ 为坐标轴,O 点为坐标原点。由图 2-5(a)可知,点 A 的直角坐标值 X、Y、Z 分别为 A 点到 W、V、H 三个投影面的距离。因此,点的每个投影都由其中两个坐标决定。

a 由 A 点的 X、Y 坐标决定,a' 由 A 点的 X、Z 坐标决定,a'' 由 A 点的 Y、Z 两个坐标决定,给定点的坐标(X,Y,Z),可根据点的投影规律作出点的三面投影图。同时,由于点的一个投影由两个坐标决定,两个投影就包含了三个坐标,所以根据点的两个投影可以求出第三个投影。

例 2-1　已知点 $A(20,15,10)$,$B(30,10,0)$,$C(15,0,0)$,求作各点的三面投影。

分析　由于 $Z_B=0$,所以 B 点在 H 面上;$Y_C=0$,$Z_C=0$,则点 C 在 X 轴上。

作图　如图 2-6 所示,首先画出坐标轴,再作 $\angle Y_H OY_W$ 的分角线(45°线)。

作 A 点的投影:

(1) 在 OX 轴上量取 $Oa_x=20$;

(2) 过 a_x 作 $aa'\perp OX$ 轴,并使 $aa_x=15$,$a'a_x=10$;

(3) 过 a' 作 $a'a''\perp OZ$ 轴,并使 $a''a_z=aa_x$,a、a'、a''即为所求 A 点的三面投影。

作 B 点的投影:

(1) 在 OX 轴上量取 $Ob_x=30$;

(2) 过 b_x 作 $bb'\perp OX$ 轴,并使 $bb_x=10$,$b'b_x=0$,由于 $Z_B=0$,所以 b'、b_x 重合,即 b' 在 X 轴上;

(3) 因为 $Z_B=0$,b''在 OY_W 轴上,在该轴上量取 $Ob_{yW}=10$,得 b'',b、b'、b''即为所求 B 点的三面投影。

作 C 点的投影:

(1) 在 OX 轴上量取 $Oc_x=15$;

(2) 由于 $Y_C=0$,$Z_C=0$,所以 c、c' 都在 OX 轴上,与 c_x 重合,c''与原点 O 重合。

由以上例题可以看出:当点有一个坐标为零时,该点必在某投影面上,且有一个投影与空间点重合,另外两个投影在投影轴上;当空间点有两个坐标为零时,该点必在某投影轴上,且有两个投影在投影轴上与空间点重合,另一个投影与原点重合。

例 2-2　已知 A 点的两面投影 a'、a'',求 a,如图 2-7 所示。

分析　根据点的三面投影规律,可知 $aa'\perp OX$ 轴,且 $aa_x=a''a_z$。

作图

(1) 作 $\angle Y_H OY_W$ 的分角线(45°线)。

(2) 自 a''作 OY_W 轴的垂线与 OY_W 交于 a_{yW} 并延长与 45°分角线交于点 I。

(3) 过点 I 作 OY_H 轴的垂线与 OY_H 交于 a_{yH},延长此垂线与 $a'a_x$ 的延长线相交,其交点即为 a。

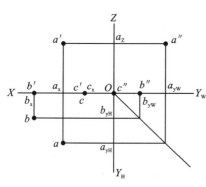

图 2-6　根据点的坐标求点的投影

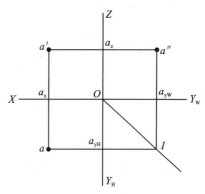

图 2-7　已知点的两面投影求第三面投影

2.2.5　两点的相对位置

空间点的相对位置，可以利用两点在同面投影的坐标差来判断，其中左右位置由 X 坐标差判别，上下位置由 Z 坐标差判别，前后位置由 Y 坐标差判别。

如图 2-8 所示，已知 A、B 两点的投影图，从图中可以看出：因 $Z_a>Z_b$，可知 A 点在 B 点的上方；因 $Y_a>Y_b$，可知 A 点在 B 点的前方；因 $X_a>X_b$，可知 A 点在 B 点的左方。由此可见，当以 B 点为基准时，A 点在 B 点左前上方。

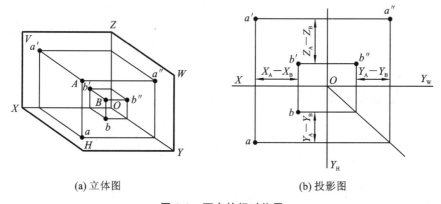

(a) 立体图　　　　　(b) 投影图

图 2-8　两点的相对位置

由以上的分析可知，根据两点的三面投影判别它们的相对空间位置时，可以根据正面投影和侧面投影推断出水平投影，从而判别上下位置。同理，可根据水平投影和正面投影判别左右位置，根据侧面投影和水平投影判别前后位置。

2.2.6　重影点及其投影的可见性

当空间两点位于垂直于某个投影面的同一投射线上时，两点在该投影面上的投影重合，则该两投影就称为重影，该两点称为重影点。

如图 2-9 所示，a'、b' 在 V 面上重影，c、d 在 H 面上重影，e''、f'' 在 W 面上重影。由图可

知,重影点必有两对坐标值相等,而另一对坐标值不等。例如:A、B 两点的 X、Z 坐标值相等,Y 值不等;C、D 两点的 X、Y 值相等,Z 值不等;E、F 两点的 Y、Z 值相等,X 值不等。

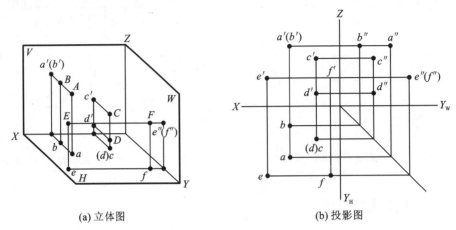

(a) 立体图　　　　　　　　　(b) 投影图

图 2-9　重影点

若将投射线比作"视线",将投射过程比作"观察"过程,则在重影的两点中,先遇"视线"者为"可见",后遇视线者被前者遮挡,为"不可见"。对于重影点,在投影图中表示出其"可见性"将有助于对其空间位置的表达,有助于读者对其空间位置进行分析想象。

可见性的判断方法如下:重影点对于 V 面的重影是从前向后观察,前可见,后不可见,即 Y 坐标值大者可见;对于 H 面的重影是从上向下观察,上可见,下不可见,即 Z 坐标值大者可见;对于 W 面的重影是从左向右观察,左可见,右不可见,即 X 坐标值大者可见。在投影图上,不可见的投影加括号()表示,如图 2-9 所示的(b')。

2.3　直线的投影

2.3.1　直线的投影

两点可以确定一条直线,因此直线的投影可以取直线上任意两点(一般取直线的两端点)的同面投影来确定。将各同面投影两点分别连接,即为直线的三面投影。

如图 2-10 所示,作直线 AB 的三面投影,可分别作 A 点的三面投影 a、a'、a'' 和 B 点的三面投影 b、b'、b'',再连接同面投影 ab、$a'b'$、$a''b''$,即得直线 AB 的三面投影。

2.3.2　直线对一个投影面的投影特性

直线对一个投影面的投影,可能有下面三种情况。

(1) 当直线 AB 垂直于投影面时,如图 2-11(a)所示,它在该投影面上的投影 ab 变成一个点,即 $a≡b$(符号"≡"表示重合的意思)。直线上任一点 M 的投影 m,也重合在这一点上,即 $a≡b≡m$。这种特性称为积聚性。

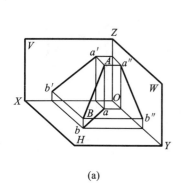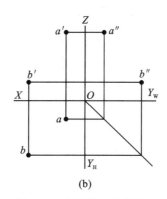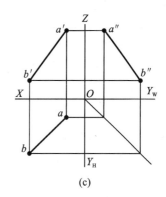

(a)　　　　　　　(b)　　　　　　　(c)

图 2-10　直线的三面投影

（2）当直线 AB 平行于投影面时，如图 2-11(b)所示，它在该投影面上的投影 ab 反映实长，即投影长度与空间长度相等。这种特性称为真实性。

（3）当直线 AB 倾斜于投影面时，如图 2-11(c)所示，它在该投影面上的投影 ab 长度缩短。缩短多少根据直线对投影面的夹角 α 的大小而定，即 $ab = AB\cos\alpha$。

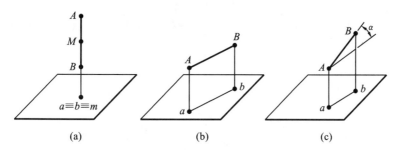

(a)　　　　　　　(b)　　　　　　　(c)

图 2-11　直线对一个投影面的投影

2.3.3　各种位置直线的投影

直线在三投影面体系中的位置，可分为投影面平行线、投影面垂直线和一般位置直线三类。

直线对投影面的倾角有如下规定：直线对 H 面、V 面、W 面的倾角分别用 α、β、γ 表示。

1. 投影面平行线

当直线平行于一个投影面而与另外两个投影面倾斜时，称其为投影面平行线。投影面平行线可分为以下三种。

（1）正平线　平行于 V 面而倾斜于 H、W 面的直线称为正平线。

（2）水平线　平行于 H 面而倾斜于 V、W 面的直线称为水平线。

（3）侧平线　平行于 W 面而倾斜于 V、H 面的直线称为侧平线。

表 2-1 所示为三种投影面平行线的投影特性。

表 2-1　投影面平行线

名称	水平线($AB /\!/ H$ 面，倾斜于 V、W 面)	正平线($AB /\!/ V$ 面，倾斜于 H、W 面)	侧平线($AB /\!/ W$ 面，倾斜于 V、H 面)
立体图			
投影图			
投影特性	(1)水平投影 $ab=AB$； (2)正面投影 $a'b' /\!/ OX$，侧面投影 $a''b'' /\!/ OY_W$； (3)ab 与 OX 和 OY_H 的夹角 β、γ 等于 AB 对 V、W 面的倾角	(1)正面投影 $a'b'=AB$； (2)水平面投影 $ab /\!/ OX$，侧面投影 $a''b'' /\!/ OZ$； (3)$a'b'$ 与 OX 和 OZ 的夹角 α、γ 等于 AB 对 H、W 面的倾角	(1)侧面投影 $a''b''=AB$； (2)水平面投影 $ab /\!/ OY_H$，正面投影 $a'b' /\!/ OZ$； (3)$a''b''$ 与 OY_W 和 OZ 的夹角 α、β 等于 AB 对 H、V 面的倾角
	小结： (1)直线在所平行的投影面上的投影表达实长； (2)其他投影平行于相应的投影轴； (3)表达实长的投影与投影轴所夹的角度等于空间直线对相应投影面的夹角		

2. 投影面垂直线

当直线垂直于一个投影面，而与另外两个投影面平行时，称其为投影面垂直线。投影面垂直线可分为以下三种。

(1)正垂线　垂直于 V 面而平行于 H、W 面的直线称为正垂线。

(2)铅垂线　垂直于 H 面而平行于 V、W 面的直线称为铅垂线。

(3)侧垂线　垂直于 W 面而平行于 V、H 面的直线称为侧垂线。

表 2-2 所示为三种投影面垂直线的投影特性。

表 2-2　投影面垂直线

名称	正垂线($AB\perp V$ 面，$/\!/ H$、W 面)	铅垂线($AB\perp H$ 面，$/\!/ V$、W 面)	侧垂线($AB\perp W$ 面，$/\!/ H$、V 面)
立体图	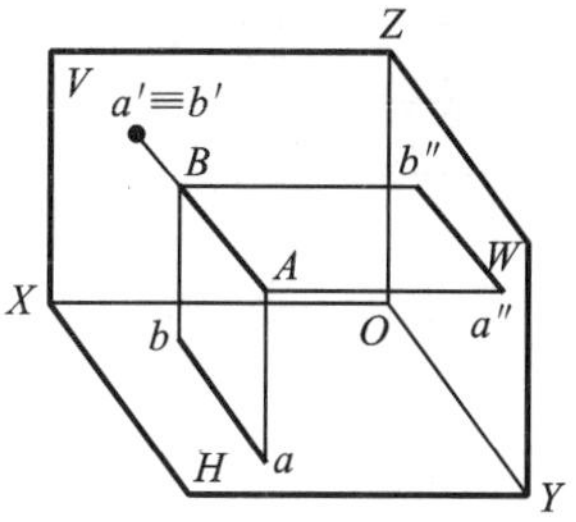	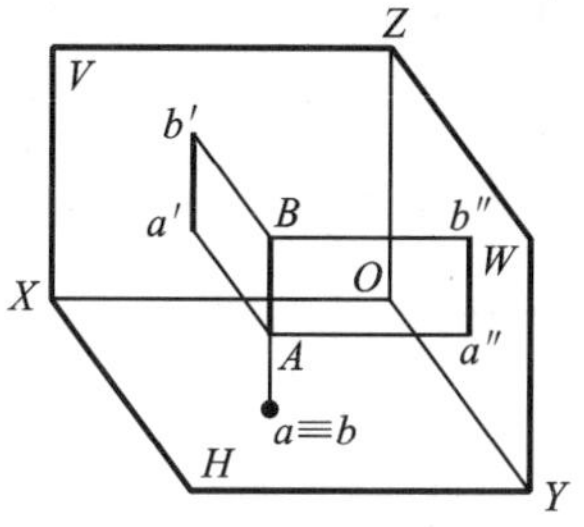	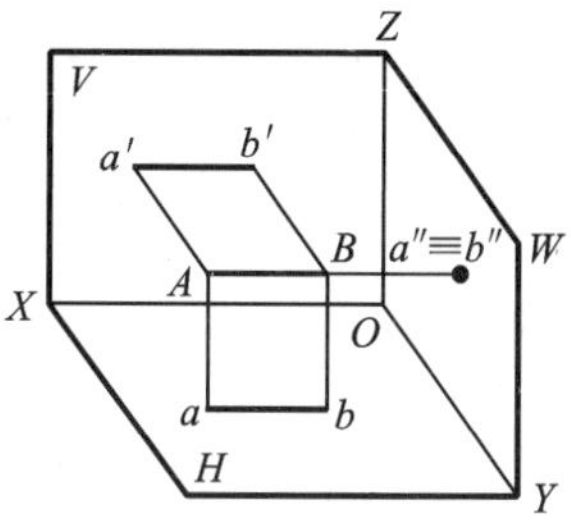
投影图	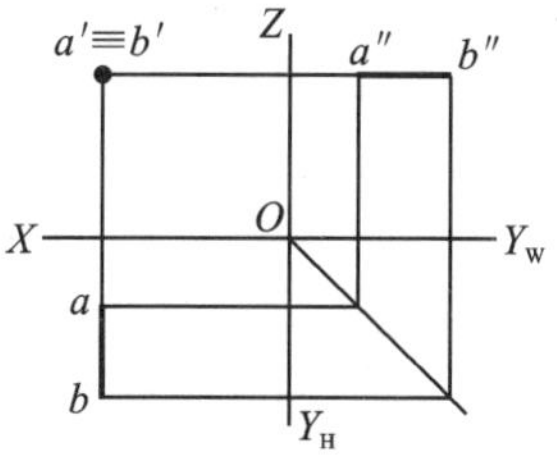	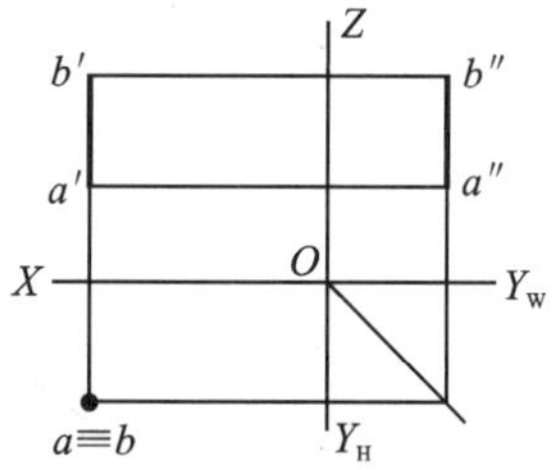	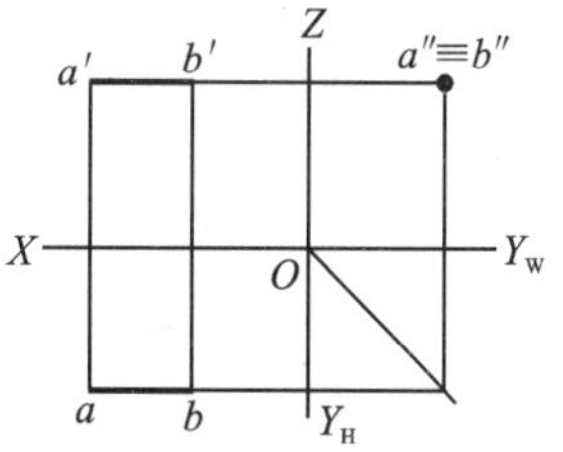
投影特性	(1)正面投影 $a'\equiv b'$ 成一点，有积聚性； (2)$ab = a''b'' = AB$，$ab\perp OX$，$a''b''\perp OZ$	(1)水平投影 $a\equiv b$ 成一点，有积聚性； (2)$a'b' = a''b'' = AB$，$a'b'\perp OX$，$a''b''\perp OY_W$	(1)侧面投影 $a''\equiv b''$ 成一点，有积聚性； (2)$a'b' = ab = AB$，$a'b'\perp OZ$，$ab\perp OY_H$

小结：
(1)直线在所垂直的投影面上的投影成一点，有积聚性；
(2)其他投影表达实长，且垂直于相应的投影轴

3. 一般位置直线

当直线与三个投影面都倾斜时，称其为一般位置直线。如图 2-12 所示，AB 直线与 H、V、W 面都倾斜，它是一般位置直线。

一般位置直线的三个投影均不反映直线的实长，三个投影都倾斜于投影轴。它们和投影轴的夹角并不反映空间直线对投影面的倾角，即 $a'b'$ 与 OX 轴的夹角不等于 α，ab 与 OX 轴的夹角不等于 β，$a''b''$ 与 OZ 轴的夹角不等于 γ。

2.3.4　一般位置直线的实长及其与投影面的夹角

一般位置直线在三个投影面上的投影均不反映实长，也不反映对投影面的真实夹角。下面介绍根据投影图求一般位置直线的实长和一般位置直线对投影面的真实夹角的方法。

图 2-13(a)所示为一般位置直线 AB 的直观图。过 B 点作 $BC/\!/ab$，则得一直角三角形 ABC，直线 AB 是它的斜边，$\angle ABC$ 是直线 AB 与 H 面的夹角 α，此直角三角形的一个直角边 $BC = ab$，另一直角边 AC 是直线两端点 A 和 B 离水平投影面的距离差，即 Z 坐标差($AC =$

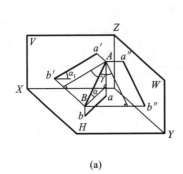
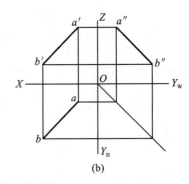

(a)　　　　　　　　　　　　　(b)

图 2-12　一般位置直线

Z_a-Z_b），这些都可以从已知的直线投影图上得到。因此，若利用直线的水平投影 ab 和两端点 A、B 的 Z 坐标差（$Z=Z_a-Z_b$）作为直角边，画出直角三角形，就可以同时求出 AB 的实长和 α 角。

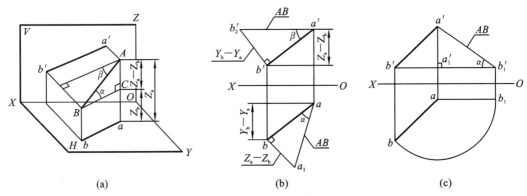

(a)　　　　　　　　　(b)　　　　　　　　　(c)

图 2-13　求一般位置直线的实长及对投影面的夹角

在投影图上的作图方法如下。

作法 1　如图 2-13(b)所示，过 a 或 b（图为过 b）作 ab 的垂线，在此垂线上量取 ba_1，使 $ba_1=Z_a-Z_b$，以 ab 为一直角边，ba_1 为另一直角边，作直角三角形 aba_1，边 aa_1 即为 AB 直线的实长，$\angle baa_1$ 即为直线 AB 对 H 面的倾角。

作法 2　如图 2-13(c)所示，过 b' 作 X 轴的平行线，与 aa' 交于 a_1'。以 $a'a_1'=Z_a-Z_b$ 为一直角边，并在 $b'a_1'$ 的延长线上量取 $a_1'b_1'=ab$ 为另一直角边，作直角三角形 $a'a_1'b_1'$，则斜边 $a'b_1'$ 为 AB 直线的实长，$\angle a'b_1'\,a_1'$ 为直线 AB 对 H 面的夹角 α。

与求 α 的方法类似，若以 AB 的正面投影 $a'b'$ 为直角边，以 A、B 的 Y 坐标差 Y_a-Y_b 为另一直角边，构成直角三角形 $a'b'b_2'$，如图 2-13(b)所示，则斜边 $a'b_2'$ 为 AB 直线的实长，$\angle b'a'b_2'$ 为直线 AB 对 V 面的夹角 β。

若要求直线对 W 面的倾角 γ，可以用 $a''b''$ 为直角边作直角三角形，请自行分析。

由以上讨论可以看出：要求出直线的实长及其对投影面的夹角，都要通过作直角三角形来求得，因此这种方法称为直角三角形法。

2.3.5　直线上的点

如果点在直线上,则点的各投影必在该直线的同面投影上,并将直线的各个投影分割成和空间相同的比例。

如图 2-14 所示,若 C 点在 AB 线上,则 c' 在 $a'b'$ 上,c 在 ab 上,而且 $AC/CB=a'c'/c'b'=ac/cb$,这一投影特性称为直线投影的定比特性。

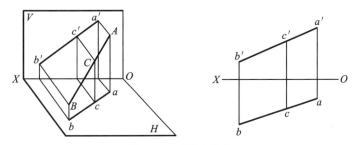

图 2-14　直线上的点

例 2-3　已知直线 AB 和 K 点的正面投影和水平投影,试判断 K 点是否在 AB 直线上,如图 2-15(a) 所示。

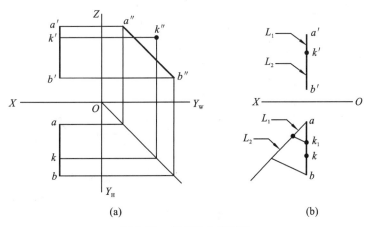

(a)　　　　　　　　(b)

图 2-15　点在线上的判断

解　因为 AB 是侧平线,因此需要画出侧面投影来判断,或者用定比方法进行判断。

方法 1　先画出直线 AB 的侧面投影 $a''b''$ 和 K 的侧面投影 k''。再看 k'' 是否在 $a''b''$ 上。从图 2-15(a) 所示的侧面投影看出,k'' 不在 $a''b''$ 上,因此点 K 不在直线 AB 上。

方法 2　用分割直线成定比的方法,将直线 AB 的水平投影 ab 分成两段,使其比值等于 $a'b'$ 上直线 L_1 与 L_2 的比,得点 k_1。从图 2-15(b) 所示可以看出,k_1 与 k 不重合,因此点 K 不在直线 AB 上。

2.3.6　两直线的相对位置

空间两直线的相对位置有平行、相交和交叉三种情况。

1. 两直线平行

如图 2-16 所示,空间两直线 AB、CD 为相互平行的两直线,过两平行直线 AB、CD 上各点向投影面作投射线,形成相互平行的两平面。这时,它们与 V 面的交线也相互平行,即 $a'b' /\!/ c'd'$。同理,可以证明 $ab /\!/ cd$,$a''b'' /\!/ c''d''$,由此可得,两平行直线的同面投影平行。反之,若两直线的同面投影平行,则空间两直线必定平行。

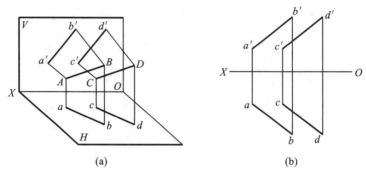

(a)　　　　　　(b)

图 2-16　两直线平行

对于一般位置直线,只要两直线的任意两对同面投影平行,就能确定这两条直线在空间相互平行,如图 2-16 所示。但是对于与投影面平行的直线来说,有时就不能确定两直线平行,如图 2-17 中给出的两条侧平线 AB 和 CD,它们的正面和水平投影 $ab /\!/ cd$,$a'b' /\!/ c'd'$,但是还不能确定 AB 和 CD 在空间是否平行,必须求出侧面投影,才能确定它们是否平行。通过作图得知,$a''b''$ 不平行于 $c''d''$,所以直线 AB 与 CD 不平行。

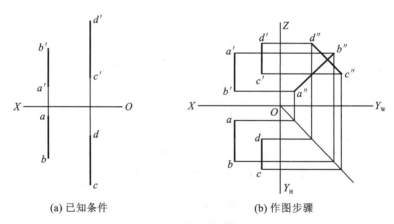

(a) 已知条件　　　　　　(b) 作图步骤

图 2-17　判断两直线的位置

2. 两直线相交

如图 2-18 所示,空间两直线 AB 与 CD 交于 K,则 K 点是两直线的共有点,可知 K 点的水平投影一定既在 ab 上又在 cd 上,是 ab 和 cd 的交点。同理,k' 和 k'' 也应分别为这两条直线的同面投影的交点,由于 k、k'、k'' 是 K 点的三面投影,因此应符合点的投影规律,即 $kk' \perp OX$,$k'k'' \perp OZ$。

两直线相交时,它们的同面投影必相交,且交点符合点的投影规律。反之,若两直线的同面投影都相交,且交点符合点的投影规律,则两直线在空间一定相交。

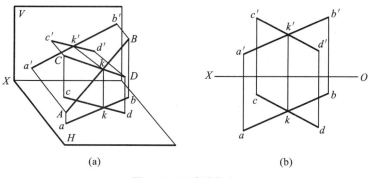

图 2-18　两直线相交

在一般情况下,对于一般位置直线来说,两直线只要有两面投影相交,且交点符合点的投影规律,则两直线在空间相交。但如果两直线中有一条为某一投影面的平行线时,则要判断两直线在该投影面上的投影是否相交和是否符合点的投影规律才能确定其位置关系。

如图 2-19(a)所示,直线 AB 和 CD 的两组同面投影 ab 与 cd 和 $a'b'$ 与 $c'd'$ 均相交,但因 CD 为侧平线,须求侧面投影,求出侧面投影后可知 $a''b''$ 与 $c''d''$ 不相交,所以直线 AB 与 CD 不相交。

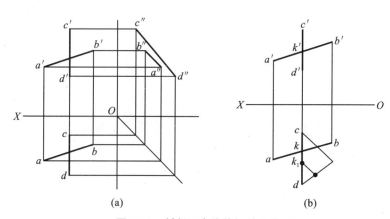

图 2-19　判断两直线的相对位置

两直线是否相交,也可在两个投影面上用定比方法判断。如图 2-19(b)所示,K 点的投影不符合点的投影规律,不是两直线的共有点,所以两直线不相交。

3. 两直线交叉

空间两直线不平行又不相交时称为交叉。交叉两直线的同面投影可能相交,但它们各个投影的交点不符合点的投影规律。如图 2-20 所示,AB 和 CD 两直线的同面投影都相交,但交点不符合点的投影规律,因此 AB 和 CD 两直线交叉。

交叉两直线在某个投影面上的交点,实际上是两直线处于同一投射线上的一对重影点的投影,可以利用它来判断两直线的位置。如图 2-20 所示的交叉两直线,它们在水平投影面上的投影 ab 和 cd 的交点 1(2)即为交叉两直线对 H 面的一对重影点Ⅰ、Ⅱ的水平投影,

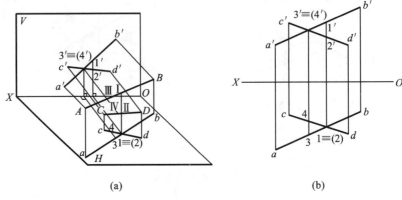

(a)　　　　　　　　　　　(b)

图 2-20　两直线交叉

点Ⅰ属于直线 AB，点Ⅱ属于直线 CD，点Ⅰ在点Ⅱ之上，所以从上向下看，属于 AB 线上的Ⅰ可见，而属于 CD 线上的Ⅱ不可见，即 AB 在 CD 的上方经过该处。两直线在正面投影上的重影点 3'(4')，从前向后看，Ⅲ比Ⅳ离观察者近，所以Ⅲ点可见，Ⅳ点不可见，即 AB 在 CD 的前方经过该处。

判定交叉两直线重影点的可见性，先由重影点画一垂直于投影轴的直线到另一投影中，就可将重影点分开成两点，所得两个点坐标较大的一点为可见，较小的一点为不可见。

2.3.7　两直线垂直相交

空间两直线垂直相交，其中有一直线平行于某投影面时，则两直线在该直线所平行的投影面上的投影相互垂直。反之，如果相交两直线在某个投影面上的投影相互垂直，且其中有一条直线是该投影面的平行线，则此两直线在空间上是垂直相交的两直线。

如图 2-21 所示，已知 $AB \perp BC$、$AB /\!/ ab$，则 ab 必垂直于 bc。证明过程如下。

证明　因为 $AB \perp BC$，$AB \perp Bb$，所以 AB 必垂直于 BC 和 Bb 决定的平面 Q 及 Q 面上过垂足 B 的任一直线（BC_1、BC_2……），因 $AB /\!/ ab$，故 ab 也必垂直于 Q 面过垂足 b 的任一直线，即 $ab \perp bc$。

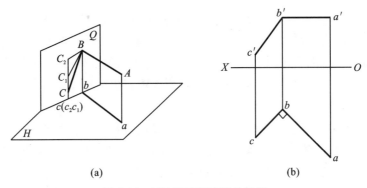

(a)　　　　　　　　　　　(b)

图 2-21　垂直相交两直线的投影

例 2-4　如图 2-22(a)所示，已知点 C 及直线 AB 的两面投影，试过 C 点作直线 AB 的

垂线 CD，D 为垂足，并求 CD 的实长。

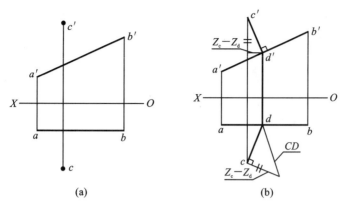

(a)　　　　　　　　　　　　(b)

图 2-22　求点到直线的垂足及距离

分析　因为 $ab // OX$，所以 AB 是正平线。又因 CD 与正平线 AB 垂直相交，D 为交点，则 $a'b' \perp c'd'$，由 d' 可在 ab 上求得 d。利用直角三角形法可求 CD 的实长。

作图

（1）过 c' 作 $c'd' \perp a'b'$ 得交点 d'。

（2）由 d' 引投影连线与 ab 交于 d。

（3）连接 c 和 d，则 $c'd'$、cd 即为垂线 CD 的两面投影。

（4）用直角三角形法求得 C 与直线 AB 之间的真实距离 CD，如图 2-22(b)所示。

例 2-5　已知菱形 $ABCD$ 的对角线 BD 的两个投影和另一对角线 AC 的端点 A 的水平投影 a，如图 2-23(a)所示，求作该菱形的两面投影。

分析　根据菱形的对角线必互相垂直平分和对边互相平行的几何性质，以及垂直相交两直线、平行两线的投影特性，即可作出其投影图。

作图

（1）过 a 和 bd 的中点 o 作对角线 AC 的水平投影，并使 $ao = oc$。

（2）由 o 可得 o'，再应用直角投影特性，过 o' 作 $b'd'$ 的垂直平分线，再由 a 得 a'，由 c 得 c'，$a'o' = o'c'$，则 $a'c'$ 即为对角线 AC 的正面投影。

（3）最后连接菱形各顶点的同面投影，即为菱形的投影图，如图 2-23(b)所示。

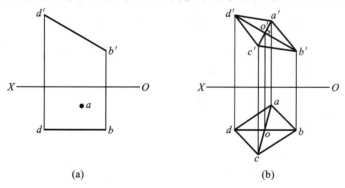

(a)　　　　　　　　　　　　(b)

图 2-23　求作菱形的两面投影

2.4 平面的投影

平面可用以下元素表示：①不在同一直线上的三点；②一直线和直线外一点；③相交两直线；④平行两直线；⑤任意平面图形（三角形等）。

2.4.1 平面的表示法

1. 用几何元素表示平面

由初等几何学原理可知，不属于同一直线上的三点可确定一个平面，这三个点可以转换为一点和一直线、相交两直线、平行两直线或一个平面图形，它们都可以确定一平面。因此，在投影图上可以用以上任一组几何元素表示平面，如图 2-24 所示。

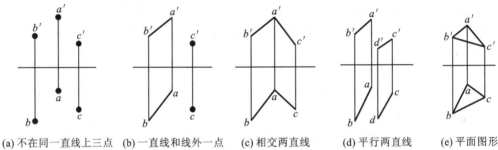

(a) 不在同一直线上三点　(b) 一直线和线外一点　(c) 相交两直线　(d) 平行两直线　(e) 平面图形

图 2-24　用几何元素表示平面

2. 用迹线表示平面

空间平面与投影面的交线称为平面的迹线，用迹线表示的平面称为迹线平面。平面的迹线是投影中用以表示平面空间位置的另一种方法。

如图 2-25 所示，平面 P 和 H 面的交线 P_H 称为水平迹线，与 V 面交线 P_V 称为正面迹线，与 W 面的交线 P_W 称为侧面迹线。平面 P 与投影轴的交点就是两条迹线的交点，分别用 P_X、P_Y、P_Z 来表示。

迹线是平面与投影面的共有线，因此，迹线在投影面上的投影与其自身重合，另外两个投影在投影轴上。通常用迹线表示平面时，只将各迹线与自身重合的那个投影画出，并用符号标记，而在投影轴上的两个投影不需画出，也不另标符号。

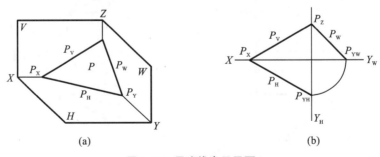

(a)　　　　　　　　　　　　(b)

图 2-25　用迹线表示平面

2.4.2　各种位置平面的投影

平面在三个投影面体系中,对投影面的相对位置,可有三种情况:平面平行于某个投影面;平面垂直于某个投影面;平面对三个投影面都倾斜。前两种称为特殊位置平面,后一种称为一般位置平面。下面介绍各种位置平面的投影特性。

(1) 平面平行于投影面时,它在投影面上的投影反映实形,称为实形性或真形性,如图 2-26(a)所示。

(2) 平面垂直于投影面时,它在投影面上积聚成一直线,称为积聚性或集聚性,如图 2-26(b)所示。

(3) 平面倾斜于投影面时,它在投影面上的投影与平面图形类似,称为类似性,如图 2-26(c)所示。

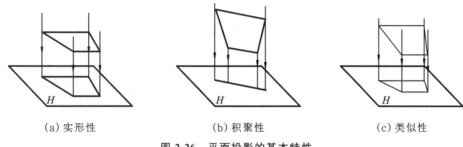

(a) 实形性　　　　　(b) 积聚性　　　　　(c) 类似性

图 2-26　平面投影的基本特性

1. 投影面平行面

在三个投影面体系中,平行于一个投影面而垂直于另外两个投影面的平面,称为投影面平行面。按所平行的投影面不同,投影面平行面可分为以下三种:

(1) 正平面——平行于 V 面而垂直于 H、W 面的平面称为正平面;

(2) 水平面——平行于 H 面而垂直于 V、W 面的平面称为水平面;

(3) 侧平面——平行于 W 面而垂直于 V、H 面的平面称为侧平面。

如图 2-27 所示,△ABC 平面是水平面,它平行于 H 面且与 V 面和 W 面垂直,因此它的水平投影反映实形,而它的正面投影和侧面投影为直线,有积聚性,并且分别平行于投影轴 OX 和 OY_W。

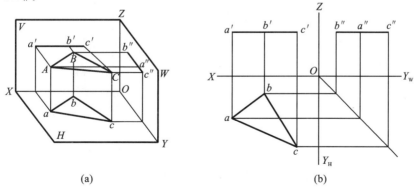

(a)　　　　　　　　　　(b)

图 2-27　水平面的投影

表 2-3 所示为三种投影面平行面的投影特性。

表 2-3　投影面平行面的投影特性

名称	正平面（∥V 面，⊥H、W 面）	水平面（∥H 面，⊥V、W 面）	侧平面（∥W 面，⊥H、V 面）
立体图			
投影图			
投影特性	(1)正面投影反映实形； (2)水平投影为直线，有积聚性，且平行于 OX 轴； (3)侧面投影为直线，有积聚性，且平行于 OZ 轴	(1)水平投影反映实形； (2)正面投影为直线，有积聚性，且平行于 OX 轴； (3)侧面投影为直线，有积聚性，且平行于 OY_{w} 轴	(1)侧面投影反映实形； (2)正面投影为直线，有积聚性，且平行于 OZ 轴； (3)水平投影为直线，有积聚性，且平行于 OY_{H} 轴
	小结： (1)在所平行的投影面上的投影反映实形； (2)其余投影都为直线，有积聚性，且平行于相应的投影轴		

由表 2-3 可知，平面在所平行的投影面上的投影反映实形，其余投影均为直线，有积聚性，且平行于相应的投影轴。

图 2-28 所示为迹线表示的水平面 P 的投影图，P 平面的正面迹线 P_{V}∥OX 轴，P_{w}∥ OY_{w} 轴，且有积聚性，因为 P 平面平行 H 面，所以没有水平迹线，在图上只画出 P_{V} 和 P_{w}。

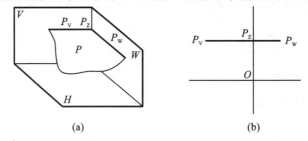

(a)　　　　　　　　　　　　　　　(b)

图 2-28　迹线表示的水平面

2. 投影面垂直面

在三个投影面体系中，垂直于一个投影面而对另外两个投影面倾斜的平面，称为投影面垂直面。按所垂直的投影面不同，投影面垂直面可分为以下三种：

（1）正垂面——垂直 V 面而倾斜于 H、W 面的平面称为正垂直；

（2）铅垂面——垂直 H 面而倾斜于 V、W 面的平面称为铅垂面；

（3）侧垂面——垂直 W 面而倾斜于 V、H 面的平面称为侧垂面。

如图 2-29 所示，平面 $ABCD$ 是铅垂面，它垂直于 H 面而倾斜于 V 面和 W 面。因此它的水平投影为倾斜于 OX 的直线，有积聚性。它与 OX、OY_H 的夹角为平面对 V 面和 W 面的倾角 β 与 γ，而它的正面投影和侧面投影均为与原形边数相同的类似形。

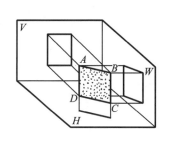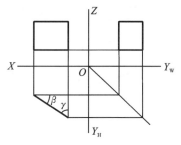

图 2-29　铅垂面的投影

表 2-4 所示为三种投影面垂直面的投影特性。

表 2-4　投影面垂直面的投影特性

名称	正垂面（$\perp V$ 面，倾斜 H、W 面）	铅垂面（$\perp H$ 面，倾斜 V、W 面）	侧垂面（$\perp W$ 面，倾斜 H、V 面）
立体图			
投影图			
投影特性	（1）正面投影为倾斜于 OX 轴的直线，有积聚性，它与 OX、OZ 轴的夹角为 α、γ； （2）水平投影和侧面投影均为类似形	（1）水平投影为倾斜于 OX 轴的直线，有积聚性，它与 OX、OY_H 轴的夹角为 β、γ； （2）正面投影和侧面投影均为类似形	（1）侧面投影为倾斜于 OZ 轴的直线，有积聚性，它与 OY_W、OZ 轴的夹角为 α、β； （2）正面投影和水平投影均为类似形
	小结： （1）平面在所垂直的投影面上的投影为倾斜于相应投影轴的直线，有积聚性，它和相应投影轴的夹角为平面对相应投影面的倾角； （2）平面的其余投影均为类似形		

由表 2-4 可知：平面在所垂直的投影面上的投影为倾斜于该投影面上的两投影轴的直

线,有积聚性;它和相应投影轴的夹角,就是平面对相应投影面的倾角;它的另外两个投影均为该平面的类似形。

图 2-30 所示是用迹线表示铅垂面 P 的投影图。从图中可知,它在水平面上的投影积聚成一条直线 P_H,P_H 与 OX、OY_H 轴的夹角反映 P 平面与 V 面的夹角 β 及与 W 面的夹角 γ,$P_V \perp OX$,$P_W \perp OY_W$。

特殊位置平面用迹线表示时,在投影图上只画出有积聚性的迹线,如图 2-30(c)所示。

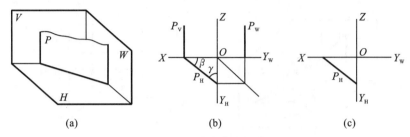

(a)　　　　　　　　　(b)　　　　　　　　　(c)

图 2-30　用迹线表示铅垂面

3. 一般位置平面

当平面对三个投影面都倾斜时,称为一般位置平面。如图 2-31 所示,△ABC 平面对三个投影面都倾斜。因此它的三个投影都不反映实形,均为△ABC 的类似形,也不反映该平面对投影面的倾角 α、β 和 γ。

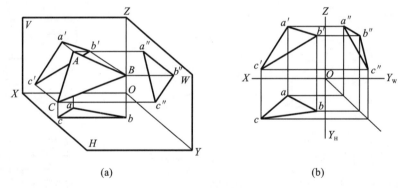

(a)　　　　　　　　　　　　　　　(b)

图 2-31　一般位置平面

例 2-6　△ABC 为一正垂面,并已知其水平投影 △abc 和 A 点的正面投影 a',且 △ABC 对 H 面的倾角 $\alpha = 45°$,试求 △ABC 的正面投影和侧面投影,如图 2-32(a)所示。

分析　△ABC 为正垂面,所以正面投影 $a'b'c'$ 必为一直线,与 OX 轴的夹角为 $45°$ 角,先求出正面投影,再求出侧面投影。

作图

(1) 过 a' 作直线与 OX 轴成 $45°$ 角。

(2) 过 b、c 作 OX 轴垂线得 b'、c',则 $a'b'c'$ 即为 △ABC 的正面投影。

(3) 按点的投影规律求出侧面投影 a''、b''、c'',并将三点连接起来,即 △ABC 的侧面投影为 △$a''b''c''$,如图 2-32(b)所示。

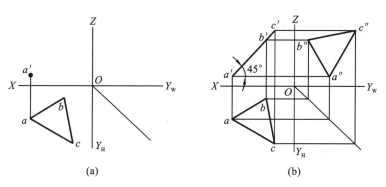

图 2-32　作正垂面投影

2.4.3　平面上的直线和点

1. 平面上的直线

平面上的直线满足以下几何条件：

(1) 直线通过平面上的已知两点，则该直线在平面上；

(2) 直线通过平面上的一个已知点，且又平行于平面上的一条已知直线，则该直线在平面上。

如图 2-33(a)所示，相交两直线 AB 与 AC 决定一平面，在两直线上各取一点 M 和 N，则过此两点的直线 MN 必在该平面上。如果过 C 点引一直线 CD 平行于 AB，则 CD 也必在该平面上。由此可知：平面上直线的各面投影，必是过平面上两个点的同面投影的连线；而过平面上一点且平行于平面上另一条直线的直线，它的各面投影必与该条直线的同面投影平行，如图 2-33(b)所示，图中 $c'd' \mathbin{/\!/} a'b'$，$cd \mathbin{/\!/} ab$。

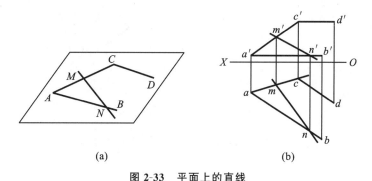

图 2-33　平面上的直线

2. 平面上的点

点在平面上的几何条件如下：如果点在平面上的一条已知直线上，则该点必在平面上。因此在平面上找点时，必须先在平面上作含该点的辅助直线，然后在所作辅助直线上求点，这种方法叫做辅助线法。

例 2-7　已知 $\triangle ABC$ 平面上 L 点的水平投影 l，求正面投影 l'；已知 K 点的正面投影 k' 和水平投影 k，试判断 K 点是否在 $\triangle ABC$ 平面上。如图 2-34(a)所示。

解 作图方法如图 2-34(b)所示。

(1) 连接 al，交 bc 于 e，则在 $b'c'$ 上可得 e'，作 $ll' \perp OX$ 轴，交 $a'e'$ 延长线于 l'，l' 即为所求。

(2) 连接 bk，并延长交 ac 于 f，在 $a'c'$ 上可得 f'，连接 $b'f'$，因 k' 不在 $b'f'$ 上，所以 K 点不在 $\triangle ABC$ 平面上。

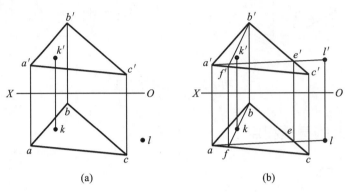

(a)　　　　　(b)

图 2-34　求平面上点的投影

例 2-8　试完成图 2-35(a)所示平面四边形 $ABCD$ 的水平投影。

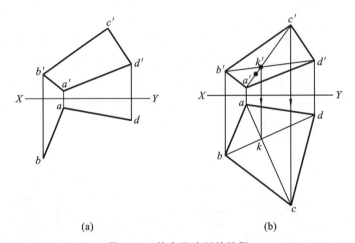

(a)　　　　　(b)

图 2-35　补全四边形的投影

分析　因 $ABCD$ 是一平面四边形，则它的对角线必相交，据此即可作图。

作图

(1) 连接 $a'c'$ 和 $b'd'$，交于点 k'。

(2) 连接 bd，在 bd 上求出 k，并连接 ak。

(3) 由 c' 在 ak 延长线上求出 c，连接 bc、dc，即得四边形的水平投影，如图 2-35(b)所示。

3. 平面上的投影面平行线

在平面上作辅助线可以是任意的直线，但为了作图方便，常采用平面上的投影面平行线作为辅助线。

平面上的投影面平行线的投影，既要有投影面平行线所具有的投影特性，又要满足直线在平面上的几何条件。

在同一平面上可以作无数条投影面平行线,且都相互平行。但如果附加条件,如必须通过平面上某一点,或者离某个投影面的距离为定值,则在该平面上只能作出一条投影面平行线。

例 2-9 如图 2-36(a)所示,已知△ABC 的两面投影,在△ABC 平面上取一点 K,使 K 点在 A 点之下 15 mm,在 A 点之前 13 mm,试求 K 点的两面投影。

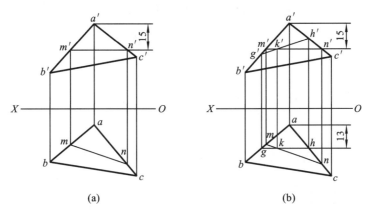

(a)   (b)

图 2-36 平面上取点

分析 由已知条件可知 K 点在 A 点之下 15 mm,之前 13 mm,我们可以利用平面上的投影面平行线作辅助线求得。K 点在 A 点之下 15 mm,可利用平面上的水平线;K 点在 A 点之前 13 mm,可利用平面上的正平线。K 点必在两直线的交点上。

作图

(1) 从 a′向下取 15 mm,作一平行于 OX 轴的线,与 a′b′交于 m′,与 a′c′交于 n′。

(2) 求水平线 MN 的水平投影 mn。

(3) 从 a 向前取 13 mm,作一平行于 OX 轴的线,与 ab 交于 g,与 ac 交于 h,则 mn 与 gh 的交点为 k,k 即为所求水平面投影,如图 2-36(b)所示。

(4) 由 g、h 求得 g′、h′,则 g′h′与 m′n′交于 k′,k′即为所求正面投影,k 即为所求水平面投影。

4. 平面对投影面的最大斜度线

属于给定平面内且垂直于该平面的投影面平行线的直线,称为该平面的最大斜度线。平面上垂直于水平线的直线,称为平面对 H 面的最大斜度线;垂直于正平线的直线,称为平面对 V 面的最大斜度线;垂直于侧平线的直线,称为平面对 W 面的最大斜度线。

如图 2-37 所示,直线 CD 是平面 P 上的水平线,垂直于 CD 且属于平面 P 的直线 AB 是对 H 面的最大斜度线。显然平面 P 对 H 面的所有最大斜度线都相互平行。

现证明 AB 是平面 P 对 H 面的最大斜度线。

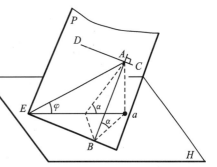

图 2-37 平面 P 对 H 面的最大斜度线

如图 2-37 所示,过 A 点作最大斜度线以外的属于平面 P 的任意直线 AE,它对 H 面的倾角为 ϕ,直线 $Aa \perp H$ 面,所以 $\triangle ABa$ 和 $\triangle AEa$ 都是直角三角形,并且 Aa 是它们的一条公共直角边,又因为 $AB \perp CD$,且 $EB /\!/ CD$,所以 $AB \perp EB$,由直角定理可知,$aB \perp BE$,则 $aE > aB$,$\alpha > \phi$,因此 AB 是 P 平面上与 H 面所成夹角最大的直线,也就是斜度最大的意思。即 AB 是平面 P 对 H 面的最大斜度线,α 即为该平面对 H 面的倾角。同样,平面对 V 面的最大斜度线与 V 面的夹角,就是该平面对 V 面的倾角 β。

例 2-10 求 $\triangle ABC$ 对 V 面的倾角 β(见图 2-38)。

分析 β 角可用 V 面的最大斜度线来求,在求出该直线后,再用直角三角形法求 β 角。

作图

(1) 过点 A 作正平线 $A\,\mathrm{I}\,(a'1'、a1)$。

(2) 过点 B 作 $B\,\mathrm{II} \perp A\,\mathrm{I}$,即 $b'2' \perp a'1'$。

(3) 在水平投影中可求得 $b2$。

(4) $B\,\mathrm{II}$ 就是 $\triangle ABC$ 对 V 面的最大斜度线,再用直角三角形法求 β,$\angle 2\,\mathrm{II}\,b = \beta$。

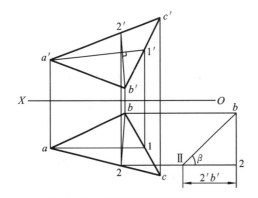

图 2-38 求平面对 V 面的倾角 β

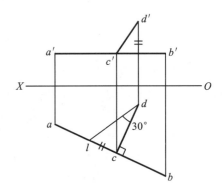

图 2-39 作与 H 面成 30°夹角的平面

例 2-11 试过水平线 AB 作一与 H 面成 30°夹角的平面(见图 2-39)。

分析 因平面对 H 面的最大斜度线与 H 面的夹角反映了该平面对 H 面的夹角,另外,平面对 H 面的最大斜度线相互平行,所以我们只要作出一条与已知水平线 AB 垂直相交且与 H 面成 30°夹角的最大斜度线即可。

作图

(1) 在水平线 AB 上任取一点 $C(c,c')$。

(2) 过点 c 作与 ab 垂直的直线 cd。

(3) 过点 d 作夹角为 30°的作图线与 ab 交于 l,由直角三角形法可知,lc 即为直线 CD 的 Z 坐标差,由此可得 d 和 d',连接 $c'd'$。

(4) 直线 CD 与水平线 AB 所组成的平面即为与 H 面成 30°夹角的平面。

▌ 2.5 直线与平面、两平面间的相对位置

直线与平面之间和两平面之间的相对位置,有平行、相交及垂直三种情况。垂直是相交

的特殊情况。下面介绍它们的投影特性和作图方法。

2.5.1　直线与平面平行、两平面平行

1. 直线与平面平行

如果平面外一直线与平面内的某一直线平行,则平面外直线必平行于该平面(见图 2-40)。在投影图中,这一直线与平面内平行直线的同面投影也相互平行。

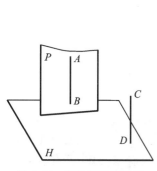

图 2-40　直线与平面平行

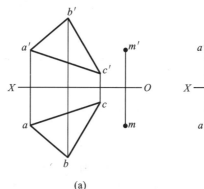

(a)

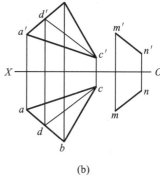

(b)

图 2-41　过点作直线平行于平面

例 2-12　如图 2-41(a)所示,已知平面△ABC 及平面外一点 M 的两面投影,试过 M 点作一直线与△ABC 平面平行。

分析　因为 M 点是△ABC 平面之外一点,由直线与平面平行定理可在△ABC 上任取一直线,通过 M 点作直线与△ABC 上所取直线平行即可。

作图

(1) 在水平投影△abc 上任取一直线 cd。

(2) 求出 c'd'。

(3) 过点 m 作 mn//cd,过点 m' 作 m'n'//c'd',MN 即为所求,如图 2-41(b)所示。

2. 两平面平行

如果一个平面内的相交两直线与另一个平面内的相交两直线对应平行,则这两个平面平行(见图 2-42)。在投影图中,该两平面上的相交两直线的同面投影一定对应平行。

例 2-13　试判断两已知平面△ABC 与△DEF 是否平行,如图 2-43(a)所示。

分析　首先判断两三角形是否有两边对应平行,若有,说明它们相互平行,若没有,再在三角形上任作两条相交直线,看能否找到其对应平行的投影,由此可以判断两给定平面是否平行。

作图

(1) 在△ABC 上作任意相交直线 AN 和 CM(作 a'n'、an、c'm'、cm)。

(2) 在△DEF 的正面投影上先作 e'l'//a'n',d'h'//c'm',再求得 el、dh,如图 2-43(b)所示,可知 el//an、dh//cm,所以△ABC 平行于△DEF。

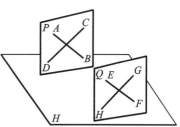

图 2-42　两平面平行

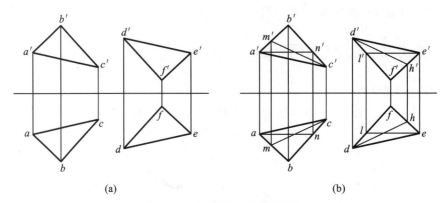

(a) (b)

图 2-43 判断两平面是否平行

2.5.2 直线与平面相交、两平面相交

直线与平面、平面与平面若不平行,必然相交。直线与平面相交,则必然有一交点,这一交点就是直线和平面的共有点。平面与平面相交,则必有一条交线,这条交线就是两平面的共有直线。因此可由交线上的两个共有点(或一个共有点和交线方向)来确定、研究直线与平面相交和两平面相交的问题,即要解决求交点和交线的问题。

1. 直线或平面与特殊位置平面相交

1)一般位置直线与特殊位置平面相交

特殊位置平面在某个投影面上的投影有积聚性,交点可直接求出。

图 2-44 所示是直线 AB 与正垂面△CDE 相交。由于交点 K 是直线 AB 和△CDE 的共有点,因此,它的投影必在直线 AB 与平面△CDE 的同面投影上。因△CDE⊥V 面,在 V 面的投影积聚成 $c'd'e'$ 一直线,K 点的正面投影 k' 必在此直线上,又因 K 点在 AB 上,所以 k' 也必在 $a'b'$ 上,由此可见,$a'b'$ 与 $c'd'e'$ 的交点就是 K 点的正面投影 k',再由 k' 在 ab 上求得 k。

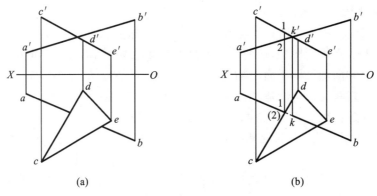

(a) (b)

图 2-44 直线与正垂面相交

为了使图形清晰,需在投影图上判断可见性,把被平面遮住的直线部分画成虚线。判断

可见性的一般方法是利用交叉直线的重影点。如在图 2-44 中判断水平投影的可见性时,可找出交叉直线 AB、CD 对 H 面的一对重影点 I、II,I 点在 CD 上,II 点在 AB 上。由正面投影可知,I 点在上,II 点在下,故 $2k$ 被遮住不可见,应画成虚线。像图 2-44 所示这种情况,也可直接在正面投影上判断水平投影的可见性,从上向下观察,$b'k'$ 在上,$k'a'$ 在下,即表示 BK 位于平面的上方,是可见的,KA 位于平面之下的部分被遮住了,不可见。

判断可见性时,只有同面投影重叠部分才要判断可见性,不重叠的部分均为可见。因此正面投影中的 $a'b'$ 都是可见的。另外,交点是可见与不可见的分界点,在交点某一边的线段如全部可见,则另一边必然有被遮住的不可见部分。因此,当需要判断可见性时,在一个投影中,只要判断交点一边的可见性,另一边的情况就可以推断出来。

2)一般位置平面与特殊位置平面相交

两平面相交时,交线为一直线。当一个平面为特殊位置平面时,它在某个投影面上的投影必有积聚性,利用其积聚性可直接求出交线。

如图 2-45(a)所示,铅垂面 $\triangle ABC$ 与一般位置平面 $\triangle DEF$ 相交,因为 $\triangle ABC \perp H$ 面,所以其水平投影积聚成一直线 abc,两平面交线的投影必与 abc 重合,同时交线又是 $\triangle DEF$ 内的直线,其水平投影必有两点分别位于 $\triangle def$ 某两边或其延长线上。由图 2-45(b)可知,abc 与 df、ef 分别交于 k、l,即交线上两点的水平投影。由 k、l 分别在 $d'f'$ 和 $e'f'$ 上求出 k'、l',kl、$k'l'$ 即为所求交线的投影。

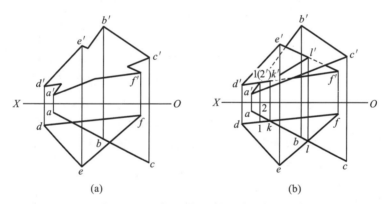

(a)　　　　　　　　(b)

图 2-45　一般位置平面与铅垂面相交

可见性的判断方法与图 2-44 所示相同,此处不重述。但要注意,交线是可见与不可见的分界线,并且只有两面重叠部分才有可见与不可见之分,不重叠部分均为可见。

例 2-14　图 2-46(a)所示为水平面 $\triangle DEF$ 与一般位置平面 $\triangle ABC$ 相交,求两平面的交线,并判断可见性。

分析　因为平面 $\triangle DEF$ 是水平面,其正面投影有积聚性,可在正面投影上直接求出 $\triangle ABC$ 上两直线与 $\triangle DEF$ 的交点,连接交点,即可得交线。可见性利用交叉直线的重影点来判断。

作图

(1)在正面投影上找出 $d'e'f'$ 直线与 $a'b'$、$a'c'$ 的交点 k'、l'。

(2)根据点的投影规律,由 k'、l' 求得水平投影 k、l,连接 kl,即为交线,如图 2-46(b)所示。

(3)可见性的判断如下。在水平投影上,ab 和 de 的交点 1(2)是对 H 面重影点 I、II

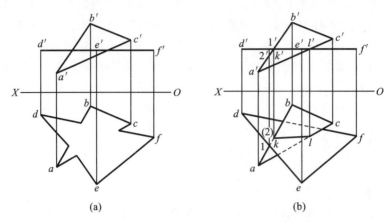

图 2-46 一般位置平面与水平面相交

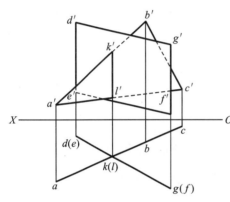

图 2-47 两铅垂面相交

的水平投影。由正面投影可知,$1'$ 在 $2'$ 之上,故在水平投影上,de 可见,ak 与 $\triangle def$ 重叠部分不可见。KL 是可见与不可见的分界线,以 KL 为界,可见的画成粗实线,不可见的画成虚线。

3)两特殊位置平面相交

如图 2-47 所示,两铅垂面 $\triangle ABC$ 和平行四边形 $DEFG$ 相交。在水平投影面上,两平面的投影积聚成两相交直线,该两直线的交点必是两平面共有线的投影,即交线 KL 的水平投影为 $k(l)$,交线的正面投影为一铅垂线 $k'l'$,其长度是两平面共有部分且为交线实长。

图 2-47 中可见性的判断,与前述方法相同,此处不再赘述。

2. 直线或平面与一般位置平面相交

1)投影面垂直线与一般位置平面相交

当直线为投影面垂直线时,它在某个投影面上必有积聚性,利用积聚性可求得交点。如图 2-48(a)所示,直线 EF 是一铅垂线,它与平面 $\triangle ABC$ 相交,求交点 K 的方法如下。

因为直线 EF 是铅垂线,水平投影有积聚性,投影成为一个点 $e(f)$,交点 K 的水平投影 k 必然也积聚在该点上。为了求得 K 点的正面投影 k',可利用在平面上找点的方法,经过 k 点在平面内作一辅助线 cd,找出它的正面投影 $c'd'$,$c'd'$ 与 $e'f'$ 相交,交点即为 k' 点的位置,如图 2-48(b)所示。

可见性的判断如下:EF 直线上的 Ⅱ 点和 AB 边上的 Ⅰ 点在正面投影中重影点为一点。由水平投影可知 1 点在 2 点之前,所以在正面投影上,$k'e'$ 与 $\triangle a'b'c'$ 重叠部分不可见,$f'k'$ 为可见,如图 2-48(b)所示。

2)一般位置直线与一般位置平面相交

直线和平面均处于一般位置时,它们在投影面上的投影没有积聚性。所以,交点不能直接在图上找出,要利用辅助平面的方法来求交点,其原理如图 2-49 所示。

包含直线 AB 作一辅助平面 P(一般取投影面垂直面),则 P 面与平面 $\triangle CDE$ 必有一

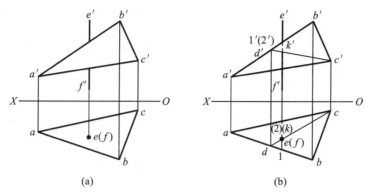

图 2-48　铅垂线与一般位置平面相交

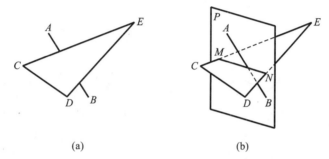

图 2-49　一般位置直线与一般位置平面相交

交线 MN，它是两个平面的公共线。因此，AB 与 MN 的交点就是 AB 与平面 $\triangle CDE$ 的共有点，也就是 AB 与平面 $\triangle CDE$ 的交点。由此可见，求直线与平面的交点的一般步骤如下。

(1) 包含已知直线作一辅助平面。

(2) 求出辅助平面与已知平面的交线。

(3) 求出此交线与已知直线的交点，即为所求直线与平面的交点。

例 2-15　求直线 AB 与 $\triangle CDE$ 的交点，并判断可见性，如图 2-50(a) 所示。

分析　因直线和平面均为一般位置，所以采用辅助平面法求交点。

作图

(1) 包含 AB 作正垂面 P（用 P_V 表示）。

(2) 求 P 平面与 $\triangle CDE$ 的交线 MN（$m'n'$、mn）。

(3) 得到 mn 与 ab 的交点 k，由 k 求出 k'，如图 2-50(b) 所示。

(4) 利用重影点可判断各投影的可见性。正面投影用重影点 Ⅰ、Ⅱ 的水平投影判断，1 点在 2 点之前，$k'b'$ 可见，$k'm'$ 不可见；水平投影用重影点 Ⅲ、Ⅳ 的正面投影判断，因 $3'$ 点在 $4'$ 点之上，故 ak 可见，kb 与 $\triangle cde$ 重叠部分不可见，如图 2-50(b) 所示。

3）两个一般位置平面相交

两个一般位置平面相交，求交线的方法有以下两种。

(1) 线、面交点法。

两个一般位置平面相交时，可以利用一平面的直线与另一平面相交求交点的方法，来确定平面交线上的共有点。

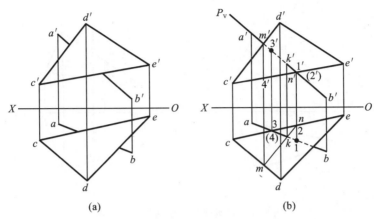

图 2-50　直线 AB 与 $\triangle DEF$ 相交

例 2-16　如图 2-51(a)所示,求 $\triangle ABC$ 和 $\triangle DEF$ 的交线。

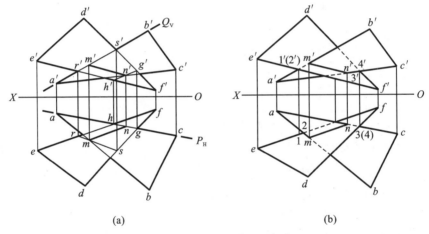

图 2-51　两一般位置平面相交

分析　两三角形平面均为一般位置。可在其中一个三角形内任取两条直线(一般取两条边)作平面,求其与另一个三角形的交点。

作图

① 包含 AC 直线作辅助平面——铅垂面 P(用 P_H 表示),求出 P 面与 $\triangle DEF$ 的交线 $GH(gh\,\text{、}g'h')$,确定 GH 与 AC 的交点 $N(n'\,\text{、}n)$。

② 包含 AB 直线作正垂面 Q(用 Q_V 表示),求出 Q 面与 $\triangle DEF$ 的交线 $RS(r's'\,\text{、}rs)$,确定 RS 与 AB 的交点 $M(m\,\text{、}m')$。

③ 连接 MN 的同面投影,即得交线 MN 的投影 mn、$m'n'$,如图 2-51(b)所示。

④ 判断可见性。在投影图上,两三角形未重叠的部分是可见的,交线的各个投影也是可见的,并且是可见与不可见的分界线。可利用重影点 Ⅰ、Ⅱ 的前后位置,确定正面投影的可见性;利用重影点 Ⅲ、Ⅳ 的上下位置,确定水平面投影的可见性。如图 2-51(b)所示。

注意　凡直线的投影和另一平面的同面投影不重叠,就表明该直线在空间不直接与平面相交(需扩大平面图形后才有交点),因而不宜选这类直线来求它和另一平面图形的交点。

例如,例 2-16 中的 $b'c'$、$e'd'$ 和 bc、ed 均不与另一平面图形的同面投影重叠,故不宜选择 BC、ED 来求它们与另一平面的交点。至于其余各边,哪两边相交,试作图来决定。

（2）三面共点法。

图 2-52 所示是用三面共点法求两平面共有点的示意图,图中已知两平面 △ABC 和 △DEF。为求两平面的共有点,作任意辅助平面 P（一般取投影面平行面）,它与△ABC 和 △DEF 分别交于Ⅰ、Ⅱ和Ⅲ、Ⅳ,而Ⅰ、Ⅱ和Ⅲ、Ⅳ的交点为 S,它是三面所共有的点。同样,再作一辅助平面 Q,找出共有点 T,连接 ST,即为△ABC 和△DEF 的交线。

例 2-17　试求平面△ABC 与由 L_1 和 L_2 所决定的平面（$L_1//L_2$）的交线,如图 2-53（a）所示。

分析　由于一平面为一对平行线所决定,该题宜用三面共点法求交线。为了作图的方便,选用投影面平行面作辅助平面。

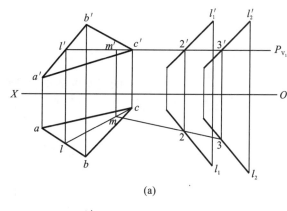

(a)

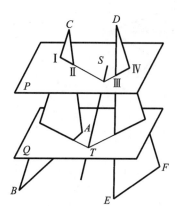

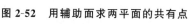

图 2-52　用辅助面求两平面的共有点

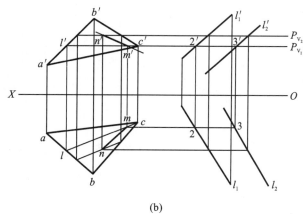

(b)

图 2-53　用三面共点法求两平面的交线

作图

① 包含 c' 作 $P_{V_1}//OX$ 轴。

② P_{V_1} 与 $a'b'$ 交于 l',与 l'_1 交于 $2'$,与 l'_2 交于 $3'$。

③ 在水平投影中,求出 cl、23,并延长使之交于点 m,如图 2-53（a）所示。

④ 在 P_{V_1} 上求出 m',则 m'、m 即为所求交线上 M 点的投影。

⑤ 再作一辅助平面 P_{V_2},重复上述作法求得第二交点 $N(n$、$n')$。

⑥ 连接 mn 和 $m'n'$，即为所求交线 MN 的投影，如图 2-53(b)所示。

2.5.3 直线与平面垂直、两平面相互垂直

1. 直线与平面垂直

当一直线垂直于平面时，则此直线垂直于平面内的一切直线。并且，该直线的水平投影一定垂直于该平面内的水平线的水平投影，而该直线的

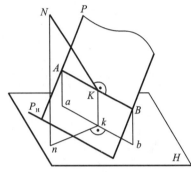

图 2-54 直线垂直于平面

正面投影一定垂直于该平面内的正平线的正面投影。

如图 2-54 所示，设直线 NK 垂直于平面 P，同时 AB 是平面 P 的水平线。由立体几何学可知，若一直线垂直于一平面，则该直线必垂直于这平面内的一切直线，所以 NK 必垂直于 AB。因为 AB 平行于 H，由直角投影特性可知，垂线 NK 的水平投影 nk 必垂直于 AB 的水平投影 ab。

同理可证明，垂线 NK 的正面投影也垂直于平面上的正平线的正面投影。

例 2-18 包含点 E 作直线垂直于 $\triangle ABC$，并求垂足，如图 2-55(a)所示。

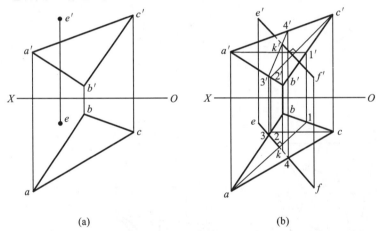

(a)   (b)

图 2-55 作直线垂直于平面

分析 先根据直线与平面垂直的投影特性，求平面的垂线，然后求垂线与平面的交点。

作图

(1) 包含点 A 作 $A\,\mathrm{I}\,//H$ 面，包含点 C 作 $C\,\mathrm{II}\,//V$ 面。

(2) 包含点 E 作 EF 垂直于 $A\,\mathrm{I}$、$C\,\mathrm{II}$，即作 $ef\perp a1$，$e'f'\perp c'2'$，EF 即为所求垂线，如图 2-55(b)所示。

(3) 求 EF 与 $\triangle ABC$ 的垂足，包含 EF 作平面 Q 垂直于 H 面，求 Q 面与 $\triangle ABC$ 的交线 $\mathrm{III}\,\mathrm{IV}(34, 3'4')$，则 $\mathrm{III}\,\mathrm{IV}$ 与 EF 的交点 $K(k$、$k')$ 即为所求垂足，如图 2-55(b)所示。

例 2-19 过 K 点作铅垂面 $\triangle ABC$ 的垂线，并求垂足，如图 2-56(a)所示。

分析 若直线与平面垂直，而平面又垂直于某投影面时，则该直线必平行于该投影面。因为 $\triangle ABC\perp H$ 面，所以过 K 点作 $\triangle ABC$ 的垂线一定为水平线，它的水平投影垂直于

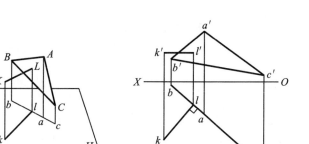

(a)立体图   (b)投影图

图 2-56   过点 K 作铅垂面的垂线

△ABC 的水平投影,两投影反映直角。

作图

(1)过 K 点的水平投影 k 作 abc 的垂线交 abc 于 l,kl 即所求垂线 KL 的水平投影,l 即垂足 L 的水平投影。

(2)过 k′作 OX 轴的平行线,与过 l 作垂直于 OX 轴的投影线交于 l′,k′l′ 即 KL 的正面投影,则 KL(kl、k′l′)为所求垂线,L(l、l′)为垂足,如图 2-56(b)所示。

例 2-20   试过 A 点作直线垂直于已知直线 BC,如图 2-57(a)所示。

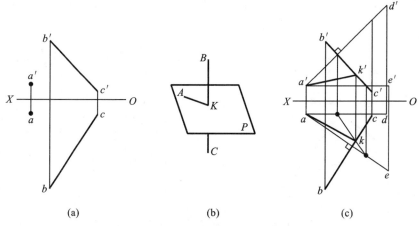

(a)   (b)   (c)

图 2-57   过点 A 作直线垂直于已知直线

分析   过 A 点作直线与已知直线 BC 垂直,则所求垂线一定位于过 A 点而垂直于 BC 的平面上。如图 2-57(b)所示,BC 与平面 P 的交点 K 即垂线与 BC 的交点,所以可利用过 A 点作已知直线 BC 的垂直面来求解。

作图

(1)过 A 点作一平面 P⊥BC,平面 P 由正平线 AD 和水平线 AE 决定(作 a′d′⊥b′c′、ae⊥bc)。

(2)利用辅助平面 P_V(正垂面),求出 BC 与平面 P 的交点 K(k、k′)。

(3)连接 AK 的同面投影,直线 AK(ak、a′k′)即为所求,如图 2-57(c)所示。

2. 平面与平面垂直

由初等几何学可知,如果一直线垂直于一平面,则包含该直线的所有平面都垂直于该平面。由图 2-58 可知,若直线 AB 垂直于 P 平面,则包含直线 AB 所作的平面 Q、R 等必与 P 平面垂直。

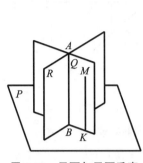

图 2-58　平面与平面垂直

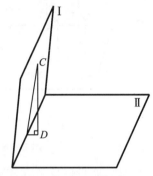

图 2-59　两平面不垂直

反之,如果两平面相互垂直,则从第一个平面内的任意一点向第二个平面所作的垂线一定在第一个平面内。如图 2-58 所示,Q 平面垂直于 P 平面,从 Q 平面内任意一点 M 向 P 平面作垂线 MK,则 MK 一定位于 Q 平面内。

不满足上述条件的,则两平面不垂直。如图 2-59 所示,直线 CD 不属于平面 I,所以平面 I 和平面 II 不垂直。

例 2-21　试过 D 点作平面垂直于平面 $\triangle ABC$,如图 2-60(a)所示。

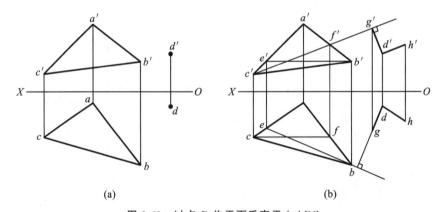

(a)　　　　　　　　　　　　　　　(b)

图 2-60　过点 D 作平面垂直于 $\triangle ABC$

分析　过 D 点作 $\triangle ABC$ 的垂线,则包含此垂线的所有平面都垂直于 $\triangle ABC$,所以此题有无穷多个解。

作图

(1) 在 $\triangle ABC$ 内作水平线 $BE // H$ 面(作 $b'e'$、be)和正平线 $CF // V$ 面(作 $c'f'$、cf)。

(2) 过 D 点作 $\triangle ABC$ 的垂线 DG,其两投影 $dg \perp be$,$d'g' \perp c'f'$。

(3) 包含 D 点作任意直线 DH($d'h'$、dh),则两相交直线 DH、DG 所决定的平面垂直于 $\triangle ABC$。

例 2-22　判断平面 $ABCD$ 和平面 EFG 是否互相垂直,如图 2-61(a)所示。

分析　根据两平面互相垂直的条件,过平面 $ABCD$ 上任意一点作一直线垂直于第二个平面 EFG。现检查垂线是否属于第一个平面 $ABCD$,若属于,则两平面互相垂直,否则两平

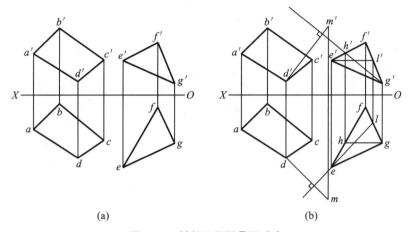

$$(a) \qquad\qquad\qquad (b)$$

图 2-61　判断两平面是否垂直

面不垂直。

　　作图　如图 2-61(b)所示。

　　(1) 作平面 EFG 上的水平线 $EL(el 、e'l')$ 和正平线 $GH(gh 、g'h')$。

　　(2) 过平面 $ABCD$ 上的 D 点作平面 EFG 的垂线 $DM(dm \perp el 、d'm' \perp g'h')$。

　　(3) 因垂线 DM 与直线 BC 既不平行也不相交,所以垂线 DM 不属于平面 $ABCD$,因而两平面不垂直。

　　由以上例题可知:要作一个平面的垂直面时,必须首先作出一条该平面的垂线,然后包含该垂线作平面即可;要判别两平面是否垂直,也必须首先从一个平面内的任意一点向另一个平面作垂线,如果所作的垂线在第一个平面内,则两平面必垂直,否则不垂直。

2.6　综合问题解题举例

　　前面我们所讨论的都是单一问题,如平行、相交、垂直等。在实际工作中,很多问题是综合性的,涉及多项内容,需要多种方法才能解决。

　　求解这类综合性的问题,首先要弄清题意,明确已知条件和求解的关系。然后根据几何知识进行空间分析,将复杂问题分解为简单问题的组合,制订出解题的方法与步骤,再在投影图上作出结果。下面举几个例子,介绍在解决问题时,如何综合运用这些方法和步骤,希望读者能从中得到启发,为今后解决实际工作中遇到的有关问题打下基础。

　　例 2-23　求过 K 点作直线 KL 与 $\triangle ABC$ 平行,并与直线 EF 相交,如图 2-62(a) 所示。

　　分析　过 K 点作与 $\triangle ABC$ 平行的直线有无数条,其总和应是一平行于 $\triangle ABC$ 的平面 P,如图 2-62(b)所示,所求直线 KL 既与 EF 相交,又要在 P 平面内。直线 EF 与平面 P 只有一个交点 K,它既属于 EF 又在平面 P 内,KL 就是所求的唯一直线。

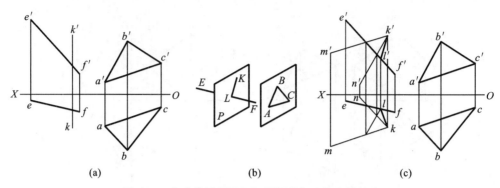

图 2-62　作直线平行于已知平面并与已知直线相交

作图

（1）过 K 点作一平行于△ABC 的平面（作相交直线，$m'k'//a'c'$、$mk//ac$、$n'k'//a'b'$、$nk//ab$）。

（2）求直线 EF 与直线 KM 和 KN 所确定平面的交点。因该平面为一般位置平面，所以过直线 EF 作一辅助平面 P_V（正垂面），求得交点 $L(l、l')$。

（3）连接点 $K(k、k')$ 和 $L(l、l')$，直线 KL 即为所求，如图 2-62(c)所示。

例 2-24　已知 A 点到△BCD 的距离为 10 mm，求 a，如图 2-63(a)所示。

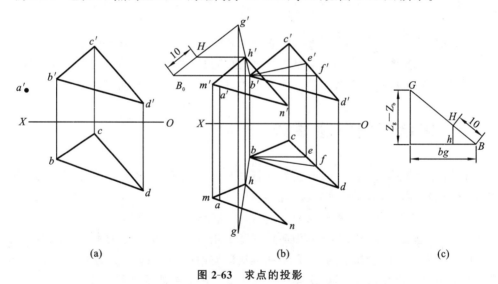

图 2-63　求点的投影

分析　包含 A 点作一平面平行于平面△BCD，使两平行平面的距离为 10 mm，可求出点 A 的水平投影。

作图

（1）在△BCD 内作一正平线 $BE(be、b'e')$ 和一水平线 $BF(bf、b'f')$。

（2）作一直线 BG，使其垂直于△BCD，即 $b'g'\perp b'e'$、$bg\perp bf$。

（3）用直角三角形法求 BG 的实长，如图 2-63(b)、(c)所示。BG 为实长，由 B_0 开始，从 BG 中取 BH 为 10 mm 可得 $h'、h$。

（4）过 H 作一平面平行于△BCD。

（5）在所作平面内过 A 点作一直线 MN（$m'n'$、mn），在 mn 上由 a' 求出 a，如图 2-63（b）所示。

例 2-25　求作直线 AD，使其与直线 BC 平行，并与两交叉直线 EF、GH 相交，如图 2-64（a）所示。

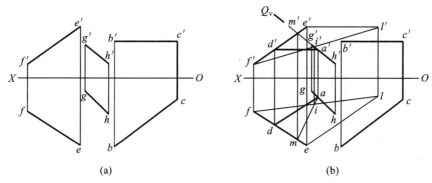

(a)　　　　　　　　　　(b)

图 2-64　作一直线平行于另一直线且与另外两交叉直线相交

分析　包含直线 EF 作一与直线 BC 平行的平面，直线 GH 和该平面一定相交，可求得直线与该平面的交点，包含交点作直线与 BC 平行，即可得所求直线。

作图

（1）包含 E 作 EL 平行于 BC，即 $e'l'//b'c'$、$el//bc$。

（2）求直线 GH 与平面 $\triangle EFL$ 的交点 A。为此，包含 GH 作 Q 面 $\perp V$ 面（记作 Q_V），求出 Q 面与平面 $\triangle EFL$ 的交线 IM（im、$i'm'$），IM 与 GH 交于 A（a、a'）。

（3）包含 A 作 $AD//EL$，使之与 EF 交于点 D，则 AD（ad、$a'd'$）即为所求，如图 2-64（b）所示。

第3章 投影变换

在空间几何问题中,我们常会遇到求直线的实长、平面的实形、两面之间的夹角,以及两直线或两平面之间的距离等问题。虽然在前面的有关章节中已经对有些问题进行了讨论,但为了使图示更为明了,图解更为简捷,本章我们将讨论采用投影变换的方法来达到简便地解决空间问题的目的。

3.1 换面法的基本原理及应用

我们知道,当几何元素对投影面处于特殊位置时,能直接反映出它们的真实形状和对投影面的真实倾角。从这里我们可以得到启发,要解决一般位置几何元素的实长、实形及相互之间的实际距离、倾角等问题,我们可以设立新的投影面体系,使几何元素处于便利解题的特殊位置。这种方法称为变换投影面法,简称换面法。

图 3-1(a)所示为一铅垂面$\triangle ABC$,它在 V 面和 H 面组成的投影体系中(简称 V/H 体系),两个投影都不反映实形。为使投影反映实形,设立一新的投影面 V_1 面,它与$\triangle ABC$ 平行且垂直于 H 面,V_1 面代替了 V 面,则 V_1 面和 H 面组成了新的投影体系 V_1/H。这时$\triangle ABC$ 在新体系 V_1 面上的投影$\triangle a_1'b_1'c_1'$就能反映出实形,再以 V_1 面和 H 面的交线 X_1 为轴,使 V_1 面旋转至和 H 面在同一平面内,就得出 V_1/H 体系的投影图,如图 3-1(b)所示。

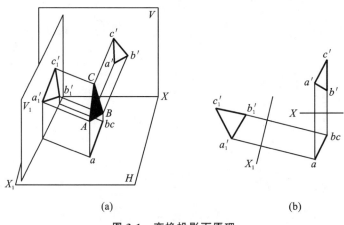

(a)   (b)

图 3-1　变换投影面原理

由上所述,使空间体系保持不动,为解题的需要而设置一个新的投影面时,新投影面的设置不是任意的,必须符合下列条件。

(1) 新投影面必须与空间几何元素处于有利于解题的位置。

(2) 新投影面必须垂直于原投影面体系中一个投影面。

掌握了换面法,可以解决工程实际中经常遇到的问题,如求物体斜面的真实形状、两斜面之间的夹角、平行管之间的距离、空间力系的合力与分力、确定空间机构的极限位置和尺寸大小等。利用换面法对提高解题的速度和增加图示的清晰度都是极为有利的。

3.2 点的投影变换

点是组成一切几何体的基本元素,因此,研究它的投影变换规律和作图方法,是学习换面法的基础。

3.2.1 点的一次变换规律

1. 变换 V 面 $(V/H \rightarrow V_1/H)$

如图 3-2 所示,A 点在 V/H 投影体系中的投影为 a、a',现设立新的投影面 V_1,代替原 V 面,使 V_1 面 $\perp H$ 面,组成新的投影体系 V_1/H,V_1 面与 H 面的交线为 X_1,即新的投影轴,由点 A 向 V_1 面作垂线与 V_1 面交于 a_1',即新投影面上的投影。然后使 V_1 面绕它与 H 面的新投影轴 O_1X_1 转到与 H 面在同一平面上,这时 a 和 a_1' 的投影连线必垂直于新的投影轴 O_1X_1,即 $aa_1' \perp O_1X_1$。另外,由于 H 面是公共水平面,V 面和 V_1 面都垂直于它,因此 A 点在 V 面和 V_1 面两个面上的投影 a' 和 a_1' 离 H 面的距离必然相等,即 $a'a_x = a_1'a_{x1}$。

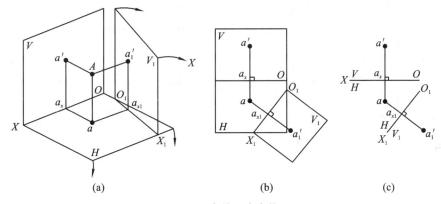

图 3-2 点的一次变换

2. 变换 H 面 $(V/H \rightarrow V/H_1)$

如图 3-3 所示,设立一个垂直于 V 面的投影面 H_1 来代替原 H 面组成新的投影体系 V/H_1。由于 V 面不动,所以点到 V 面的距离不变,即 $a_1a_{x1} = aa_x$,并且 $a_1a' \perp O_1X_1$。

作图步骤如下:

(1)根据实际需要,在图上适当的位置画出新轴 X;

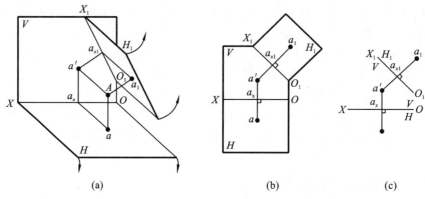

图 3-3　变换 H 面

（2）过 a' 作直线垂直于 X 轴；

（3）在 X 轴另一侧取 $a_1a_{x1}=aa_x$，a_1 即为辅助投影。

归纳上述，可得到点的投影变换规律如下。

（1）点的新投影与原不变投影的连线必垂直于新投影轴。

（2）点的新投影到新投影轴的距离等于被代替的原投影到原投影轴的距离。

3.2.2　点的两次变换

在利用换面法解决实际问题时，有时经过一次换面不能达到目的，而需要经过两次或多次换面。图 3-4 所示为点的两次换面，其原理与一次换面相同，只是将作图步骤依次再重复一次。

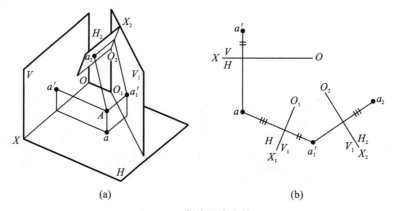

图 3-4　点的两次变换

两次变换投影面时必须注意，新投影面的设置除了必须符合前面所述的两个条件外，还必须是在一个投影面更换完以后，在新的两面体系中，交替地再更换另外一个投影面。例如，第一次以 V_1 面代替 V 面组成了 V_1/H 新体系，第二次变换则应以 H_2 代替 H 组成 V_1/H_2 体系，可如此交替多次变换，达到解题的目的。

3.3　换面法中的几个基本问题

3.3.1　直线的投影变换

直线辅助投影可由直线上的两点的辅助投影来决定。一般来说,作直线的辅助投影,即将一般位置直线通过换面法变成特殊位置直线。

1. 直线的一次变换

1) 一般位置直线变换为投影面平行线

如图 3-5 所示,AB 为一般位置直线,为了把直线 AB 变成投影面平行线,取 V_1 面代替 V 面,使 V_1 平行于直线 AB 垂直于 H 面,则 AB 在新体系 V_1/H 中就成为投影面平行线 ($AB /\!/ V_1$)。求出在 V_1 面上的投影 $a_1'b_1'$,即可反映线段 AB 的实长,并且 $a_1'b_1'$ 和 X_1 轴的夹角即为直线 AB 与 H 面的夹角 α。

图 3-5(b)所示为把一般位置直线 AB 变为投影面平行线的作图过程,首先确定新投影轴 X_1。X_1 必须平行于 ab,与 ab 间的距离可任取,当 X_1 轴的位置确定以后,按前面点的投影变换方法求出直线 AB 两端点的新投影 a_1' 和 b_1',连接 $a_1'b_1'$,即为直线的新投影。如果不变换 V 面,而变换 H 面,同样可以把直线 AB 变成投影面平行线,并可得出直线对 V 面的夹角 β,如图 3-6 所示。

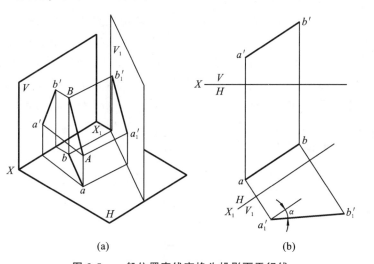

(a)　　　　　　　　　　　　(b)

图 3-5　一般位置直线变换为投影面平行线

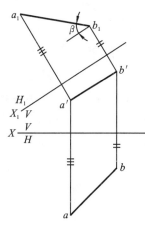

图 3-6　直线平行于 H 面

2) 投影面平行线变为投影面垂直线

图 3-7 所示为一正平行线 AB,为了把直线 AB 变为投影面垂直线,可用 H_1 面代替 H 面,使 H_1 面垂直于直线 AB,也垂直于 V 面,AB 在新体系 V/H_1 中就成为投影面垂直线,在 H_1 面上得到 AB 的投影 a_1b_1,积聚为一点。

图 3-7(b)所示为将正平行线 AB 变为投影面垂直线的作图过程,先确定新投影轴 X_1,X_1 轴必须垂直于 $a'b'$,再在 H_1 面上求出 a_1b_1。

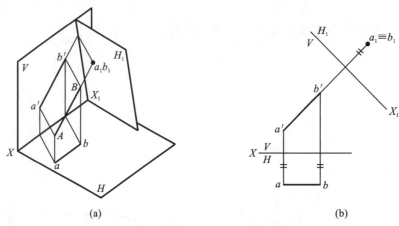

(a)   (b)

图 3-7   投影面平行线变为投影面垂直线

2. 直线的两次变换

要把一般位置直线变换成投影面垂直线,只变换一次投影面是不行的,如图 3-8 所示,直接取一平面 P 垂直于一般直线 AB,那么,这个平面也是一个一般位置平面,它与原投影面体系的 V 面、H 面都不垂直,因此,不能与原投影面中的任何一个构成新的投影面体系。所以要把一般位置直线变为投影面垂直线,必须经过两次变换。

如图 3-9 所示,第一次将一般位置直线变换成投影面平行线,第二次再将投影面平行线变换成投影面垂直线。图 3-9(b)所示为两次变换投影面的作图过程,首先把一般位置直线变换成投影面平行线,即作 $X_1 /\!\!/ ab$,求得 V_1 面上的 $a_1'b_1'$,然后再作轴 $X_2 \perp a_1'b_1'$,求出直线 AB 在 H_2 面上的投影 a_2b_2,则 a_2b_2 积聚为一点,AB 即垂直于 H_2 面。

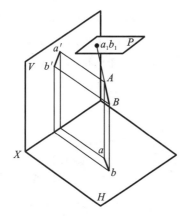

图 3-8 P 面与 V 面、H 面都不垂直

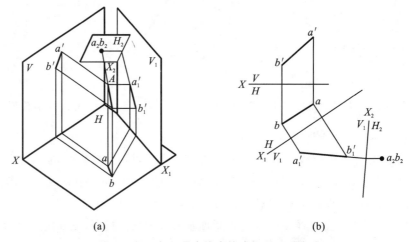

(a)   (b)

图 3-9   把一般位置直线变换成投影面垂直线

3.3.2 平面的投影变换

1. 一般位置平面经一次换面变为投影面垂直面

如图 3-10 所示,平面△ABC 为一般位置平面,现要将它变换为投影面垂直面。由初等几何学可知,当一个平面垂直于另一个平面上的任意直线时,则这两个平面互相垂直。据此,我们可以在△ABC 上任取一直线垂直于新投影面,但是把一般位置直线变换成投影面垂直线必须变换两次投影面,而把投影面平行线变成投影面垂直线只需要变换一次投影面,所以为了简化作图,通常在平面上任取一条投影面平行线作为辅助线,使它垂直于新的投影面,则该平面也就和新投影面垂直。

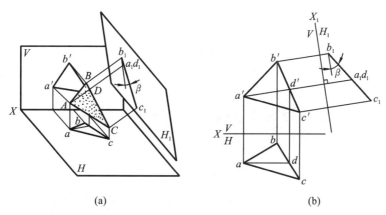

(a)   (b)

图 3-10 一般位置平面变换成投影面垂直面

图 3-10(b)所示为将△ABC 变换成投影面垂直面的作图过程:首先在△ABC 上取一条正平线 $AD(a'd'、ad)$,然后使新投影轴 $X_1 \perp a'd'$,则△ABC 在 V/H_1 体系中就成为投影面垂直面。求出△ABC 三顶点的新投影 $a_1b_1c_1$,则新投影必在同一直线上,并且 $a_1b_1c_1$ 和轴 X_1 的夹角即为△ABC 和 V 面的夹角 β 的真实大小。

当然,如果选取△ABC 内的水平线作辅助线也是可以的,此时应用 V_1 面代替 V 面,使△ABC 在 V_1/H 体系中成为投影面垂直面。其作图方法,此处不再赘述。

2. 一般位置平面经两次换面变为投影面平行面

如果将一般位置变换成投影面平行面,直接取新投影面平行于一般位置平面,则这个新投影面也一定是一般位置平面,它和原投影体系的哪一个投影面都不垂直,不符合新投影面的基本条件。所以,必须先将一般位置平面变换成投影面垂直面,然后再将投影面垂直面变换成投影面平行面。

图 3-11 所示为△ABC 变换成投影面平行面的作图过程:首先将△ABC 变为投影面垂直面,作一水平线 $AD(a'd'、ad)$,作 X_1 轴 $\perp ad$,在 V_1 面上得 $a_1'b_1'c_1'$,使其成为投影面垂直面;然后第二次将其变为投影面平行

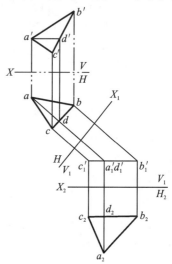

图 3-11 一般位置平面两次换面
变为投影面平行面

面,根据投影面平行面的性质,取 X_2 轴 $// a_1'b_1'c_1'$,作 $\triangle ABC$ 的三个顶点在 H_2 面的新投影,得 $a_2b_2c_2$,则 $\triangle a_2b_2c_2$ 反映了 $\triangle ABC$ 的实形。

3.4 解题举例

前几节我们讲了换面法的原理及换面法中的几个基本问题,这一节我们将应用换面法解决一些实际的问题。

例 3-1 如图 3-12 所示,求点 D 到 $\triangle ABC$ 之间的真实距离。

分析 要求点到面的真实距离,首先要将平面变换成投影面的垂直面。在新的投影面上,点的投影与平面有积聚性的同面投影之间的距离,即为所求。

作图

(1) 在 $\triangle ABC$ 上取一水平线 $AE(ae、a'e')$。

(2) 作 X_1 轴 $\perp ae$,在 V_1/H 体系中求出 d_1' 和 $\triangle a_1'b_1'c_1'$,所求三角形积聚成一条直线。

(3) 过 d_1' 作 $a_1'b_1'c_1'$ 的垂线,d_1' 与 $a_1'b_1'c_1'$ 之间的距离就是 D 点到 $\triangle ABC$ 之间的真实距离,如图 3-12 所示。

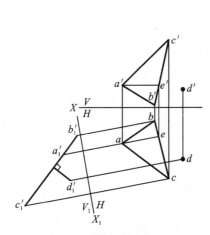

图 3-12 求点到面的距离

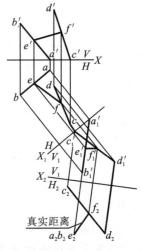

图 3-13 求两交叉直线的距离和公垂线位置

例 3-2 如图 3-13 所示,已知交叉两直线 AB 和 CD 的两面投影,求 AB、CD 之间的距离,并求出公垂线的位置。

分析 若两交叉直线中有一条直线为投影面的垂直线时,求解就很容易。而图 3-13 中的 AB 和 CD 两直线均为一般位置直线,必须将其中一直线变换成投影面垂直线,然后在新的投影面体系中求解,再将新投影面体系中作出的 EF 逐步转移到原体系 V/H 中去。应注意的是,将一般位置直线变换成投影面垂直线,需要变换两次投影面。

作图

(1) 作 X_1 轴 $// ab$,由 AB、CD 在 V/H 体系中的投影作出 $a_1'b_1'$ 和 $c_1'd_1'$,使 AB 成为

V_1/H 投影体系中的 V_1 面平行线。

（2）作 X_2 轴 $\perp a_1'b_1'$，由 AB、CD 在 V_1/H 体系中的投影作出 a_2b_2、c_2d_2，使 AB 成为 V_1/H_2 投影体系中 H_2 面的垂直线。

（3）在 a_2b_2 处定出 e_2，作 $e_2f_2\perp c_2d_2$，交 c_2d_2 于 f_2，由 f_2 在 $c_1'd_1'$ 上作出 f_1'，再由 f_1' 作 $e_1'f_1'\parallel X_2$ 与 $a_1'b_1'$ 交于 e_1'，e_2f_2 即为 AB 与 CD 之间的真实距离（因为 EF 是 H_2 面平行线，所以 $e_1'f_1'\parallel X_2$，且 e_2f_2 为实长）。

（4）在 V_1/H 体系中，分别由 $e_1'f_1'$ 在 ab、cd 上作出 e、f，并连接 ef。

（5）在 V/H 体系中，分别由 ef 在 $a'b'$、$c'd'$ 上作出 e'、f'，并连接 $e'f'$，$e'f'$ 和 ef 即为所求公垂线的位置，如图 3-13 所示。

例 3-3 如图 3-14 所示，已知由四个梯形平面组成的料斗在 V/H 体系中的投影，求料斗相邻两平面 $ABCD$ 和 $CDEF$ 的夹角。

分析 求两平面的夹角，要将两平面同时变换成同一投影面的垂直面，它们在该投影面上的投影直接反映两平面间夹角的真实大小，要将 $ABCD$ 和 $CDEF$ 同时变换成同一投影面垂直面，可将两平面的交线 CD 变换成投影面垂直线，则可得两平面真实夹角。由于交线 CD 为一般位置直线，要变换成投影面垂直线，必须经过两次换面。先变换成投影面平行线，然后再由投影面平行线变换成投影面垂直线。由于直线和该直线外一点就可确定一个平面，所以在用换面法进行作图时，对平面 $ABCD$ 和 $CDEF$ 只需分别变换 CD 及点 A 和点 E 就可以了。

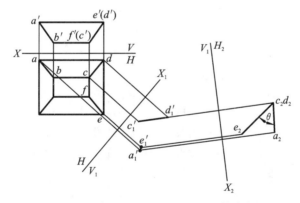

图 3-14 求平面 $ABCD$ 和 $CDEF$ 的夹角

作图

（1）作 X_1 轴 $\parallel cd$，由 $c'd'$、cd 作出 c_1'、d_1'，由 a'、a 和 e'、e 作出 a_1'、e_1'，这时 CD 就变换成了 V_1/H 投影体系中的 V_1 面平行线。

（2）作 X_2 轴 $\perp c_1'd_1'$，由 $c_1'd_1'$ 和 cd 作出 c_2d_2，由 a_1' 和 e_1'、e 作出 a_2、e_2，这时 c_2d_2 积聚成一点。CD 变换成 V_1/H_2 投影体系中 H_2 面的垂直线，而平面 $ABCD$ 和 $CDEF$ 也都变换成 H_2 面垂直面。

（3）将 a_2、e_2 分别与 c_2d_2 相连，即为两个平面有积聚性的 H_2 面投影，它们的夹角 θ 就是两平面 $ABCD$ 和 $CDEF$ 的真实夹角，如图 3-14 所示。

第 4 章 立体的投影

立体是由表面围成的,可分为平面立体和曲面立体两大类。本章将应用前面章节所学的点、线、面的投影知识,来探讨立体的投影,以及在立体表面上取点、取线的方法,并解决立体表面交线等问题。

4.1 平面立体的投影

平面立体是由几个多边形平面围成的,平面立体的投影可归结为各表面(棱面)的投影,画平面立体的投影图就是画出围成该平面立体的各表面的投影。平面与平面的交线称为棱线,棱线与棱线的交点称为顶点。画平面立体的投影图,也可归结为画出它的所有顶点和棱线的投影。

4.1.1 棱柱

1. 棱柱的形成

封闭平面多边形沿某一不与其平行的直线移动就形成了棱柱,这个封闭多边形称为棱柱的特征平面,又称底面;其余各面称为棱面。若移动方向与底面垂直,就形成直棱柱(见图4-1(a));否则,形成斜棱柱(见图4-1(b))。当底面为正多边形时,称为正棱柱。棱柱的棱线相互平行且相等。

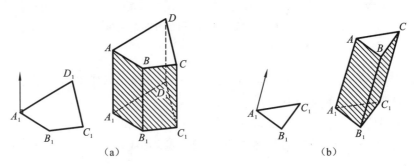

（a）　　　　　　　　（b）

图 4-1　棱柱的形成

2. 棱柱的投影

图 4-2(a)所示为六棱柱的立体图,它是由正六边形的顶面和底面及六个矩形的侧表面

所围成。顶面和底面为水平面,它们的水平投影重合且反映实形,正面和侧面投影分别积聚成一条直线。在六个侧面中,前后两侧面为正平面,它们的正面投影重合且反映实形,水平投影和侧面投影均积聚成一条直线,其余四个侧面都是铅垂面,它们的水平投影都积聚成直线,而正面投影和侧面投影均为矩形的类似形。

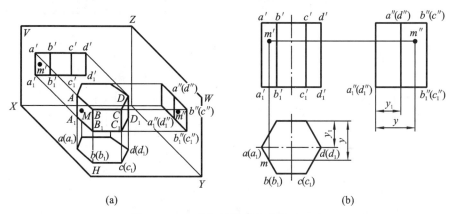

图 4-2　正六棱柱的投影及表面上取点

作投影图时,首先画出中心对称线,再画出六棱柱的水平投影正六边形,最后按投影规律作出其他投影。

注意　从本章开始的投影图中都不画投影轴,但各点的正面投影和水平投影都必须在铅垂的投影连线上,即正面、水平面的投影要对正,正面投影和侧面投影在水平的投影连线上,即正面、侧面的投影要平齐,以及任意两点的水平投影和侧面投影要保持前后位置的对应关系和 Y 值相等,即水平、侧面投影的 Y 值要相等。

3. 棱柱表面上的点

由于棱柱表面都处于特殊位置,棱柱表面上点的投影,可利用其平面的积聚性求得。判别可见性时,若该平面在某个投影面上是可见的,则该平面上点的同面投影就可见,反之,为不可见。

若已知六棱柱表面上有一点 M 的正面投影 m',如图 4-2(b)所示,求 m 和 m'' 的方法如下:按 m' 位置和可见性可判定点 M 属于六棱柱左侧前面的一平面,这一平面 AA_1B_1B 是一铅垂面,其水平投影积聚为一条线,因此 M 点的水平投影就在该直线上,可得 m,再根据 m'、m 求出侧面投影 m'',由于该面的侧面投影为可见,所以 m'' 也为可见。

4.1.2　棱锥

1. 棱锥的形成

封闭平面多边形沿某一不与其平行的直线移动,同时各边按相同比例线性缩小并汇聚成一点就形成了棱锥,这个封闭多边形称为棱锥的特征平面,又称底面;其余各面称为棱面。若移动方向与底面垂直,则形成直棱锥(见图 4-3(a)),否则形成斜棱锥(见图 4-3(b))。当底面为正多边形时,称为正棱锥。棱锥的棱线相交于一点,称为锥顶。

2. 棱锥的投影

图 4-4 所示为一正三棱锥的立体图和投影图,该三棱锥是由底面△ABC 和三个棱面

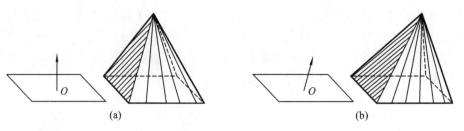

图 4-3　棱锥的形成

△SAB、△SBC 和△SAC 组成。底面为水平面,其水平投影反映实形,正面和侧面投影积聚为一直线。棱面△SAC 为侧垂面,它的侧面投影积聚为一直线,水平投影和侧面投影为类似形。棱面△SAB 和△SBC 为一般位置平面,它们的三个投影均为类似形。

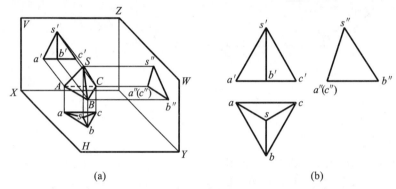

图 4-4　正三棱锥的投影

作投影图时,先画出底面△ABC 的三个投影,再画出锥顶 S 的三个投影,然后将锥顶 S 和底面△ABC 的三个顶点的同面投影分别连线,即得三棱锥的投影图。

3. 棱锥表面上的点

棱锥的表面有特殊位置平面和一般位置平面,属于特殊位置平面上的点,可利用投影的积聚性直接求得,而对于一般位置平面上的点,可通过在该平面上作辅助线的方法求得。

如图 4-5 所示,已知棱锥表面上的点 M 和 N 的一面投影,下面介绍两种求另外两个投影的方法。

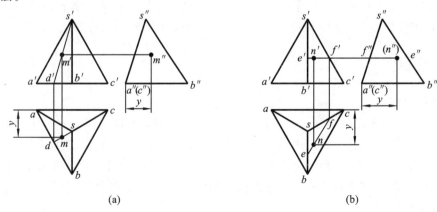

图 4-5　棱锥表面上取点

方法一　点 M 的正面投影可见,所以它在平面△SAB 上,该平面是一般位置平面,求另外两个投影的方法如图 4-5(a)所示,过锥顶 s' 和 m' 作一直线 $s'd'$,d' 在 $a'b'$ 上,在水平投影 ab 上可求得 d,连接 sd,m 点必在 sd 上,由此可得 m,由 m' 和 m 即可求得 m''。应注意的是,水平投影 M 点的 Y 值应和侧面投影的 Y 值相等。因△SAB 的侧面投影可见,故 m'' 也可见。

方法二　图 4-5(b)中的点 N 的正面投影 n' 可见,所以它在△SBC 平面上,过 n' 作 $b'c'$ 的平行线 $e'f'$ 交 $s'c'$ 于 f',在水平投影 sc 上求得 f,过 f 作 bc 的平行线交 sb 于 e,N 点的水平投影必在 ef 上,从而求得 n。再由 n 和 n' 求出 n'',因为△SBC 平面的侧面投影不可见,所以 n'' 也不可见,记为(n'')。

此外,还可以通过已知点的投影,在点所在的平面上任意作一辅助线,来求点的其他投影。

4.2　曲面立体的投影

由曲面与曲面或曲面与平面所围成的立体称为曲面立体,常见的有圆柱、圆锥、圆球和圆环等。也可以把曲面立体看成是由回转面或回转面与平面所围成的。下面介绍回转面的形成、回转面的投影,以及常见的回转体如圆柱体、圆锥体、球体和圆环体等的三视图。

4.2.1　圆柱体

1. 圆柱体的形成

如图 4-6 所示,圆柱体是由顶面、底面和圆柱面所围成。圆柱面可看成是由直线 AA_1 绕与它平行的轴线 OO_1 旋转而成。AA_1 称为母线,圆柱面上任何平行于轴线的直线称为圆柱面的母线。

2. 圆柱体的投影

图 4-7 所示为一轴线垂直于水平面的圆柱体投影。由于轴线垂直于水平面,所以圆柱面在水平面上的投影积聚成一个圆,因此,圆柱面上任何点和线的水平面投影都积聚在这个圆上。同时,圆柱体的顶面和底面为水平面,其水平投影反映实形,水平面的投影也在此圆上。

圆柱体的正面投影为一矩形线框,矩形的上、下两条边 $a'b'$ 和 $a_1'b_1'$ 分别是圆柱顶面和底面的积聚性投影。左、右两条边 $a'a_1'$ 和 $b'b_1'$ 分别是圆柱面上最左和最右的两条轮廓素线(也是前半圆柱面与后半圆柱面的分界线)的投影,它们的水平投影积聚成一点 $a(a_1)$ 和 $b(b_1)$,分别位于圆周前后对称中心线交点处。它们的侧面投影与圆柱轴线的侧面投影重合,不过不需要画出来。

圆柱体的侧面投影也是一矩形线框,上、下两条边仍是顶面和底面的积聚性投影。左右两条边 $c''c_1''$ 和 $d''d_1''$ 分别是圆柱最前和最后的两条轮廓素线(也是左半圆柱面与右半圆柱面的分界线)的投影,它们的水平投影积聚成一点 $c(c_1)$ 和 $d(d_1)$,分别位于圆周左右对称中心线交点处。它们的正面投影与圆柱轴线的正面投影重合。

画圆柱体的投影图时,首先应画出中心线和轴线,然后画出投影积聚成圆的那个投影,最后画其余两个投影。

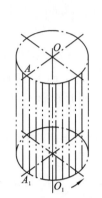

图 4-6 圆柱体的形成

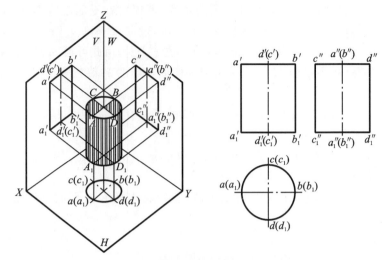

图 4-7 圆柱投影

3. 圆柱体表面上的点

若在圆柱体表面上有两点 M 和 N，已知它们的正面投影 m'，N 点的侧面投影 (n'')，求作 M 和 N 的另两个投影，如图 4-8 所示。

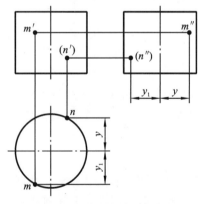

图 4-8 圆柱体表面取点

圆柱面上点、线的投影均可利用其投影的积聚性来作出。

由 M 点的正面投影 m' 的可见性可知，它位于圆柱面的前半部分，它的水平投影 m 必在前半圆周的左侧，m'' 可由 m' 和 m 求得。

由侧面投影 (n'') 的不可见性可知，N 点在圆柱面的后半部分，它的水平投影 n 必在后半圆周的右侧，由 y_1 值可在圆周上求得 n，再由 n 和 n'' 求得 n'，因 N 在后半圆柱面上，所以 n' 为不可见，记为 (n')。

4.2.2 圆锥体

1. 圆锥体的形成

如图 4-9 所示，圆锥体是由一底面圆和圆锥面围成。圆锥面可看成由直线 SA 绕和它

相交的轴线 OO_1 旋转而成。直线 SA 称为母线,圆锥面上过锥顶 S 的任意一直线称为圆锥面的素线。

2. 圆锥体的投影

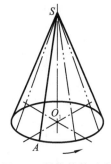

图 4-9　圆锥体的形成

当圆锥体的轴线垂直于水平面时,它的三个投影如图 4-10 所示,水平投影是圆,反映圆锥体底面实形,同时也表示了圆锥面的投影。圆锥体的正面投影是一等腰三角形线框,两腰 $s'a'$ 和 $s'b'$ 为圆锥的最左和最右的轮廓素线(也是前半圆锥面和后半圆锥面的分界线)的投影。这两条轮廓素线都是正平线,在水平投影中与圆的水平中心线重合,它们的侧面投影和圆锥轴线的侧面投影重合,但图上均不需画出。$a'b'$ 是圆锥底面积聚性的正面投影。圆锥体侧面投影的等腰三角形线框,读者可自行分析。

画圆锥体的投影图时,首先应画出中心线,然后画投影为圆的那个投影,再根据圆锥的高度,画出其他的两个投影。

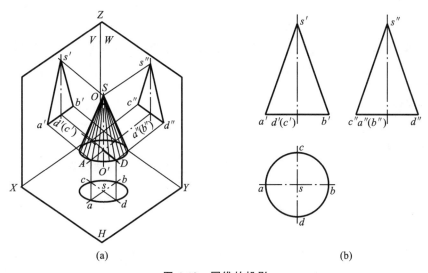

(a)　　　　　　　　　　　　　　　　　　　(b)

图 4-10　圆锥的投影

3. 圆锥体表面上的点

圆锥体的三面投影都没有积聚性。因此,要确定圆锥面上点的投影,不能直接求得,常采用辅助素线法或辅助圆法。下面就介绍这两种方法。

1) 辅助素线法

如图 4-11(b)所示,已知圆锥面上点 M 的正面投影 m',求 m 和 m''。过锥顶 S 和锥面上 M 点作一辅助素线 SA,如图 4-11(a)所示。在图 4-11(b)中连接 $s'm'$ 并延长到与底圆的正面投影相交于 a',在水平投影中求得 sa,m 必在 sa 上,求得 m,然后由 m' 和 m 求得 m''。

由于锥面的水平投影均为可见,所以 M 点的水平投影也是可见的;又因为 M 点在左半圆锥面上,左半圆锥面的侧面投影可见,所以 m'' 也是可见的。

2) 辅助圆法

如图 4-11(a)所示,过 M 点在圆锥面上作垂直于圆锥轴线的水平辅助圆,M 点的各个投影必在此圆的投影上。

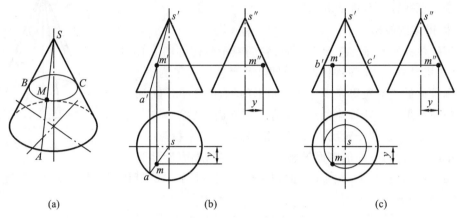

图 4-11　圆锥表面上取点

作图时,在正面投影上过 m' 作水平线交圆锥轮廓素线的投影于 $b'c'$,$b'c'$ 即为辅助圆的正面投影,再在水平投影中作出辅助圆的投影,即以 s 为圆心,以 $b'c'/2$ 为半径画圆,M 点的水平投影必在此圆上。由 m' 可判别 M 点在前半圆锥面上,水平投影在前半圆内,最后由 m、m' 可求得 m'',并判别其可见性。

4.2.3　圆球

1. 圆球的形成

如图 4-12(a)所示,圆球可看成是以一圆为母线,以其直径为轴线旋转而成。

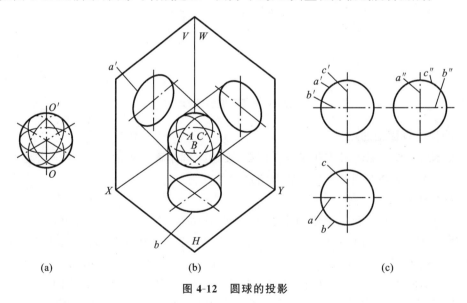

图 4-12　圆球的投影

2. 圆球的投影

圆球的投影为直径相等的三个圆,这三个圆分别是三个不同方向球的轮廓的素线圆投影,需注意,不能认为是球面上同一圆的三个投影。

如图 4-12(b)和(c)所示,正面投影的圆 a' 是球面上平行于 V 面的最大轮廓素线圆 A 的投影(也就是圆球的前、后半球的分界圆的投影),它的水平投影和侧面投影均与球的中心线重合,但不需画出。水平投影的圆 b 是球面上平行于 H 面的最大轮廓素线 B 的投影(也就是圆球的上、下半球的分界圆的投影),它的正面投影与侧面投影均与圆的中心线重合。侧面投影的圆 c'' 请读者看图自己分析。

3. 圆球表面上点的投影

如图 4-13 所示,已知圆球表面上 M 点的水平投影 m 和 N 点的正面投影 n',求其他两个投影。

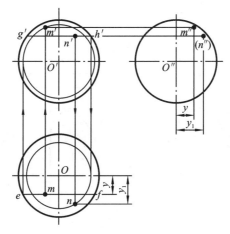

图 4-13　圆球表面上取点

作图采用辅助圆法,作法如下。

(1)求 M 点的其他两个投影。过 M 点作一平行于正面的辅助圆,它的水平投影和侧面投影都积聚为一直线。具体作法是:先过 m 点作一水平直线交圆于 ef;再在正面投影中以 O' 为圆心,$ef/2$ 为半径画圆;最后由 m 作投影线与该圆交于两点,因 m 为可见,所以 M 点在上半球,其正面投影为 m'。再由 m' 和 m 求得 m''。

(2)求 N 点的其他两个投影。过 N 点作一平行于水平面的辅助圆,它的正面投影和侧面投影都积聚为直线。具体做法是:先过 n' 作一水平直线交圆于 $g'h'$;再在水平投影中以 O 为圆心,$g'h'/2$ 为半径画圆;最后由 n' 作投影线与该圆交于两点,因 n' 为可见,故 N 在前半圆上。由 n' 和 n 可求得 n'',因 n 在前半圆的右边,所以侧面投影 n'' 为不可见,记为 (n'')。

4.2.4　圆环

1. 圆环的形成

圆环可看成是以圆为母线,绕与它在同一平面上的轴线旋转而形成的,如图 4-14 所示,由母线圆弧 ABC 绕轴线所形成的一部分环面称为外环面,由母线圆弧 ADC 绕轴线所形成的一部分环面称为内环面。

2. 圆环的投影

图 4-15 所示为一轴线垂直于水平面的圆环投影,水平投影是两个同心粗实线圆,表示圆环上半部分、下半部分的分界线的投影,点画线圆是母线圆心轨迹的投影。正面投影中的两个半圆分别表示最左和最右轮廓素线的投影,半个虚圆表示内环面素线的投影,因为不可见,所以画成虚线。上、下两条直线是圆环最上和最下的两个轮廓圆的投影。对正面投影来说,前半个外圆环可见,对侧面投影来说,左半个外圆环可见。

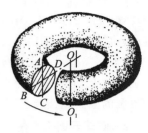

图 4-14　圆环的形成

画圆环投影图时,应先画圆环各个投影的中心线及轴线,其

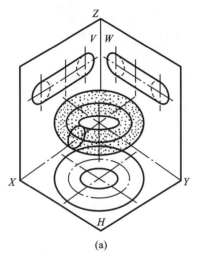

(a)

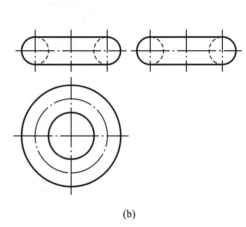

(b)

图 4-15　圆环的投影

次画出有内、外圆环分界线的投影,最后画出两个同心圆的视图。

3. 圆环表面上的点

如图 4-16 所示,已知圆环表面上 M 点的正面投影 m',求其他两个投影。

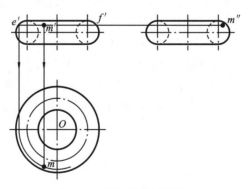

图 4-16　圆环表面上取点

因为 m' 为可见,所以 M 点在外圆环面上的前半部分,可采用过点 M 作一辅助圆的方法求点的投影。具体作法是:过 m' 作一水平直线 $e'f'$,它是辅助圆在 V 面的积聚投影,再以 O 为圆心、以 $e'f'/2$ 为半径,作出辅助圆在水平面上的投影,M 点的水平投影 m 必在此圆上,最后由 m 和 m' 可求得 m''。因为 M 点在外圆环上的上半部分,所以 m 和 m'' 均为可见。

4.3　平面与立体相交

在工程中常会遇到平面与立体相交的问题,掌握这种相交形体的画法,将有助于我们正确地分析和表达机件的结构形状。

平面与立体表面相交,其交线称为截交线,该平面称为截平面。截交线是截平面与立体表面的共有线,一般为闭合的平面图形。因此,求截交线实质上就是求截平面与立体表面上的一系列共有点的集合。

4.3.1　平面与平面立体表面的相交

平面与平面立体表面相交,所得的截交线是由直线组成的封闭多边形,该多边形的边就是平面立体表面与截平面的交线,其顶点是棱线与截平面的交点。因此,要画出平面立体的截交线,只需要先作出棱线与截平面的交点,然后顺次连接,即是截交线。

例 4-1　三棱锥与一正垂面相交,求截交线的投影,如图 4-17(a)所示。

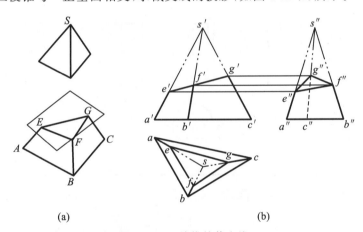

(a)　　　　　　　　　　(b)

图 4-17　三棱锥的截交线

分析　由于截平面是一正垂面,其正面投影有积聚性,它与棱线的交点就是截平面与三棱锥的表面相交形成的多边形的顶点。将各点的同面投影相连,即可得截交线的投影。

作图

(1) 由正面投影可直接求得平面与棱线的交点 e'、f'、g'。

(2) 因为各点在棱线上,根据直线上点的投影规律,求出各个点的水平投影和侧面投影,即 e、f、g 和 e'、f'、g'。

(3) 依次连接各点的同面投影,即得截交线的投影,如图 4-17(b)所示。

4.3.2　平面与曲面立体表面相交

1. 平面与圆柱体表面相交

平面与圆柱体表面相交,其截交线根据截平面与圆柱体轴线的相对位置不同有三种情况,如表 4-1 所示。

表 4-1　圆柱体截交线

截平面位置	与轴线平行	与轴线垂直	与轴线倾斜
截交线形状	直线	圆	椭圆
立体图			
投影图			

例 4-2　求圆柱被一正平面斜截后的截交线,如图 4-18(a)所示。

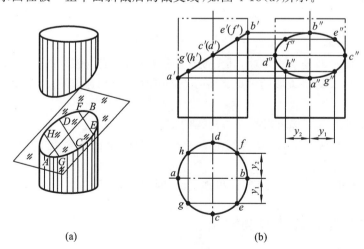

(a)　　　　　　　　　　　(b)

图 4-18　圆柱被平面斜截的截交线

分析　因为截平面与圆柱体轴线倾斜,故截交线为一椭圆。该椭圆的正面投影积聚为一直线,水平投影与圆重合,侧面投影是椭圆的类似形,不反映实形。由于截交线椭圆上的一系列点是截平面与圆柱表面上各素线的交点,所以只要求出一系列交点的侧面投影,就可以画出截交线侧面投影的椭圆。在求交点时,我们可先求出一些特殊点,就是椭圆最前、最后、最左、最右的轮廓素线与截平面的交点,这些点能够限定截交线的大小范围,即椭圆的长轴和短轴的端点。如图 4-18(a)所示,A、B 两点是截交线的最低、最高点,也是最左和最右点,而且还是椭圆长轴的两端点,C、D 两点是截交线的最前和最后两点,也是椭圆短轴的两端点。为了使曲线准确且易于光滑连接,在特殊点之间,再任取若干点,称为一般点,如 E、F、G、H 点。

作图

(1) 求特殊点的三面投影。由正面投影 a'、b'、c'、(d') 和水平投影 a、b、c、d,可求出侧面投影 a''、b''、c''、d''。

(2) 求一般点的三面投影。首先,在特殊点的正面投影之间,标出 e'、(f')、g'、(h') 为一般点的正面投影,然后再找出水平投影和侧面投影(如为了曲线的光滑,可多取一些点)。

(3) 光滑连接 b''、e''、c''、g''、a''、h''、d''、f''、b'',即得截交线的侧面投影,如图 4-18(b)所示。

例 4-3　求作带切口圆柱的三个投影,如图 4-19(a)所示。

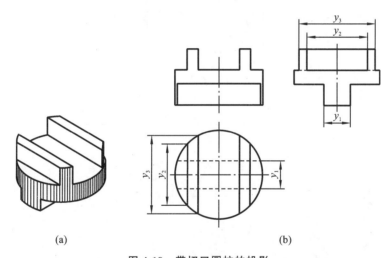

图 4-19　带切口圆柱的投影

分析　由图可看出,切口是由几个与轴线平行和垂直的平面切割而成的,与轴线平行的平面所切截交线为直线,与轴线垂直的平面所切截交线为圆弧,所以圆柱上的截交线是由直线和部分圆弧组成的。

作图

(1) 画出完整圆柱的三个投影。

(2) 按截平面的位置,画出正面投影中切口的投影,因为几个截断平面是水平面和侧平面,所以它们的正面投影均积聚为直线。

(3) 按投影关系作出各截断面的水平投影。

(4) 由正面投影和水平面投影求出侧面投影,注意在侧面投影中量取切平面与圆柱的交线宽度 y_1 和 y_2。

(5) 可见性的判别,可见部分画成粗实线,不可见部分画成虚线。

2. 平面与圆锥体相交

平面与圆锥体相交时的截交线,根据截平面与圆锥体轴线的相对位置不同,有五种情况,如表 4-2 所示。

表 4-2　圆锥体的截交线

类别	立　体　图	投　影　图	截交线形状	截切平面位置
1			圆	垂直于直线 $\theta=90°$
2			椭圆	倾斜于轴线 $\theta>\alpha$
3			抛物线	倾斜于轴线 (平行于一条素线) $\theta=\alpha$
4			双曲线	平行于轴线

续表

类别	立 体 图	投 影 图	截交线形状	截切平面位置
5			为过锥顶的两相交直线（三角形）	过锥顶

例 4-4　求正平面 P 截切圆锥体的截交线,如图 4-20(a)所示。

分析　正平面 P 与圆锥体的轴线平行,则截交线是双曲线,截交线的水平投影和侧面投影都积聚为一直线,正面投影反映实形,为一双曲线。

作图

(1)求最高点 A。点 A 在最前的素线上,正面投影在中心线上,侧面投影在轮廓素线上,由侧面投影可定出 a'',再由 a'' 求出正面投影。

(2)求最低点 D、E,D、E 是截平面与圆锥体底圆的交点,由水平投影可定出 d、e,再由 d、e 求得 d'、e'。

(3)求一般位置点。利用素线法,在截交线上取 B 点和 C 点,可在水平投影上取截交线上两个点 B、C 的投影 b、c,连接 sb 和 sc,并延长与底圆的水平投影交于 m、n,则 B、C 也是素线 SM 和 SN 上的点,由 m、n 作出 m'、n',并与 s' 相连得 $s'm'$、$s'n'$,就可由 b、c 分别在 $s'm'$ 和 $s'n'$ 上求出 b'、c'。

(4)在正面投影上依次光滑连接 d'、b'、a'、c'、e',该光滑曲线即为所求截交线的正面投影,如图 4-20(b)所示。

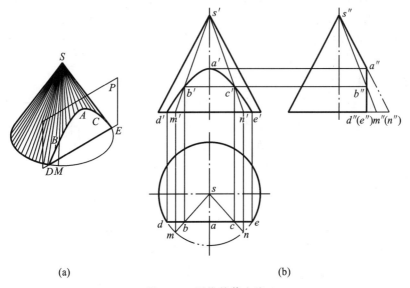

(a)　　　　　　　　(b)

图 4-20　圆锥的截交线

例 4-5 求作用正垂面 P 截切圆锥的截交线,如图 4-21(a)所示。

分析 由于截平面与圆锥的轴线倾斜,所以截交线为椭圆,它的正面投影积聚为一条直线,而水平投影和侧面投影均为椭圆,但不反映实形。

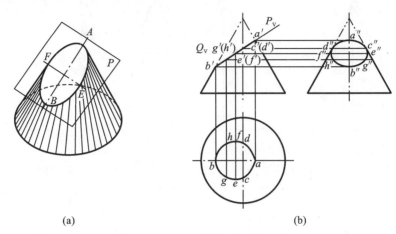

(a)   (b)

图 4-21 正垂面截切圆锥的截交线

作图

(1) 截交线的正面投影是一条直线,在此直线上取其最高点 a'、最低点 b',这两点也是截平面与圆锥体最右和最左轮廓素线交点的投影。由 a'、b' 可找出水平投影 a、b 和侧面投影 a''、b''。

(2) 找取圆锥中心线与截平面的交点,即圆锥的最前和最后的轮廓素线上的点 c'、(d'),由 c'、(d') 可求得侧面投影 c''、d'',再由 c'、(d') 和 c''、d'' 求得 c、d。

(3) 求一般点。过 a'、b' 的中点作一水平面 Q_v,它与截平面 P 的交点就是截交线上的 E、F,正面投影为 e'、(f')。水平面 Q_v 与圆锥的交线为一圆,在水平投影上反映实形,画出该圆的水平投影,E、F 的水平投影就在该圆上,可得 e、f,由 e、f 和 e'、(f') 可求得 e''、f''。用同样的方法可求得截交线上一系列的点,如图 4-21(b)所示 G、H 点的各面投影。

(4) 依次光滑地连接各点的同面投影,即可得截交线的水平投影和侧面投影,如图 4-21(b)所示。

3. 平面与圆球相交

平面与圆球相交,无论平面与圆球的相对位置如何,截交线均为圆。但它的投影则根据截平面对投影面的位置不同,可能是圆、椭圆或有积聚性的直线。

当截平面平行于某投影面时,截交线在该投影面上的投影反映圆的实形,在垂直于截平面的投影面上,投影为直线,如图 4-22 所示。

当截平面垂直于一个投影面而倾斜于其他两个投影面时,则截交线在与截平面垂直的投影面上的投影积聚为一直线,在其他两个投影面上的投影为椭圆。

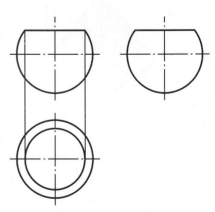

图 4-22 圆球的截交线

例 4-6 求作用正垂面 P 截切圆球的截交线,如图 4-23(a)所示。

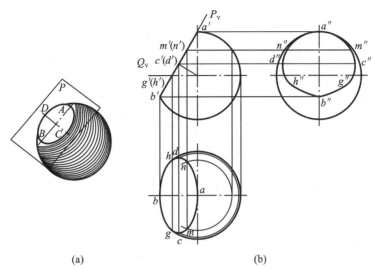

(a)   (b)

图 4-23 正垂面截切圆球的截交线

分析 圆球被正垂面截切,截交线的正面投影积聚为一直线,水平投影和侧面投影均为椭圆。

作图

(1) 先求最高点 A 和最低点 B,它们都在正面投影的圆与截平面投影的交点上。由正面投影 a'、b' 可求出水平投影 a、b 和侧面投影 a''、b'',其中 a、b 及 a''、b'' 是截交线水平投影和侧面投影椭圆短轴的端点。

(2) 过 a'、b' 的中间作一水平面 Q_V,它与球面的交线为一平行于水平面的圆,该圆与平面 P 的交点为 C、D,正面投影为 c'、(d'),由于平面 Q_V 与圆球的交线为一圆,且水平投影反映实形,由 c'、(d') 可在该圆上求出 c、d,由 c'、(d') 和 c、d 可求出 c''、d'',其中 c、d 和 c''、d'' 是截交线水平投影和侧面投影椭圆长轴的端点。

(3) 在截交线圆与球面上下分界圆的正面投影相交处,定出 g' 和 (h')。由 g'、(h') 在球面的上下分界圆的水平投影上可求出 g、h,由 g'、(h') 和 g、h 求出 g''、h''。

(4) 在适当位置作一水平面 R,在正面投影中它与截交线圆相交,交点为 m'、(n'),该水平面与圆球的交线在水平投影上是反映实形的圆,由 m'、(n') 可在该圆上求出 m、n,由 m'、(n') 和 m、n,可求出 m''、n''。

(5) 依次光滑连接各点的同面投影,即得交线的水平投影和侧面投影,如图 4-23(b)所示。

例 4-7 求作半圆球上方开一长槽的投影图,如图 4-24 所示。

分析 长槽是由左右对称的两个侧平面和一个水平面切割而成,截交线都是圆弧,且在它们所平行的投影面上的投影反映实形。

作图

(1) 由水平面 P_V 与球面转向轮廓线圆的正面投影的交点,定出截交线圆的半径 R,从

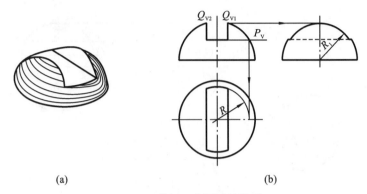

图 4-24　带切口半圆球的投影

而作出此圆的水平投影。

　　（2）由两侧平面 Q 与转向轮廓线圆的正面投影的交点,定出截交线圆的半径 R_1,$R_1=R$,即可作出此圆弧的侧面投影。

　　（3）水平截断面在侧面投影中为一直线,该直线的中间段不可见,侧平面截断面在水平投影中为两直线。

4.3.3　综合举例

　　曲面体的形式很多,除基本曲面体如圆柱体、圆锥体、圆球等以外,还有一些组合曲面体。对于这些组合曲面体的截交线的画法,首先要分析该组合曲面体由哪些基本曲面体组成,再分析截平面与每个被截平面的基本体的相对位置、截交线的形状和投影特性,然后逐个画出基本体的截交线的投影,围成封闭的平面图形。

　　例 4-8　求顶尖的截交线,如图 4-25(a)所示。

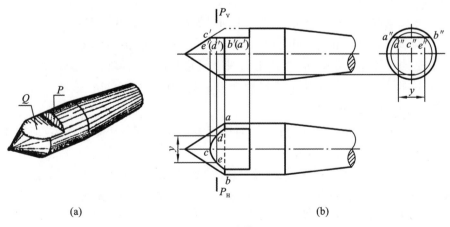

图 4-25　顶尖截交线

分析　顶尖的头部是由同轴的圆柱和圆锥组成,被互相垂直的 P、Q 两个截平面所截切。其中截平面 Q 平行于轴线,截圆锥为双曲线。截平面 P 垂直于轴线,截圆柱的截交线为一段圆弧。

作图

(1) 截交线的正面投影均积聚为直线,垂直于轴线的截断面侧面投影反映圆弧实形,平行于轴线的截断面侧面投影积聚为直线,这些可直接作出。

(2) 由截交线的正面投影和侧面投影画出水平投影,首先求出双曲线的特殊点 a、b、c,然后再求一般点 d、e。

(3) 将 a、d、c、e、b 各点光滑连接,并和圆柱截交线组成一个封闭的平面图形,即得到截交线的水平投影,如图 4-25(b) 所示。

例 4-9　求作拉杆头的截交线,如图 4-26 所示。

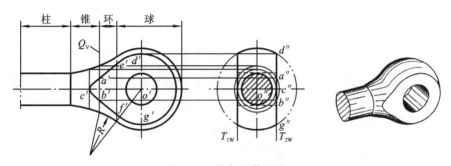

图 4-26　拉杆头截交线

分析　拉杆头是由同轴的圆柱、圆锥、内环面和球面四部分组成的,被两个互相平行且平行于轴线的平面截切,所得交线由圆、一般曲线和双曲线组成。这两个平面没有截到圆柱上,因此,圆柱上无截交线。

作图

(1) 截交线的侧面投影积聚为直线,可直接画出。

(2) 作截交线的正面投影。先由截交线上任一点 A 的侧面投影 a'' 求作它的正面投影,以 o'' 为圆心,$o''a''$ 为半径作一圆,找出与回转体相交于这个圆的辅助平面 Q 的正面迹线 Q_V。这样,A 点的正面投影 a' 就在这个圆的正面迹线 Q_V 上。同理,可得截交线上 B 点的正面投影。

(3) 截平面与圆锥部分的交线为双曲线,双曲线的顶点 c 的侧面投影 c'' 位于线段 $d''g''$ 的中点,它的正面投影求法与 A 点相同。

(4) 截平面与圆球部分的交线为圆,圆的半径可由侧面投影直接量得,等于 $d''g''/2$。

(5) 环面部分的交线是一般曲线,用辅助平面法求出一般位置点 e'、f',作法同求 A 点的投影相同。

(6) 将各点光滑地连接成曲线并和球的截交线圆弧连成一个封闭的平面图形,即得截交线的正面投影,如图 4-26 所示。

机械制图

4.4 曲面体与曲面体相交

在一些零件上常常可见到各种立体相交的情形,有时还可见到在曲面体上穿孔,从而形成孔口交线、两孔的孔壁交线等。这些立体表面相交的交线、孔口交线和孔壁交线,均称为相贯线。例如:图 4-27(a)所示的油泵,外壳上有两平面立体相交;图 4-27(b)所示的汽车上刹车总泵泵体,其外形是由几个不同方向的圆柱体相交而成;图 4-27(c)所示的通风管的交叉处,是由两个圆锥与圆柱相交而成。这些都会产生相贯线,在绘图时,要画出这些相贯线,它可以帮助我们分清形体之间的界限,有助于看图。特别是在绘金属板制件展开图时,必须准确地画出相贯线的投影,以便下料。在一般情况下,两曲面立体的相贯线是闭合空间曲线。在特殊情况下,可能是不闭合的,也可能是平面曲线或直线。

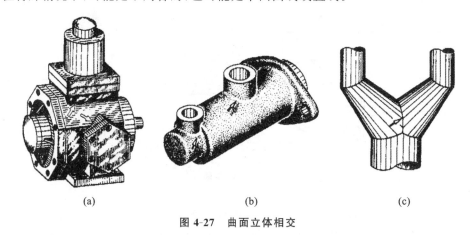

(a)   (b)   (c)

图 4-27 曲面立体相交

两曲面立体相交,其相贯线是两曲面立体表面的共有线,相贯线上的点是两曲面立体的共有点。求作两曲面立体相贯线的投影,一般是先作出两曲面立体表面的一些共有点的投影,再将这些点光滑地连接起来并判别其可见性,即得相贯线的投影。

求相贯线的投影一般采用三种方法,即表面取点法、辅助平面法和辅助球面法,下面分别讨论这三种方法。

4.4.1 表面取点法

两个曲面体相交,如果其中一个曲面体是轴线垂直于投影面的圆柱,则圆柱在该投影面上的投影积聚为圆,而相贯线的投影也就重合在该圆上。可以利用曲面体表面上的线的一个投影而求另外两个投影的方法,求得相贯线的其他投影。

例 4-10 已知两圆柱的三面投影,求作它们的相贯线,如图 4-28(a)所示。

分析 由于圆柱的轴线垂直相交,且一个圆柱轴线垂直于 H 面,所以水平投影积聚为一圆,相贯线的水平投影就与此圆重合。另一个圆柱轴线垂直于 W 面,则侧面投影积聚为一圆,相贯线的侧面投影重合在该圆的一段圆弧上。因此,只需求相贯线的正面投影即可。

作图

(1)求特殊点。由相贯线的水平投影,定出最左、最右、最前、最后的四个点 A、B、C、D

94

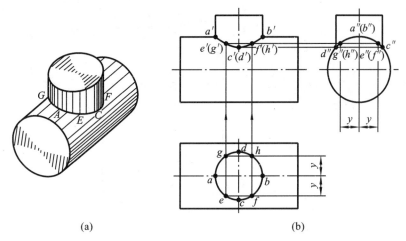

图 4-28 两圆柱相交

的水平投影 a、b、c、d，再在相贯线的侧面投影上相应地作出 a''、(b'')、c''、d''，由 a、b、c、d 和 a''、(b'')、c''、d'' 作出 a'、b'、c'、(d')，同时还可看出，A、B 点和 C、D 点分别是相贯线的最高点和最低点。

（2）求一般点。在相贯线的侧面投影上定出左、右、前、后对称的四个点 E、F、G、H 的投影 e''、(f'')、g''、(h'')，再在线贯线的水平投影上作出 e、f、g、h，由 e''、(f'')、g''、(h'') 求得 e'、f'、(g')、(h')。

（3）将各点光滑地连接，即为所求相贯线的正面投影，如图 4-28（b）所示。在正面投影中，前半相贯线在圆柱的可见表面上，所以它们的投影为可见，而后半相贯线的投影为不可见，但与前半部分相贯线的可见投影相重合。

图 4-29（a）所示的圆柱穿孔相贯线和图 4-29（b）所示的圆筒穿孔时内外相贯线，它们的画法与两圆柱相贯的画法是相同的。

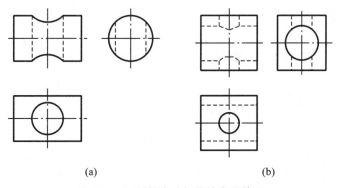

图 4-29 两圆柱穿孔相贯的常见情况

例 4-11 求作轴线不相交、直径不相等的两圆柱的相贯线投影，如图 4-30（a）所示。

分析 两圆柱的轴线垂直不相交，直径小的圆柱轴线垂直于 H 面，它的水平投影积聚为一圆，相贯线的水平投影与该圆重合。另一直径较大的圆柱轴线垂直于 W 面，它的侧面投影积聚为一圆，相贯线的侧面投影重合在该圆的一段圆弧上。因此，只需求出相贯线的正

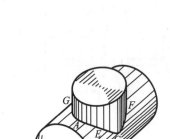

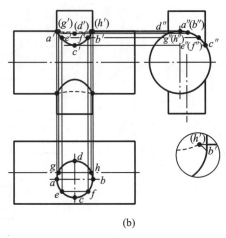

(a)   (b)

图 4-30   轴线不相交的两圆柱相贯线

面投影即可。

作图

(1) 求特殊点。由相贯线水平投影定出最左、最右、最前、最后的四个点 A、B、C、D 的投影 a、b、c、d，再在相贯线的侧面投影上相应地作出 a''、(b'')、c''、d''，有了 a、b、c、d 和 a''、(b'')、c''、d''，就可作出 a'、b'、c'、(d')。G、H 两点是相贯线的最高点，其正面投影 (g')、(h') 可由水平投影 g、h 和侧面投影 g''、(h'') 求出。

(2) 求一般点。在相贯线的水平投影和侧面投影上定出 e、f 和 e''、(f'')，按投影规律可求出 e'、f'。

(3) 判别可见性，并依次光滑连接各个点。从正面投影看，只有同时位于两圆柱的前半圆柱的点才是可见的，a''、b'' 是可见与不可见的分界点，a'、e'、c'、f'、b' 是可见的，连成实线，其余部分位于直立圆柱的后半圆柱面上，因此 (g')、(d')、(h') 是不可见的，应连成虚线。这样，即可得出相贯线的正面投影，如图 4-30(b) 所示。

4.4.2 辅助平面法

用辅助平面法求相贯线，就是指用辅助平面同时截切相贯的两曲面立体。如图 4-31 所

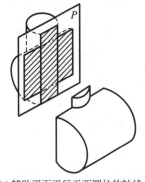

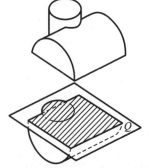

(a) 辅助平面平行于两圆柱的轴线   (b) 辅助平面平行于一个圆柱的轴线，并垂直于另一圆柱的轴线

图 4-31   用辅助平面法求相贯线上的点

示,可找出两曲面立体的截交线的交点,即相贯线上的点,这些点既是曲面体表面上的点,又是辅助平面上的点。因此,辅助平面法就是利用三点共面法原理,用若干个辅助平面求出相贯线上一系列的点。

利用辅助平面法求相贯线时,选择辅助平面的原则是使用与两曲面体的截交线的投影为最简单的辅助平面,如直线和圆。

例 4-12　求作轴线互相垂直的圆锥与圆柱的相贯线,如图 4-32 所示。

分析　由图 4-32 可以看出,圆锥和圆锥轴线垂直相交,具有前后对称平面。因此,相贯线是一前后对称的闭合空间曲线,它的前后两部分的正面投影重合。相贯线的侧面投影重合在圆柱具有积聚性的投影圆上,所要求的是相贯线的水平投影和正面投影。

作图

(1) 求特殊点。在侧面投影的圆上,可直接得到最高点和最低点 A、C 的投影 a''、c'',在正面投影中两曲面体的轮廓线交点即 a'、c',由 a''、c'' 和 a'、c' 可以求得水平投影 a、c。在侧面投影中,可直接得到最前点和最后点 B、D 的投影 b''、d''。过 B、D 作一水平辅助平面 Q_V,它与圆锥的交线为一水平圆,与圆柱的交线为两条平行直线,两交线的交点即为相贯线上的点,如图 4-32 所示,由此可得 b、d、b'、(d')。b、d 也是相贯线水平投影可见与不可见的分界点。

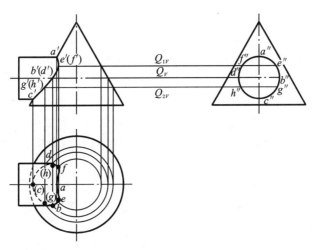

图 4-32　圆柱与圆锥的相贯线

(2) 求一般点。如图 4-32 所示,作水平辅助平面 Q_{1V} 和 Q_{2V},利用其具有积聚性的侧面投影分别作出它们与两个曲面交线的水平投影,其交点为 e、f 和 (g)、(h),即相贯线上 E、F、G、H 的水平投影,由 e、f、(g)、h 可得 e'、(f')、g'、(h')。

(3) 判别可见性,并依次光滑连接各点。由于相贯线前后对称,所以正面投影前后重合,画成实线,圆柱的上半部分与圆锥面水平投影均为可见,因此相贯线的水平投影以 b、d 为分界点,b、e、a、f、d 用实线相连,(g)、(c)、(h) 不可见,用虚线相连。

例 4-13　求作圆台与半圆球的相贯线,如图 4-33(a) 所示。

分析　由图 4-33(a) 可见,圆台的轴线不通过半圆球的圆心,圆台和半球有公共的前后对称面。因此,相贯线是前后对称的闭合空间曲线。前半部分相贯线和后半部分相贯线的

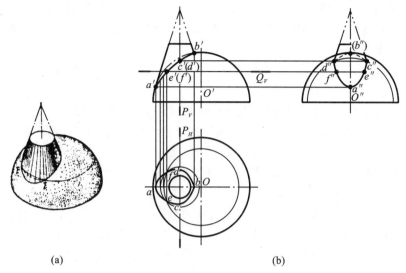

$$(a) \qquad\qquad (b)$$

图 4-33　圆台与半圆球的相贯线

正面投影重合,相贯线的水平投影都是对称的曲线。由于两曲面体表面的三个投影都没有积聚性,因此,相贯线的三个投影都必须画出。

作图

(1) 求特殊点。在正面投影中,圆台与半圆球两曲面体轮廓线的交点 a'、b' 即为相贯线的最低点和最高点,A、B 的正面投影也是相贯线正面投影可见与不可见的分界点。由 a'、b' 作出 a、b 和 a''、b''。

作通过圆台轴线的侧平面 P,与圆台表面相交于最前、最后素线,与半圆球表面的截交线为一圆。作出它们侧面投影的交点 c''、d'',即为相贯线在圆台最前、最后素线上的点 C、D 的侧面投影,也就是相贯线侧面投影的可见与不可见的分界点。圆台的侧面投影轮廓线应画到 c''、d'' 为止。由 c''、d'' 可作出 c'、(d') 和 c、d。

(2) 求一般点。在 a 和 b 之间作水平面 Q_V,与圆台表面和圆球表面的截交线都为水平圆,作出它们的水平投影,两圆交点 e、f 即为相贯线上的两个一般点 E、F 的水平投影,再由 e、f 和 e'、(f') 作出 e''、f''。同理,再作辅助平面,可求出其他点。

(3) 分别依次光滑连接所作出的各点的同面投影,即得相贯线的同面投影。相贯线正面投影的前半部分和后半部分重合,前半部分可见画成实线;水平投影均可见,画成实线;同样,侧面投影 c''、e''、a''、f''、d'' 可见,画成实线,而 (b'') 不可见,与之相连的线画成虚线。圆球的外形轮廓线被遮住的部分也应画成虚线。

4.4.3　辅助球面法

当两曲面体的轴线相交,且平行于某个投影面时,我们可用辅助球面法求其相贯线。

辅助球面法的基本原理是:曲面体与球相交,当球心在曲面体的轴线上时,球与曲面体表面的相贯线为一垂直于曲面体轴线的圆。图 4-34 所示为曲面体与球相交的例子,曲面体轴线都是铅垂线,球心都在轴线上,相贯线都是垂直于轴线的圆,其正面投影都是一直线,水平投影反映圆的实形。

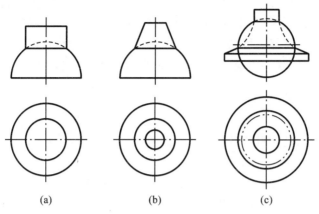

图 4-34　曲面体与球相交

例 4-14　求圆柱与圆锥斜交的相贯线,如图 4-35(a)所示。

分析　两曲面体的轴线相交,且都平行于 V 面,可利用辅助球面法求相贯线。球面与圆柱和圆锥的截交线都是圆,这些圆的正面投影为直线,因为这些圆都是属于同一球面,所以它们的交点就是相贯线上的点。

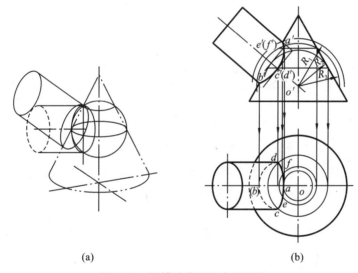

图 4-35　用辅助球面法求相贯线

作图

(1) 先确定相贯线的最高点和最低点,即两曲面体轮廓线在正面投影上的交点 a'、b',并确定辅助球面的最大半径 R_1 和最小半径 R_2。R_1 是相贯线上距圆心最远点 a' 到球心 o' 的距离,R_2 是内切于圆锥的球面。以 o' 为圆心、R_2 为半径作球面,分别与两曲面体相交,交线圆的正面投影积聚为直线,两直线的交点 c'、(d') 即为相贯线上的点。

(2) 在最大与最小球面的范围内,以 R_3 为半径作辅助圆得交点 e'、(f'),还可作若干个辅助球面的一系列交点。

(3) 利用在曲面体表面取点的方法,可求出相贯线上点的水平投影,如图 4-35(b)所示。

（4）判别可见性，并依次光滑连接各点的同面投影。由于两曲面体前后对称，在正面投影中可见与不可见两部分投影重合，应画成实线。在水平投影中，相贯线有一部分为可见，一部分为不可见，其可见与不可见的分界点在圆柱前后素线上，这两点以上的为可见，画成实线，以下的为不可见，画成虚线，如图 4-35（b）所示。

4.4.4 相贯线的特殊情况

两曲面立体相交，其相贯线一般为空间曲线，特殊情况下可为直线。

（1）当曲面体与球体相交且球心在曲面体的轴线上时，相贯线为垂直于轴线的圆，如图 4-34 所示，该圆的正面投影积聚为一直线，水平投影反映圆的实形。

（2）当两曲面体轴线相交，并公切于一个圆球时，相贯线为两条平面曲线——椭圆，如图 4-36 所示。

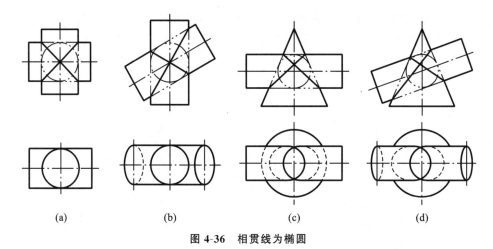

(a)　　　　(b)　　　　(c)　　　　(d)

图 4-36　相贯线为椭圆

（3）当轴线平行的两圆柱体相交时，相贯线为平行的两条直线，如图 4-37 所示。

（4）当两圆锥共顶相交时，相贯线为相交直线，如图 4-38 所示。

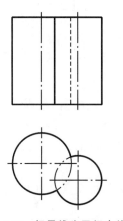

图 4-37　相贯线为平行直线

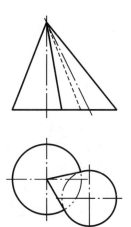

图 4-38　相贯线为相交直线

画相贯线时,如遇到上述情况,可直接画出相贯线。

4.4.5　影响相贯线形状的各因素及相贯线的近似画法

1. 影响相贯线形状的各种因素

相贯线的形状与曲面体的表面形状、两曲面体的相对位置及曲面体的尺寸大小等因素有关,表 4-3 和表 4-4 所示为相贯线形状受以上因素影响的变化情况。

表 4-3　表面性质和相对位置对相贯线的影响

表面性质	相对位置		
	轴线正交	轴线倾斜	轴线交叉
柱、柱相贯			
锥、柱相贯			

表 4-4　表面性质和尺寸变化对相贯线的影响

表面性质	直立圆柱的直径变化时		
柱、柱相贯			
锥、柱相贯			

2. 相贯线的近似画法

当两圆柱正交且直径相差较大时,其相贯线可以采用圆弧来代替非圆曲线。如图 4-39 所示,可用大圆柱的半径 $D/2$ 画出圆弧来代替相贯线。以 $R=D/2$ 为半径过两圆柱投影轮廓线的交点画圆弧。

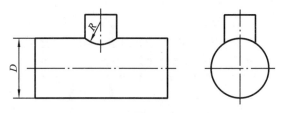

图 4-39　用圆弧代替相贯线

4.4.6　组合相贯线

在工程上有时还会遇到三个或三个以上立体相交,其表面将产生几段相贯线,它们的作图方法,可按两立体相贯时的相贯线分别画出。

例 4-15　求作如图 4-40(a)所示的组合相贯线。

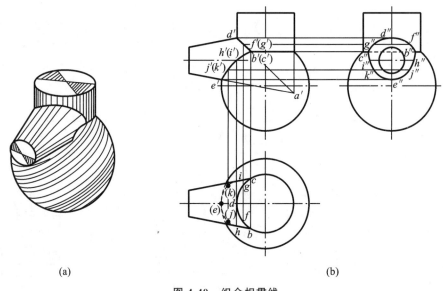

　　　　　　(a)　　　　　　　　　　　　　　　　(b)

图 4-40　组合相贯线

分析　该组合相贯线是由圆柱、圆锥和圆球三个立体相交而形成的。圆柱与圆球的相贯线,由于圆柱的轴线通过圆球球心,相贯线是一圆;圆柱与圆锥的相贯线,因圆锥的水平投影与圆柱的水平投影圆相切,相贯线为一平面曲线,如图 4-36(c)所示;圆锥与圆球的相贯线则是一前后对称的空间曲线。找出三段相贯线的结合点,再分别求出两曲面体的相贯线,即得组合相贯线。

作图

(1)求圆柱与圆球的相贯线。因圆柱面的轴线通过球心,故相贯线的正面投影和侧面投影为一直线,水平投影为一圆。

　　(2) 求圆柱与圆锥的相贯线。其正面投影为一直线,作法是延长圆柱及圆锥轮廓线得交点 a',连接 $d'a'$,它与圆柱和球的相贯线交于 b'、(c'),b'、(c') 是三段相贯线的分界点,由 b'、(c') 可作出 b、c 和 b''、c'',在 d' 和 $b'(c')$ 之间取 $f'(g')$ 可作出 f、g 和 f''、(g'')。

　　(3) 圆锥与圆球的相贯线,三面投影均为曲线,可参看例 4-13,找出各点的三面投影。

　　(4) 光滑连接各段相贯线上的点的同面投影,即得组合相贯线,如图 4-40(b)所示。

　　可见性的判别:圆柱与球相贯线的侧面投影 b'' 与 c'' 之间为不可见,应画成虚线。正面投影中圆锥轴线以下部分相贯线的水平投影均为不可见,应画成虚线。

　　在绘制多形体相交的相贯线时,必须进行形体分析和相贯线分析,搞清楚组合体由哪些相贯线组成,哪些表面有相交关系,哪些地方应该有交线存在,以及是什么类型的交线。只有做到心中有数,才能正确地作图。

第 5 章 组合体

本章是在几何画法的基础上,提出用形体分析法和线面分析法来分析和解决组合体的画图、看图和尺寸标注等问题。本章的学习要求:熟练地掌握三视图间的投影规律;在画图、看图和尺寸标注的实践中,应该自觉地运用形体分析法和线面分析法;培养发现问题、分析问题和解决问题的能力。

■ 5.1 组合体及其形体分析

在画法几何学中,几何元素在 V、H、W 三面投影体系中的投影称为几何元素的三面投影。而在机械制图中,国家标准《机械制图》规定,将机件向投影面投影所得的图形称为视图。因此,机件在三投影面体系中投影所得图形就称为机件的三视图,即主视图、俯视图和左视图,如图 5-1 所示。

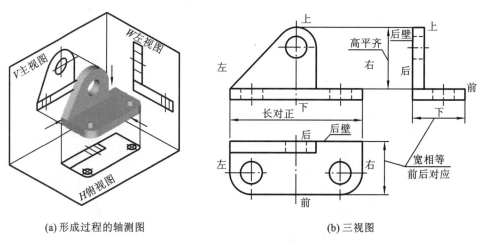

(a) 形成过程的轴测图   (b) 三视图

图 5-1　三视图的形成及其特征

如图 5-1(b)所示,由投影面展开后的三视图可以看出:主视图反映机件的长和高;俯视图反映机件的长和宽;左视图反映机件的宽和高。由此可以得出三视图的投影特征:主俯视图长对正,俯左视图宽相等,主左视图高平齐。这个特征不仅适用于机件整件的形状,也适用于机件局部结构的投影。应特别注意的是:俯、左视图除了反映宽相等之外,还有前、后位置要符合对应关系,即俯视图的下方和左视图的右方反映机件的前方,俯视图的上方和左视图的左方表示机件的后方。

5.1.1　组合体的组合形式

组合体是由基本形体组合而成的,常见的组合体形式有叠加和挖切两类。例如:图 5-2 (a)所示的轴承座,是由几个基本体叠加而成的;图 5-2(b)所示的镶块,可看做是一端为圆柱的长方体逐渐切割掉一些基本体而形成的,其中包括穿孔。

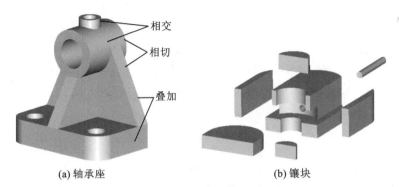

(a) 轴承座　　　　　　　　　　　(b) 镶块

图 5-2　组合体的组合形式

5.1.2　组合体表面间的过渡关系

1. 叠合

当两个基本体的表面互相重合时,两个基本体在重合表面周围的表面处可能是同一表面,也可能不是同一表面。如图 5-3 所示的支架,由于底板与竖板的前、后两个表面处于同一平面上,所以主视图上两个形体叠合处不画线,而竖板上的凸台的宽度比竖板的宽度小,圆柱面与竖板左壁面不是同一表面,所以应有分界线。

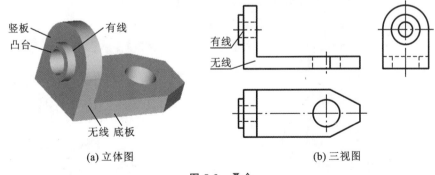

(a) 立体图　　　　　　　　　　　(b) 三视图

图 5-3　叠合

2. 相切

当两个基本体的表面(平面与曲面或曲面与曲面)相切时,在相切处不存在轮廓线,在一般情况下不画分界线。如图 5-4 所示的支座,由于底板的前、后面与圆柱相切,在主、左视图的相切处不画线,底板顶面在主、左视图上的投影应画到相切处为止。

3．相交

当两个基本体的表面相交时，应画出交线的投影。如图 5-4 所示，耳板的前、后面与圆柱体相交，有截交线产生，圆柱体与前面的凸台相交有相贯线产生。

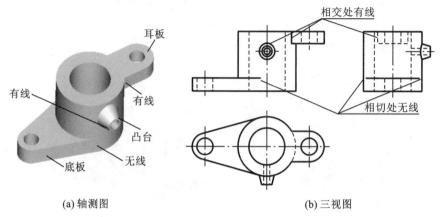

(a) 轴测图   (b) 三视图

图 5-4　相交与相切

5.2　组合体视图的绘制

本节主要介绍根据实物(或立体图)画组合体三视图的步骤和方法。

5.2.1　以叠加为主的组合体三视图的画法

画此类组合体的视图时通常采用形体分析法。所谓形体分析法是指分析组合体的组成形体、组合方式、表面过渡关系及形体的相对位置而进行画图和读图的方法。

现以图 5-5 所示的轴承座为例说明此类组合体的绘图过程。

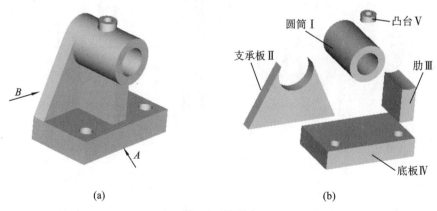

(a)   (b)

图 5-5　轴承座

1. 形状分析

应用形体分析法,可以把图 5-5 所示的轴承座分解为五部分:圆筒Ⅰ、用来支承圆筒的支承板Ⅱ和肋板Ⅲ、底板Ⅳ、凸台Ⅴ。

2. 选主视图

选择主视图可以考虑以下三方面的要求。

(1) 从形体稳定和画图方便方面来确定组合体的安放状态。通常,使组合体的底板朝下,主要表面平行于投影面。

(2) 以能反映组合体形状特征的看图方向作为主视图的投射方向。

(3) 使各视图中不可见的形体最少。

根据以上三点要求,选定如图 5-5(a)所示的组合体的安放状态如下:底板在下,底面水平;主视图的投射方向选择图中的 A 向。选 B 向虽然也能较好地反映组合体的形状特征,但在相应的左视图中多数形状为不可见,因此 B 向不宜作为主视图的投射方向。

3. 布置视图

布置视图就是根据各视图的最大轮廓尺寸和各视图间应留有的间隙,在图纸上均匀地布置各视图,画出确定各视图在两个方向上的基线,如图 5-6(a)所示。可以作为基线的一般是组合体的底面、端面、对称平面和曲面体轴线等的投影。

4. 画底稿

细、轻、准、快地逐个画出各基本体的视图。画图的一般顺序是:先画主要形体,后画次要形体;先定形体位置,后画形状;先画具有特征形状的视图(如圆柱应先画圆形视图),后画其他视图;先画各基本形体,后画形体间的交线等。如图 5-6(a)和图 5-6(b)所示。

画图时应注意的几个问题如下。

(1) 画图时,常常不是画完一个视图后再画另一个视图,而是几个视图配合起来画,以便利用投影之间的对应关系,使作图既准又快。

(2) 各形体之间的相对位置要保持正确。

例如:在绘制图 5-6(b)时,底板与圆筒的前、后表面应对齐;在绘制图 5-6(e)时,凸台应位于圆筒的中间。

(3) 各形体之间的表面过渡关系要表示正确。

例如,支承板的斜面与圆筒相切,在相切处为光滑过渡,所以切线$(kl,k''l'')$不应画出,如图 5-6(c)所示。肋与圆筒是相交的,所以在圆筒外表面与肋的侧面之间应画出交线 $m''n''$,如图 5-6(d)所示。同时,由于圆筒与肋及支承板融合成一整体,所以在左视图上圆筒的轮廓线只有肋前面的一小段,如图 5-6(d)所示。凸台与圆筒的内外表面也是相交关系,也应绘制交线,如图 5-6(e)所示。

5. 检查、加深

底稿完成后,应仔细检查。检查时,还是应用形体分析法逐一分析各形体的投影是否都画全了,相对位置是否都画对了,表面过渡关系是否都表达正确了。最后,擦去多余的线,经过修改再加深,如图 5-6(f)所示。

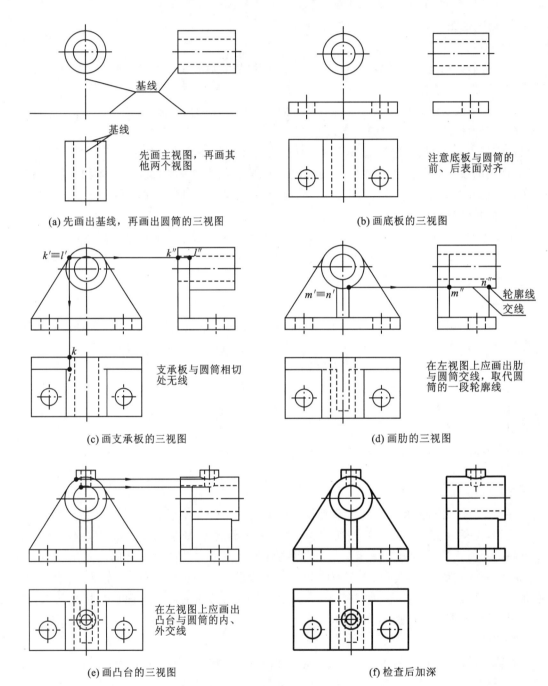

(a) 先画出基线，再画出圆筒的三视图

(b) 画底板的三视图

(c) 画支承板的三视图

(d) 画肋的三视图

(e) 画凸台的三视图

(f) 检查后加深

图 5-6　以叠加为主的组合体的画图方法

5.2.2　以挖切为主的组合体的三视图的画法

如图 5-7 所示的组合体,可以看成是由长方体Ⅰ切去Ⅱ、Ⅲ、Ⅳ又钻了(挖去)一个孔Ⅴ而形成。这种主要由基本体挖切而成的组合体,除基本形体(长方体Ⅰ和孔Ⅴ)能直接按形体画图外,其切口部分难以直接按形体画图,通常采用面形分析法,按面形进行作图。所谓面形分析法,就是指根据组合体表面的投影特征(积聚性、实形性和类似性),通过分析其表面的性质、形状和相对位置来进行画图和读图的方法。

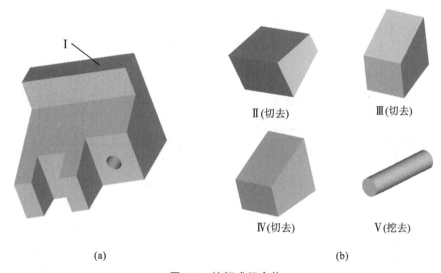

图 5-7　挖切式组合体

图 5-8 所示为该组合体的画图步骤。画图时应注意以下三点。

(1) 对于切口,应先画出反映其形状特征的视图(在该视图上截切面的投影具有积聚性),后画其他视图。例如,作切去形体Ⅱ形成的切口时,如图 5-8(b)所示,应先画其主视图,再作其余视图,关键是所作出的正垂面 P 的其余两投影(p'' 与 p)的形状要相类似。又例如,作切去形体Ⅲ形成的切口时,如图 5-8(c)所示,应先画其俯视图,该切口与正垂面 P 的交线均积聚在 q' 上。因此,作切口其余投影时,关键仍是所作斜面的其余两投影 q'' 与 q 的形状相类似。

(2) 画挖切形成的组合体时,不一定都从最简单的基本体开始,也可以从一个比较清晰的有一定复杂程度的组合体开始(复杂程度视初学者的画图水平而定)。例如,可从图 5-8 (b)所示的形体开始,也可以对照轴测图直接画出图 5-8(d)所示的具有形状特征的主、俯视图,再作其左视图(作图关键仍是作斜面的投影)。

(3) 检查时,主要是检查形体的投影,特别是检查斜面投影的类似性。例如,图 5-8(d)中斜面 R 的投影 r'' 与 r 的形状应相类似,如果斜面上的交线画错,即可通过查斜面投影类似性来查出。

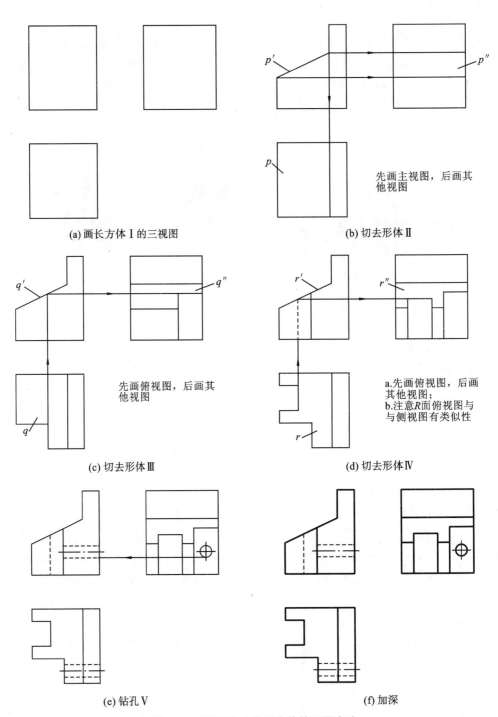

(a) 画长方体Ⅰ的三视图

(b) 切去形体Ⅱ

先画主视图，后画其他视图

(c) 切去形体Ⅲ

先画俯视图，后画其他视图

(d) 切去形体Ⅳ

a.先画俯视图，后画其他视图；
b.注意R面俯视图与与侧视图有类似性

(e) 钻孔Ⅴ

(f) 加深

图 5-8 以挖切为主的组合体的画图方法

5.3 看组合体的视图

　　画图和看图是本课程的两个主要任务。画图是把空间的组合体用正投影法表示在平面上，而看图则是根据平面图形，运用正投影的规律想象出空间的组合体形状。由于在实际工作中所接触的第一手材料往往是图纸，所以要求我们要学会看图。下面介绍两种常用的看图方法。

5.3.1 形体分析法

　　形体分析法是指按照三视图的投影规律，从图上逐个识别出形体，进而确定各形体间的组合形式和相邻表面间的相互位置，最后综合想象出组合体的完整形状。

1. 看图要点

　　(1) 要几个视图联系起来看，通常一个视图不能确定形体的形状和相邻表面间的相互位置，如图 5-9(a)至图 5-9(g)所示。

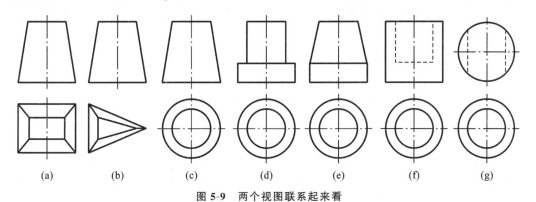

图 5-9　两个视图联系起来看

　　(2) 要从反映形状特征的视图看起，因为主视图常反映组合体的形状特征，所以看图时一般从主视图看起，了解了形状特征，识别形体就容易了。虽然组成组合体的各形体的形状特征不一定全集中在视图上，但只要能弄清楚各视图的关系，形体就能识别出来，如果没有给出形状特征的视图，形状就不能确定，将会产生多解现象。

　　如图 5-10(a)所示，圆柱和另一柱体的俯视图重合，哪一个形体是叠加凸出的，哪个形体是挖切凹入的，仅看主、俯视图还无法确定，必须由第三个视图才能决定。实际上，图 5-10(b)所示的形状，由主、左视图就唯一确定了。

　　(3) 要认真分析相邻表面间的相互位置关系。一个有限的面(曲面或平面)在视图中，或表现为线(积聚)，或表现为平面图形(简称线框)。若两个线框相连或线框内仍有线框，就必须分出前后、高低和相交等相互位置关系。如图 5-11 和图 5-12 所示的几种情况，请读者自行分析。

2. 看图方法和步骤

　　下面以图 5-13(a)所示的题目为例，说明看图的方法和步骤。

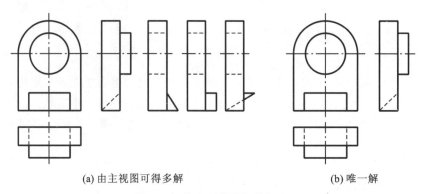

(a) 由主视图可得多解　　　　　(b) 唯一解

图 5-10　给出形状特征的视图

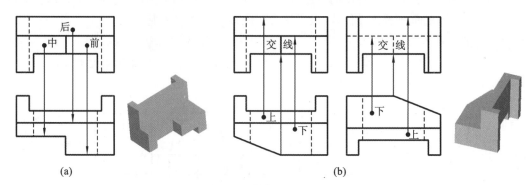

(a)　　　　　　　　　　(b)

图 5-11　判断组合体表面间的相互位置(一)

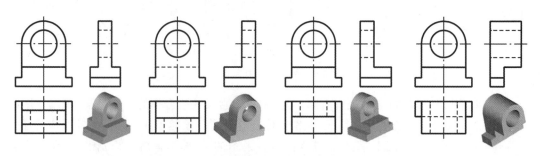

图 5-12　判断组合体表面间的相互位置(二)

　　(1) 分线框、对投影。从主视图入手,借助丁字尺,三角板和分规等,按照三视图投影规律,几个视图联系起来看,把组合体大致分成几个部分。如图 5-13(b)所示,该组合体可分成三部分。

　　(2) 识形体、定位置。根据每一部分的视图想象出形体,并确定它们的相互位置,如图 5-13(c)至图 5-13(e)所示。

　　(3) 综合起来想整体。确定各个形体及相互位置后,整个组合体的形状也就清楚了,如图 5-13(f)所示。此时,最好把看图过程中想象出的组合体与给定三视图的逐个形体、逐个视图再对照检查一下。

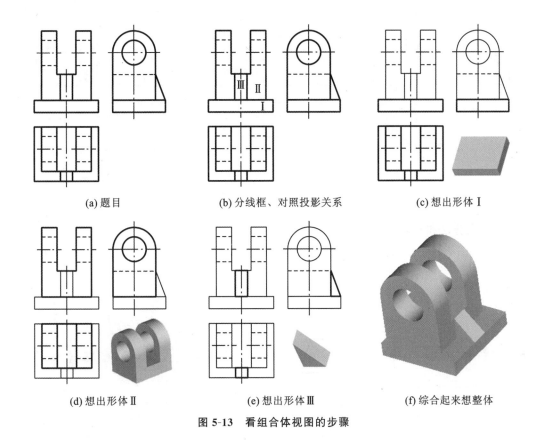

(a) 题目　　　　(b) 分线框、对照投影关系　　　　(c) 想出形体 Ⅰ

(d) 想出形体 Ⅱ　　　　(e) 想出形体 Ⅲ　　　　(f) 综合起来想整体

图 5-13　看组合体视图的步骤

5.3.2　线面分析法

组合体也可以看成由若干面、线围成。因此,线面分析法也就是指把组合体分解成若干面和线,并确定它们之间的相对位置,以及它们对投影面相对位置的方法。

1. 看图要点

在用线面分析法解题时,应注意线面投影的类似性和面面交线的性质,并利用线面的投影规律来解题。例如:正平面在 V 面反映实形,而在 H、W 面积聚成线;铅垂线在 H 面积聚成一点,而在 W、V 面上反映实长;侧垂面在 W 面积聚成线,在 V、H 面反映它的几何形状等。

下面以图 5-14(a)所示的题目为例,补画三视图。

这个组合体用形体分析法来分析是简单的,但它的有些表面略为复杂。画图时,用线面分析法更方便。因此,实际画图时,可先用形体分析法看懂组合体的形状,再用线面分析法分析其中某些面、线的投影特性,准确地了解它们的空间关系和投影关系。

从图 5-14 中可知,用正垂面 P 切去一块后,又挖切去一个小四棱柱,其底面为一个水平面 A,未挖切的部分为两个水平面 B。画图时,先画顶面,它是水平面 B 与正垂面 P 相交,交线为正垂线,如图 5-14(b)所示①的位置;再画挖切后的底面 A,它也是水平面 A 和正垂面 P 相交,交线也为正垂线,如图 5-14(b)所示②的位置,组合体的其余部分都积聚在组合体的图形上;最后,由左视图看出正垂面 P 的形状是八边形,俯视图上也是八边形,符合类似性投影规律。

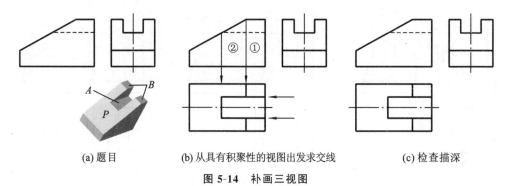

(a) 题目　　　　　(b) 从具有积聚性的视图出发求交线　　　　(c) 检查描深

图 5-14　补画三视图

2. 看图方法和步骤

下面以图 5-15 所示的题目为例，说明看图的方法和步骤。

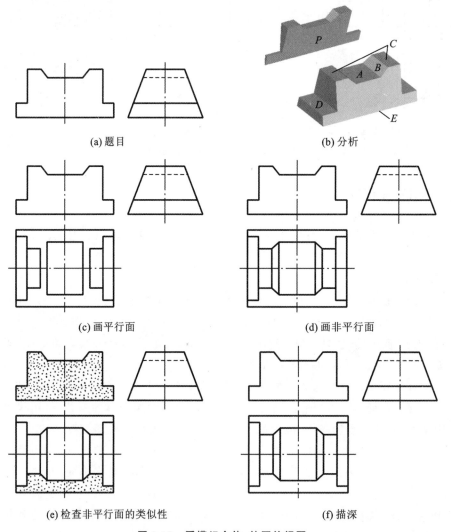

(a) 题目　　　　　　　　　　　(b) 分析

(c) 画平行面　　　　　　　　　　(d) 画非平行面

(e) 检查非平行面的类似性　　　　　　　(f) 描深

图 5-15　看懂组合体、补画俯视图

（1）分线框、对投影、识形体、定位置。主视图中只有一个线框，是棱柱体前后被两个侧垂面 P 各切去一块，如图 5-15(b)所示。

（2）分析线面。两侧垂面 P，其主、俯视图必与它成类似形（十二边形），正垂面 B 的俯、左视图必与它成类似形（四边形），侧垂面 P 与正垂面 B 的四条交线必为一般位置直线，水平面（A、C、D、E）与侧垂面的交线必为侧垂线，线的位置由左视图决定。

（3）画出第三视图（本例是俯视图）或补全投影。具体画图时，可先画水平面，再画投影面垂直面，如图 5-15(c)和图 5-15(d)所示。

（4）运用投影的类似性来检查图形，如图 5-15(e)所示。

（5）描深、再检查，如图 5-15(f)所示。

5.4　组合体的尺寸标注

组合体的视图只能反映它的形状和结构，而它的真实大小及各结构之间的相对位置必须由图上标注的尺寸来确定。

5.4.1　基本体的尺寸标注

对于基本几何形体，一般标注长、宽、高三个方向的尺寸。根据形体特点，有时尺寸重合为两个或者一个，而标注尺寸后视图有时也可以减少。如图 5-16 所示。

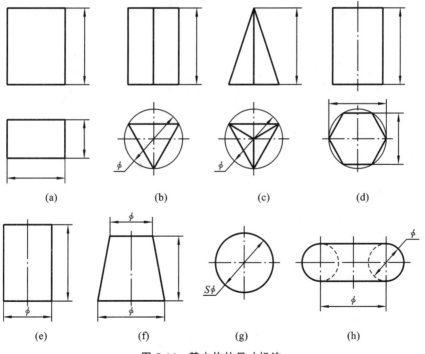

图 5-16　基本体的尺寸标注

5.4.2 有截交线、相贯线形体的尺寸标注

有截交线、相贯线形体的尺寸标注,除标注基本形体的尺寸外,前者须标注截平面的位置尺寸,后者须标注两个基本体的位置尺寸。至于截交线、相贯线的形状尺寸不需标注,如图 5-17 所示。

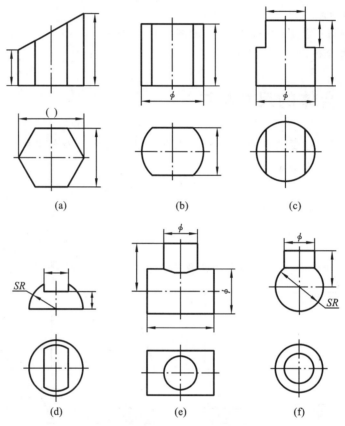

图 5-17 有截交线、相贯线形体的尺寸标注

5.4.3 常见底板尺寸标注

常见底板尺寸标注方法如图 5-18 所示。

5.4.4 组合体的尺寸标注

1. 基本要求

(1) 正确 正确是指标注尺寸应符合国标规定。

(2) 完整 完整是指标注尺寸应唯一确定组合体的形状大小及各组成部分的相对位置,做到不重复、不遗漏。

(3) 清晰 清晰是指标注尺寸的布局应便于看图。

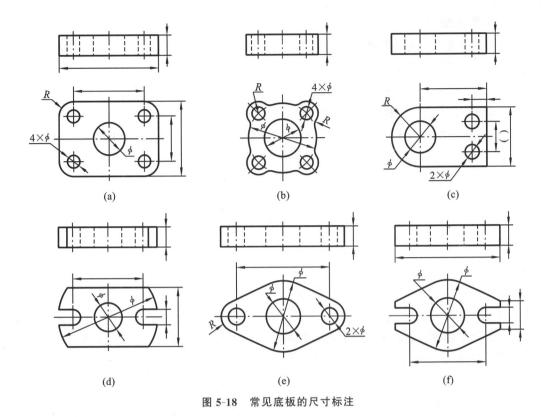

图 5-18　常见底板的尺寸标注

2. 尺寸基准

确定尺寸位置的几何元素称为尺寸基准。一般情况下选取形体的底面、主要端面、曲面体的轴线和对称中心线作为尺寸基准。长、宽、高三个方向分别有一个主要尺寸基准。当形体复杂时,允许有一个或几个辅助尺寸基准,如图 5-19(a)所示。

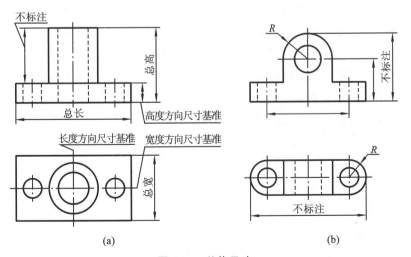

图 5-19　总体尺寸

3. 尺寸分类

图样上一般要标注三类尺寸:定形尺寸、定位尺寸和总体尺寸。

1) 定形尺寸

确定组合体各组成部分形状大小的尺寸称为定形尺寸。

标注组合体尺寸,仍按形体分析法将组合体分解为若干个基本体,分别标注各基本体的定形尺寸。若有两个以上大小一样、形状相同的基本体,且按规律分布,可用省略方式标注定形尺寸,如图5-18(a)中的标注尺寸"4×ϕ",表示底板周边四孔尺寸均为 ϕ ,不必一一标注。

2) 定位尺寸

确定组合体各组成部分相对位置的尺寸称为定位尺寸。

由于定位尺寸是确定相对位置的,所以在长、宽、高三个方向上都应该有一个尺寸基准。如图5-19(a)中以通过圆柱体轴线的侧平面作为长度方向的尺寸基准,按左右对称标注底板上小圆柱孔在长度方向上的定位尺寸;以通过圆柱体轴线的正平面作为宽度方向的尺寸基准;以底板的底面作为高度方向的尺寸基准。基本体的定位尺寸最多有三个,若基本体在某方向上处于叠加、平齐、对称或同轴时,就省略该方向上的一个定位尺寸。如图5-19(a)所示,圆筒长度和宽度方向的定位尺寸均省略。

3) 总体尺寸

确定组合体的总长、总宽、总高的尺寸称为总体尺寸。

若定形尺寸和定位尺寸已标注完整,在加注总体尺寸时应对相关尺寸作适当调整,避免出现封闭尺寸。如图5-19(a)所示,删去了小圆柱的高度尺寸,标注了总高。另外,当组合体的一端为有同心孔的曲面体时,该方向上一般不标注总体尺寸,如图5-19(b)所示。

4. 标注组合体尺寸的步骤

(1) 对组合体进行形体分析,确定尺寸基准。如图5-20(a)所示,轴承座长度方向主要基准是组合体的左右对称面,宽度方向主要基准是底板的后端面,高度方向主要基准是底板的底面。

(2) 分别标注各基本体的定形、定位尺寸。如图5-20(b)和图5-20(c)所示,圆筒高度方向的定位尺寸为60、长度方向的定位尺寸为0、宽度方向的定位尺寸为7,其定形尺寸为ϕ50、ϕ26、50;凸台宽度、高度方向的定位尺寸分别为26、90,长度方向的定位尺寸为0,其定形尺寸为 ϕ26、ϕ14;底板的长度、高度及宽度方向的定位尺寸为0,其定形尺寸为90、60、14;底板上的圆柱孔、圆角的定形定位尺寸分别为2×ϕ18、R16、58、44;支承板、肋板的尺寸,读者可根据图5-20(d)所示的标注自行分析。

(3) 根据需要调整标注总体尺寸。如图5-20(d)所示,轴承座的总长和总高都是90,在图中已经标出,总宽尺寸应为67,但该尺寸不宜标注,因为若标注总宽尺寸,则尺寸7或60就是不应标出的重复尺寸,但是标注60和7这两个尺寸,有利于明确表达底板与圆筒之间在宽度方向上的定位尺寸。

(4) 检查、校核。

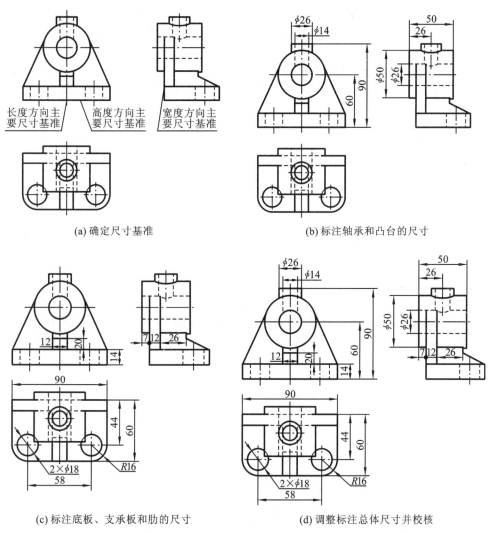

(a) 确定尺寸基准

(b) 标注轴承和凸台的尺寸

(c) 标注底板、支承板和肋的尺寸

(d) 调整标注总体尺寸并校核

图 5-20 轴承座的尺寸标注

5.4.5 标注尺寸的注意点

（1）组合体中每个基本体的尺寸应尽量集中标注在反映该形体特征最清晰的视图上。

（2）应避免在虚线上标注尺寸。

（3）同轴曲面体的直径尺寸应尽量标注在非圆视图上（均布孔除外），半径尺寸应标注在反映圆弧实形的视图上。

（4）尺寸应尽量标注在视图外面，以保证图面清晰。

（5）同一方向上的大小尺寸，应遵循"内小外大"的原则，呈阶梯状排列，避免尺寸线与尺寸界线相交。若该方向上尺寸连续，应保证尺寸线布置在一条线上。

（6）避免标注封闭尺寸。

第6章 轴测投影图

6.1 概述

将物体连同其参考直角坐标系,沿不平行于任何一坐标平面的方向,用平行投影法投射在单一投影面上所得到的带有立体感的图形称为轴测投影图,简称为轴测图。轴测图能同时反映形体长、宽、高三个方向的形状,具有立体感强、形象直观的优点,但不能确切地表达零件原来的形状与大小,且作图较复杂,因而轴测图在工程上一般仅用作辅助图样。

6.1.1 轴测投影图的投影方法

投射方向 S 与轴测投影面 P 垂直,将物体放斜,使物体上的三个坐标面和 P 面都斜交,这样所得的投影图称为正轴测投影图,如图 6-1 所示。

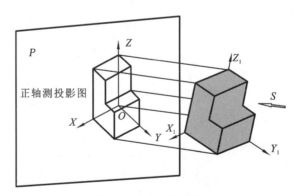

图 6-1 正轴测投影图

投射方向 S 与轴测投影面 P 倾斜,为了便于作图,通常取平行于 XOZ 坐标面,这样所得的投影图称为斜轴测投影图,如图 6-2 所示。

6.1.2 轴测投影的术语

投影面 P 称为轴测投影面,如图 6-1 所示的平面 P。
空间坐标轴 O_1X_1、O_1Y_1、O_1Z_1 的投影 OX、OY、OZ 称为轴测轴。

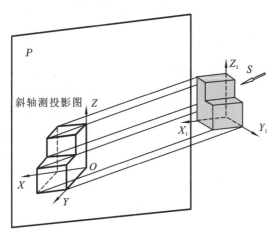

图 6-2　斜轴测投影图

轴测轴之间的夹角 $\angle XOY$、$\angle XOZ$、$\angle YOZ$ 称为轴间角。

坐标轴轴向线段的投影长度与实际长度的比值称为轴向变形系数。如：

X 轴轴向变形系数 $p = \dfrac{OX}{O_1X_1}$；

Y 轴轴向变形系数 $q = \dfrac{OY}{O_1Y_1}$；

Z 轴轴向变形系数 $r = \dfrac{OZ}{O_1Z_1}$。

6.1.3　轴测投影的种类

正轴测投影和斜轴测投影这两类轴测投影按三轴的轴向变形系数的关系，又分为表 6-1 所示的几种。

表 6-1　轴测投影的种类

投影方向	变形系数		
	$p = q = r$	$p = q \neq r$ 或 $p \neq q = r$ 或 $q = r \neq p$	$p \neq q \neq r$
正投影	正等测	正二测	正三测
斜投影	斜等测	斜二测	斜三测

6.1.4　轴测投影的特性

由于轴测图是根据平行投影法画出来的，因而它具有平行投影的基本性质，这里结合轴测图的特点，概括其主要投影特性如下。

（1）空间直角坐标轴投影成轴测轴以后，直角在轴测图中一般会变形而不是 90°，但是沿轴测轴确定长、宽、高三个坐标方向的性质不变，即仍可沿轴确定长、宽、高方向。

（2）在轴测图中，形体上原来平行于坐标轴的直线仍然平行于轴测轴；原来互相平行的直线也仍然相互平行。

（3）画轴测图时，形体上平行于坐标轴的直线（轴向直线），可按其原来的尺寸乘以轴向变形系数后，再沿着相应的轴测轴的直线定出其投影的长短。轴测图中"轴测"这个词就含有沿轴测量的意思。

但是应注意，形体上那些不平行于坐标轴的直线（非轴向直线），它们投影的变化与平行于轴线的那些直线不同，因此不能将非轴向直线的长度直接移到轴测图上。画非轴向线段的轴测投影时，需要应用坐标法定出其两点在轴测坐标系中的位置，然后再连成直线得其轴测投影。

6.2 正等轴测图

如图 6-3 所示，正常轴测图的轴间角都是 $120°$，各轴向的变形系数都相等，$p_1=q_1=r_1=0.82$。为作图方便起见，常采用各轴向的简化变形系数，即 $p=q=r=1$。

这样作出的图形与原来的轴测图是相似的，但在各轴向的长度都放大了 $1/0.82=1.22$ 倍。

下面介绍几种基本体及组合体的正等轴测图画法。

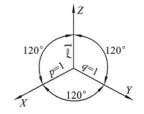

图 6-3 轴间角及轴向变形系数

6.2.1 平面立体的正等测图

例 6-1 求作长方体的正等轴测图。

作图

（1）先在正投影图上定出原点和坐标轴的位置，选定右侧下方的棱角为原点，经过原点的三条棱线为 x、y、z 轴，如图 6-4(a)所示。

（2）画出坐标轴的轴测投影 X_1、Y_1、Z_1。

（3）沿 X_1 轴量取物体的长 a，沿 Y_1 轴量取物体的宽度 b，画出物体底面的图形，如图 6-4(b)所示。

（4）由长方体面各端点画 Z_1 轴的平行线，在各线上量取物体的高度 h，画出物体顶面的图形。

（5）将看不见的棱线擦去，即得到长方体的正等轴测图，如图 6-4(d)所示。

例 6-2 求作棱锥台的正等轴测图。

作图

（1）在正投影图上定出坐标轴的位置。因为物体是左右对称的，所以把原点定在底面后面的中点，这样度量尺寸比较方便，如图 6-5(a)所示。

（2）以轴线 O_1Y_1 为对称线，按尺寸 a、c 画出底面的轴测图，如图 6-5(b)所示。

（3）因为各棱边不能直接画出，只能先画出顶面，所以在 Z_1 轴上量取 $O_1O_2=h$，如图 6-5(b)所示。

（4）以 O_2 为中心画出 X_2、Y_2 轴，再按尺寸 b、d 作出顶面的轴测图，如图 6-5(c)所示。

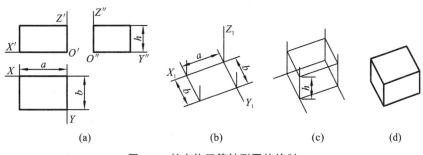

图 6-4 长方体正等轴测图的绘制

（5）把顶面和底面相应的各端点连接起来，擦去作图线，即得到棱锥台的正等轴测图，如图 6-5(d)所示。

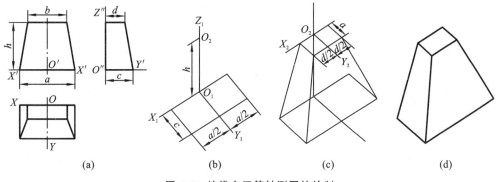

图 6-5 棱锥台正等轴测图的绘制

对于比较复杂的平面立体，我们可以用形体分析法把组合体分为几个基本组成部分，然后用叠加法或切割法，即可作出组合体的轴测图。

6.2.2 圆和圆角的正等测图

物体上平行于坐标面的圆，其正等测图为椭圆，如图 6-6(a)所示。椭圆的长、短轴的大小和方向，以及近似画法如图 6-6(b)所示。

1）椭圆长、短轴的大小

采用简化变形系数时，长轴 = 1.22d，短轴 = 0.7d（d 为圆的直径）。

2）椭圆长、短轴的方向

作平行 XOY 坐标面的圆（水平面），在正等测图中，椭圆长轴垂直于 O_1Z_1，短轴平行于 O_1Z_1 轴；平行于 XO_2Z 坐标面的圆（正平面），在正等测图中，椭圆长轴垂直于 O_1Y_1 轴，短轴平行于 O_1Y_1 轴。

3）以水平圆投影为例，用四心法进行近似椭圆

假设在正投影图上作一正方形与圆相外切，则它的轴测图是一个平行四边形，这个平行四边形应该与椭圆相切，具体作法如下。

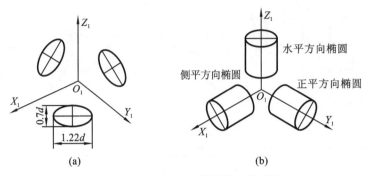

图 6-6　平行于坐标面的圆的正等测图

（1）经过椭圆的中心 O 分别在轴 X 和轴 Y 上量取线段等于半径 R，得到 A、B、C、D 四点。过这四点作 X 及 Y 的平行线，得出外切正方形的轴测图——平行四边形，如图 6-7(c) 所示。

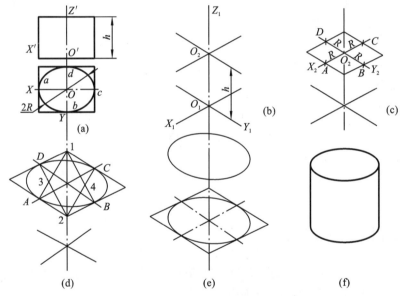

图 6-7　平行于水平面的圆的正等测画法

（2）从平行四边形两钝角的端点 1、2 分别向对边中心作线 $1A$、$1B$ 及 $2C$、$2D$，得到交点 3 和 4，如图 6-7(d) 所示。

（3）以 1 和 2 点为圆心、$1A$ 和 $2D$ 为半径，分别作圆弧 AB 和 CD；以 3 和 4 点为圆心、$3A$ 和 $4C$ 为半径，作圆弧 AD 和 BC。这四段圆弧光滑相切，所得的扁圆即为所求水平圆的轴测图，如图 6-7(d) 所示。

4）小结

椭圆的画法在轴测图中经常遇到，必须熟练掌握。椭圆在三个方向上的画法归纳起来有如下两点。

（1）不同方向的椭圆的外切平行四边形是不同的，如图 6-8 所示，要特别注意平行四边形各边与轴的平行关系。

（2）椭圆的长短轴与轴测轴有一定的对应关系，如图 6-9 所示。

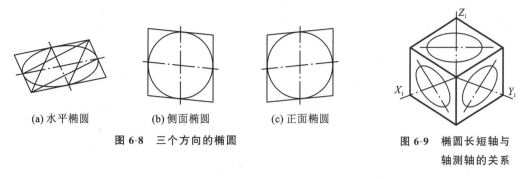

(a) 水平椭圆   (b) 侧面椭圆   (c) 正面椭圆

图 6-8　三个方向的椭圆

图 6-9　椭圆长短轴与
轴测轴的关系

在机件上经常遇到由四分之一圆弧构成的圆角轮廓，在轴测图上它是四分之一椭圆弧，可以应用如图 6-10 所示的简化画法进行作图，具体作法如下。

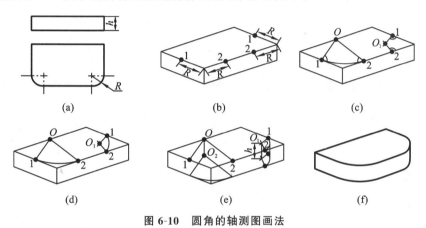

(a)   (b)   (c)

(d)   (e)   (f)

图 6-10　圆角的轴测图画法

（1）由角顶沿两边分别量取半径 R，得到 1、2 两点，如图 6-10(b) 所示。

（2）过 1、2 两点分别作直线垂直于圆角的两边，这两垂线交点 O 即为圆弧的圆心（见图 6-10(c)）。

（3）以 O 为圆心、O_1 为半径作弧，即为半径 R 的轴测图。由图可以看出，轴测图上钝角边与锐角边的作图方法完全相同，只是半径不一样，如图 6-10(d) 所示。

（4）因物体有一厚度，所以在轴测图上除了画出一个面（如顶面）的圆角外，不要把另一面（如底面）的圆角画出，这样才能把厚度表示出来。如图 6-10(e) 所示，由 O 点沿厚度方向作线，在线上取 $OO_2 = h$，O_2 即为底面圆弧的圆心。以 O_2 为圆心、R 为半径作弧与两边相切，即得底面圆弧形状，并在小圆弧处作两圆弧的公切线，即得如图 6-10(f) 所示的结果。

6.2.3　曲面体的正等测图的画法

例 6-3　画竖放正圆柱的正等测图，如图 6-11(a) 所示。

解　设轴测轴 O_1Z_1 与圆柱的轴线重合，用画水平圆的方法先画圆柱上下两底面的椭圆，再作两侧轮廓线，即为圆柱的正等测图。作图方法如图 6-11(b) 至图 6-11(d) 所示。

应注意在圆柱的正等测图中，椭圆的公切线是轴测图中圆柱的轮廓素线，但它与主视图

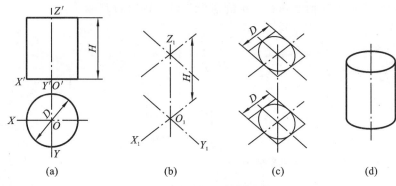

图 6-11　正圆柱的正等测图画法

中的轮廓线并不一致。

例 6-4　画横放圆台的正等测图,如图 6-12(a)所示。

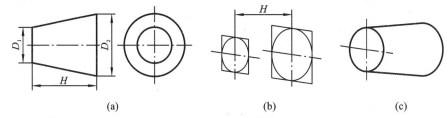

图 6-12　圆台的正等测图画法

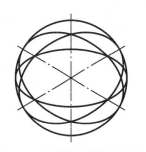

图 6-13　椭圆的正等测图画法

　　解　设轴测轴 O_1Z_1 与圆柱的轴线重合,圆台的顶圆和底圆都是画成侧面位置的椭圆,而圆台曲面的轮廓线是大小椭圆的公切线。作图方法如图 6-12(b)和图 6-12(c)所示。

　　例 6-5　求球的正等测图画法,如图 6-13 所示。

　　解　圆球的正等测图是包容球上所能画出来的最大圆的轴测投影(椭圆)的一个圆。实际上作图时至少要画一个椭圆,再以这个椭圆的长轴为直径作一个外切圆,即为球的正等测图。如图 6-13 所示。

6.2.4　组合体的正等测图的画法

　　例 6-6　作如图 6-14 所示支架的正等测图。

　　解　(1)形体分析,确定坐标轴。

　　如图 6-14 所示,支架由上、下两块板组成,上面一块竖板,其顶部是圆柱面,两侧的斜壁与圆柱面相切,中间有一个圆柱孔。下面是一块带圆角的长方形底板,底板上有两个圆柱孔。

　　因为支架左右对称,取后底边的中心为原点,确定如图中所附加的坐标轴。

　　(2)作图过程如图 6-15 所示。

　　① 作轴测图。先画底板的轮廓,再画竖板与它的交线 $1_12_13_14_1$。确定竖板后孔口的圆心 B_1,由 B_1 定出前孔口的圆心 A_1,画出竖板圆柱面顶部的正等测近似椭圆。

② 由 1_1、2_1、3_1 各点作切线,再作出竖板上的圆柱孔,完成竖板的正等测图。由 L_1、L_2 和 L_3 确定底板顶面上两个圆柱孔口的圆心,作出这两个孔的正等测近似椭圆。

③ 从底板顶面上圆角的切点作切线的垂线,得圆心 C_1、D_1,再分别在切点间作圆弧,得顶面圆角的正等测图。再作出底面圆角的正等测图。最后,作右边两圆弧的公切线即得完整的正等测图。

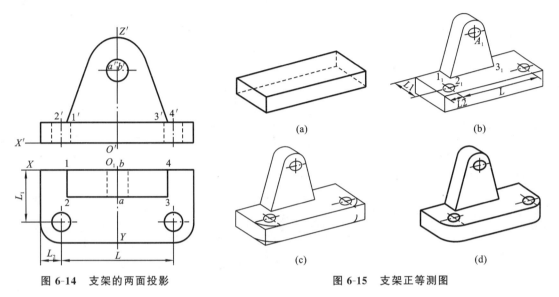

图 6-14　支架的两面投影　　　　　　图 6-15　支架正等测图

6.3　斜二测轴测图

使物体的一个坐标面平行于轴测投影面,然后用斜投影方法向轴测投影面进行投影,用这种方法画出来的轴测图称为斜二等轴测图,简称斜二测图。

6.3.1　斜二测图的轴向变形系数

根据机械制图国家标准规定,斜二测的两根坐标轴 O_1X_1 和 O_1Z_1 互相垂直,轴向变形系数 $p=r=1$。第三个坐标轴 O_1Y_1 与 O_1Z_1 的轴间角成 $135°$,轴向变形系数 $q=0.5$,如图 6-16 所示。

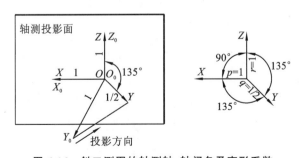

图 6-16　斜二测图的轴测轴,轴间角及变形系数

在斜二测图中，O_1Y_1 轴的轴向变形系数和轴间角的大小无关。

斜二测图的正面形状能反映形体正面的真实形状，特别是形体正面有圆和圆弧时。作图简单方便，这是它的最大优点。斜二测图上的水平椭圆和侧面椭圆可用坐标法来画，但这种方法作图比较烦琐。遇到有这种位置的椭圆时，可用计算法来画，如表 6-2 所示。

表 6-2　斜二测轴测图中各种椭圆的计算画法

椭圆类型	长轴长度	短轴长度	大圆弧半径	小圆弧半径
正等测椭圆	$1.22D$	$0.70D$	$0.960D$	$0.255D$
斜二测椭圆	$1.06D$	$0.33D$	$1.547D$	$0.099D$
正二测宽椭圆	$1.06D$	$0.94D$	$0.579D$	$0.433D$
正二测扁椭圆	$1.06D$	$0.35D$	$1.456D$	$0.107D$

如图 6-17 所示，作图时，先由 D 算出长短轴的长度；再由 r 和 R 定出四圆心 O_1、O_2、O_3、O_4；最后作出四条连心线就可画弧。

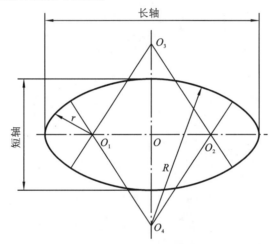

图 6-17　椭圆的四心近似画法

6.3.2　斜二测图的画法

例 6-7　作穿孔圆台的斜二测图，如图 6-18(a)所示。

解　穿孔圆台的前后端面都是圆，可将前后端面放置成与 XOZ 面平行的位置，这时作图比较简单方便，作图步骤如图 6-18 所示。

（1）在视图中定出坐标原点及坐标轴，如图 6-18(a)所示。

（2）画轴测轴，以 O_1 为圆心、D_1 为直径画圆，得前端的斜二测图，将圆心后移 $H/2$，并以 D_2 为直径画圆，得后端面的斜二测图，如图 6-18(b)所示。

（3）作出前、后端面的公切线，即得到圆台的斜二测图。再作出前、后孔口斜二测图的可见部分，这时前后孔口仍为圆，然后擦去多余图线，即完成了穿孔圆台的斜二测图，如图 6-18(b)所示。

例 6-8　图 6-19(a)所示为一种机件的三面视图，试作该机件的斜二测图。

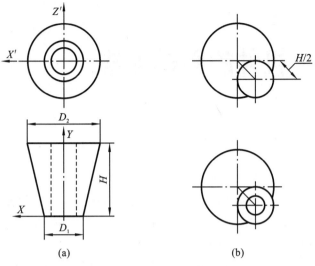

(a)　　　　　　　　　　　(b)

图 6-18　穿孔圆台的斜二测图

　　分析　该机件在正面方向有许多大小不同的圆,这时用斜二测图表达更为简便,其作图方法与上述例题相似,可得斜二测图,如图 6-19(a)所示。具体作图步骤此处不再赘述。

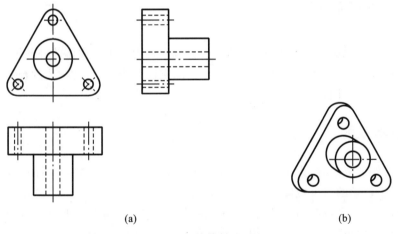

(a)　　　　　　　　　　　(b)

图 6-19　机件的斜二测图

第 7 章　机件的图样画法

在前几章中,介绍了正投影的基本理论及用三面视图表示物体的方法。但是在生产实践中,机件的形式是千变万化的,有的机件的内形和外形都比较复杂,只用三个视图不能完整、清晰地把它们表达出来,还需要增加其他方向的视图,或者用剖视的方法来表示。为了满足生产用图的需要,国家标准《机械制图 图样画法 视图》(GB/T 4458.1—2002)规定了绘制机械图样的各种基本方法。这些画法是每个制图人员必须共同遵守的规则,必须逐步地熟悉并掌握它们。

7.1　各种视图

视图是指用正投影方法所绘制的物体的投影,主要用于表达物体的外部形状,一般只画物体的可见部分,必要时才画出其不可见部分。国家标准规定,表达物体的视图通常有基本视图、向视图、局部视图、斜视图和旋转视图等。

7.1.1　基本视图

当机件的外形复杂时,为了清晰地表示出它们的上、下、左、右、前、后的不同形状,根据实际需要,除了已学的三个视图外,还可再加三个视图。如图 7-1 所示,在原有三个投影面的基础上,再增设三个投影面。从右向左投影,得到右视图;从下向上投影,得到仰视图;从后向前投影得到后视图。这六个视图叫做基本视图。六个投影面的展开方法如图 7-1(a)所示。展开后的视图位置如图 7-1(b)所示。

当六个基本视图的位置按图 7-1(b)所示配置时,一律不标注视图名称。

六个基本视图之间仍应保持"长对正、高平齐、宽相等"的投影关系:主、俯、仰、后视图保持长对正关系;主、左、右、后视图保持高平齐关系;左、右、俯、仰视图保持宽相等关系。

左、右、俯、仰视图靠近主视图的一边代表物体的后面,远离主视图的一边代表物体的前面。

对于同一物体,并非要同时选用六个基本视图,至于选取哪几个视图,要根据物体的复杂程度和结构特点而定。选用基本视图时,一般优先选用主、俯、左三个视图。

实际画图时,应根据机件的外部结构形状的复杂程度,选用必要的基本视图。图 7-2 所示机件采用了四个基本视图。

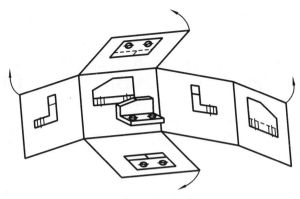

(a) 六个基本投影面及其展开

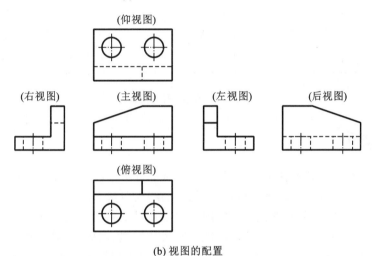

(b) 视图的配置

图 7-1　基本视图的形成及其配置关系

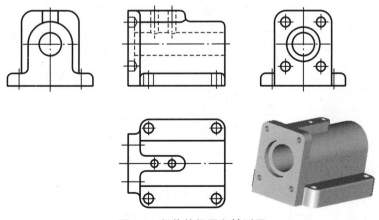

图 7-2　阀体的视图和轴测图

7.1.2 向视图

向视图是可以自由配置的基本视图。为了便于读图,应在向视图上方标注视图的名称"X"("X"为大写拉丁字母的代号),并在相应视图的附近用箭头指明投射方向,并标注相同的字母,如图7-3所示。为了看图方便,表示投射方向的箭头应尽可能配置在相应视图附近。

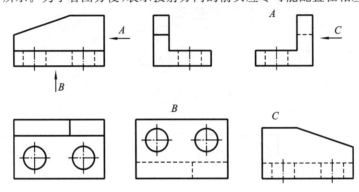

图7-3 向视图的标注

7.1.3 局部视图

当采用一定数量的基本视图后,该机件上仍有部分结构形状尚未表达清楚,而又没有必要再画出完整的基本视图时,可单独将这一部分的结构向基本投影面投影,所得的视图是一个不完整的基本视图,称为局部视图。如图7-4(a)所示的机件,当主、俯两个基本视图画好后,仍有两侧的凸台和其中的一侧肋板厚度没有表达清楚,因此,需要画出表达部分的局部左视图和右视图,如图7-4(b)所示,局部视图的断裂边界用波浪线画出,当所表达的局部结构是完整的,且外轮廓又成封闭时,波浪线可省略不画,如图7-4(b)中的"B 向"。图7-4(c)所示为错误的画法。

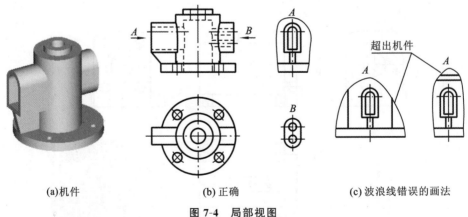

(a)机件   (b) 正确   (c)波浪线错误的画法

图7-4 局部视图

为了看图方便,局部视图应尽量配置在箭头指明投影方向的这一边,并注上同样的字母,如图7-4(b)所示。当局部视图按投影关系配置,中间又没有其他图形时,可省略标注,在实际画图时,用局部视图表达机件可使图形重点突出、清晰明确。

7.1.4　斜视图

　　当机件上某一部分的结构形状是倾斜的,且不平行于任何基本投影面,无法在基本投影面上表达该部分的实形和标注真实尺寸时,可用变换投影面法选择一个与机件倾斜部分平行,且垂直于一个基本投影面的辅助投影面,将该部分的结构形状向辅助投影面投影,然后将此投影面按投影方向旋转到与其垂直的基本投影面,如图 7-5(a)和图 7-5(b)所示。机件向不平行的基本投影面的平面投影所得的视图,称为斜视图。

　　斜视图的配置和标注方法,以及断裂边界的画法与局部视图基本相同,不同点是有时为了合理利用图纸或画图方便,可将图形旋转,如图 7-5(c)所示。画箭头时,一定要垂直于被表达的倾斜部分,而字母要按水平位置书写,在斜视图上方中间位置注出图形的名称"×向",也要按水平书写。若将图形旋转,则在图形的名称后加注" "符号,如图 7-5(c)所示的"A 向"。

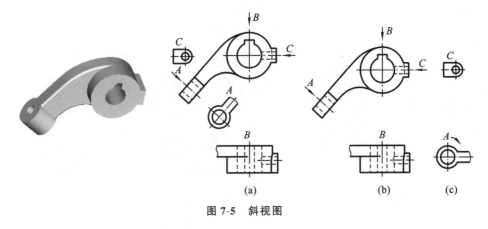

图 7-5　斜视图

7.1.5　旋转视图

　　当机件上某一部分的结构形状是倾斜的,且不平行于任何基本投影面,而该部分又具有曲面轴时,如图 7-6(a)所示,可假想将机件的倾斜部分先旋转到与某一选定的基本投影面平行后,再进行投影,所得的视图称为旋转视图,如图 7-6(b)所示的左视图。

　　旋转视图一般不加注任何标注。

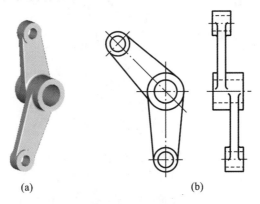

图 7-6　旋转视图

7.2 剖视图

剖视图主要是用来表达机件的内部结构形状。

7.2.1 剖视图的基本概念

1. 什么是剖视图

在前几章里,凡是遇到机件内部有孔时在视图上都用虚线表示,但是当机件的内部形状较复杂时,在视图上就会出现很多虚线,既不便于看图,又不利于尺寸标注,如图 7-7(a)所示。为了解决这个问题,使原来不可见的部分转化为可见,国家标准《机械制图》中规定了剖视图的表达方法。剖视图是假想用一个剖切面把机件分开,移去观察者和剖切面之间的部分,将余下的部分向投影面投影,所画的图形称为剖视图,简称剖视,如图 7-7(b)所示。

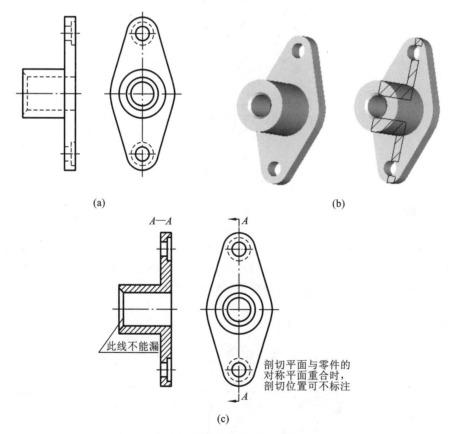

图 7-7　剖视图的形状及画法

剖切面与机件接触的部分,称为断面。国标中规定,在断面图形上应画出剖面符号,不同的材料应采用不同的剖面符号。各种材料的剖面符号如表 7-1 所示,其中规定,金属材料的剖面符号使用与水平方向成 45°且间隔均匀的细实线画出,左右倾斜均可,如图 7-7(c)所示,但要注意同一机件的所有剖面线的倾斜方向和间隔距离必须一致。

表 7-1　各种材料的剖面符号

材　　料		剖　面　符　号	
金属材料(已有规定剖面符号者除外)		木质胶合板(不分层数)	
线圈绕组元件		基础周围的泥土	
转子、电枢、变压器和电抗器等的叠钢片		混凝土	
非金属材料(已有规定剖面符号者除外)		钢筋混凝土	
型砂、填砂、粉末冶金、砂轮、陶瓷刀片、硬质合金刀片等		砖	
玻璃及供观察用的其他透明材料		格网(筛网、过滤网等)	
木材	纵剖面	液体	
	横剖面		

因为剖切是假想的,虽然机件的某个图形画成剖视图,但机件仍是完整的。所以其他图形的表达方案应按完整的机件考虑。

画剖视图的目的在于清楚地表示机件内部结构形状。因此,应该使剖切平面平行于投影面且尽量通过较多的内部结构(孔或沟槽)的轴线或对称中心线。

2. 画剖视图的方法和步骤

下面以图 7-8(a)所示的机件为例来说明画剖视图的方法和步骤。

(1)画出机件的视图,如图 7-8(b)所示。

(2)确定剖切平面的位置,画出断面的图形。取通过两个孔的轴线的平面为剖切平面,画出剖切平面与机件的截交线,得到断面的图形,并画出剖面符号,如图 7-8(c)所示。

(3)画出断面后的可见部分,如图 7-8(d)所示。对于断面后的不可见部分,如果在其他视图上已表达清楚,虚线应该省略,对于没有表达清楚的部分,虚线必须画出,如图 7-8(e)所示。

(4)标注出剖切平面的位置和剖视图的名称。在俯视图上,用剖切符号(线宽 1~1.5b,长 5~10 mm 断开的粗实线)表示出剖切平面的位置,在剖切符号的外侧画出与剖切符号相垂直的箭头来表示投影方向,两侧书写上同一字母,如图 7-8(e)所示的俯视图。在所画的剖视图的上方中间位置要用相同字母标注出剖视图的名称"×－×",如图 7-8(e)所示的主视图。

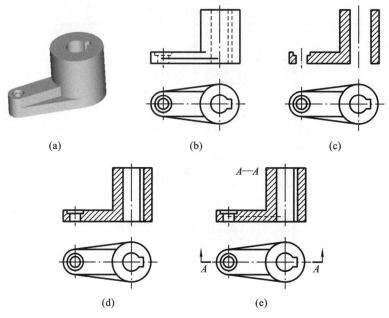

图 7-8　画剖视图的方法步骤

3. 剖视图的标注

为了方便看图,在画剖视图时一般需要标注剖切位置、投射方向和剖视图的名称,标注内容如下。

1)剖切线

剖切线是指明剖切面位置的线,以细点画线表示,如图 7-9(a)所示。剖切线也可省略不画,如图 7-9(b)所示。

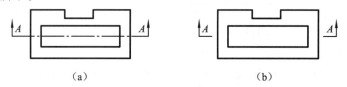

图 7-9　剖视图的标注法

2)剖切符号

剖切符号是指明剖切面的起、讫和转折位置及投射方向(用箭头或粗短画表示)的符号。剖切符号画在剖切位置的迹线处,尽可能不与轮廓线相交。

3)剖视图的名称

在剖视图的上方用"$X—X$"标出剖视图的名称。"X"为大写拉丁字母或阿拉伯数字,在剖切符号的起、讫和转折处标出,位置不够时转折处的字母可以省略,如图 7-9 所示。如果在同一张图样上同时有几个剖视图,其名称应按字母的顺序排列,不得重复。

下列情况下剖视图的内容可简化或省略。

(1)当剖视图处于主、俯、左等基本视图的位置,按投影关系配置,中间又没有其他的图形隔开时可省略箭头。

(2)当单一剖切平面通过对称平面或基本对称的平面,且剖视图按投影关系配置,中间又没有其他的图形隔开时,可不加任何标注。

7.2.2　几种常用的剖视图

1. 按剖切的范围分类

按剖切的范围分类,剖视图可分为全剖视图、半剖视图和局部剖视图三类。

1) 全剖视图

用剖切平面把机件全部剖开所得的剖视图称为全剖视图。

全剖视图主要适用于内部复杂的不对称的机件,如图 7-10 所示,或者外形简单的曲面体,如图 7-11 所示。若剖切平面与机件的对称平面重合,且视图按投影关系配置,中间又没有其他图形隔开,则可以不标注剖切面位置和剖视图的名称;若剖视图与原基本视图不是按投影关系配置,则必须标注剖切平面的位置、看图方向及剖视图的名称。

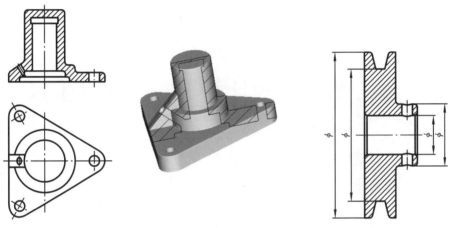

图 7-10　全剖视图　　　　图 7-11　用全剖视图表示简单对称零件

2) 半剖视图

当机件具有对称平面时,在垂直于对称平面的投影面上的投影,可以对称中心线为界,一半画剖视,另一半画成视图,这样的图形称为半剖视图,如图 7-12 所示。

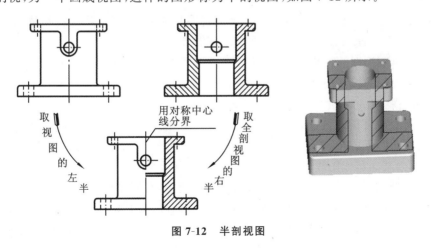

图 7-12　半剖视图

半剖视图主要用于内、外形状都需要表示的对称机件,如图 7-13 所示。当机件的形状接近于对称,且其不对称部分已另有视图表示清楚时,也允许画成半剖视图,如图 7-14 所示。

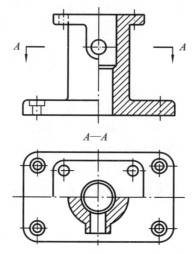

图 7-13　支架的半剖视图

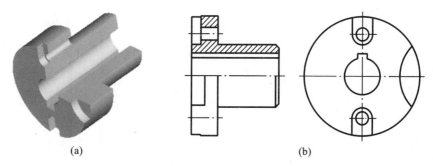

(a)　　　　　　　　　　　　　　　(b)

图 7-14　接近对称的机件的半剖视图

由于半剖视图的图形对称,所以表示外形的视图中的虚线不必画出。

半剖视图的标注规则与全剖视图相同。

画半剖视图时应注意以下几点:

(1)半剖视图是由半个外形视图和半个剖视图组成的,而不是假想将物体剖去 1/4,因此,视图和剖视图之间的分界线是细点画线而不是粗实线。

(2)由于半剖视图的对称性,在表达外形的视图中细虚线应省略不画。

(3)半剖视图的标注规则与全剖视图相同。

3)局部剖视图

用剖切平面局部剖开机件以显示这部分形状,并用波浪线表示剖切范围,这样的图形称为局部剖视图,如图 7-15 所示。局部剖切后,为不引起误解,波浪线不要与图形中其他的图线重合,也不要画在其他图线的延长线上。图 7-16 所示为一些错误的画法。

局部剖切范围的大小,视机件的具体结构形状而定,必要时允许在剖视图中再作一次简单的局部剖视,这时注意两者的剖面线应同方向、同间隔,但要相互错开,如图 7-17 所示。

对于剖切位置明显的局部剖视,一般不必标注。若剖切位置不明显时,则应进行标注,如图 7-17 中标注的 B—B。另外,局部剖视图是一种比较灵活的表示方法,运用好了可使视图简明清晰;但在同一个视图中,局部剖视的数量不宜过多,不然会使图形过于破碎,影响

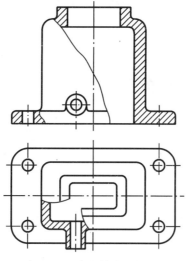

图 7-15　支架的半剖视图

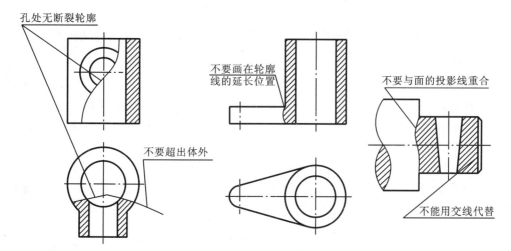

图 7-16　局部剖视的一些错误画法

看图效果。

2. 根据剖切平面和剖切方法的不同进行分类

根据剖切平面和剖切方法的不同进行分类,剖视还可分为斜剖、旋转剖、阶梯剖和复合剖等。

1) 斜剖

当机件上倾斜部分的内形,在基本图形上不能反映实形时,可以用与基本投影面倾斜的平面剖切,再投影到与剖切平面平行的投影面上,得到的图形称为斜剖视图,如图 7-18 所示。

画由单一斜剖切平面剖切获得的剖视图时应注意以下几点。

(1) 该剖视图必须注出剖切符号、投射方向和剖视图名称。

(2) 为了看图方便,该剖视图最好配置在箭头所指方向上,并与基本视图保持对应的投影关系。为了合理利用图纸,也可将图形放平画出,但必须标注"X—X ⌒",⌒为旋转符号,表示旋转方向,字母在箭头端,如图 7-18 所示。

(3) 该剖视图主要用来表达倾斜部分的实形,应避免在该剖视图中表达物体上其余失真的投影,如图 7-18 所示的"A—A ⌒"采用局部剖视图画出,避免了结构的失真投影。

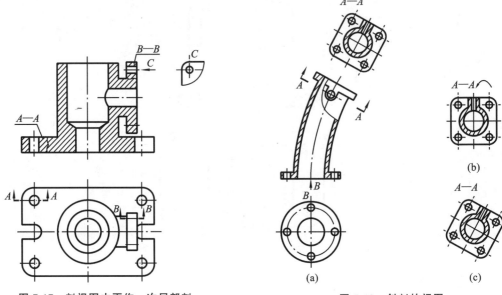

图 7-17　剖视图中再作一次局部剖　　　　　　　　图 7-18　斜剖的视图

2）旋转剖

用两个相交的剖切平面剖开机件,并将被倾斜平面剖切的结构要素及其有关部分旋转到与选定的投影面平行,再进行投影,这样得到的图形称为旋转剖视图(见图 7-19)。

旋转剖视图常用于盘类零件,如凸缘盘、轴承压盖等,以表示孔、槽的形状和分布情形;也可以用于非曲面零件,只要该零件具有一个回转中心,如图 7-20 所示的摇杆。

在画旋转剖视图时,必须标出剖切位置,在它的起始点和转折处,用相同字母标出,并指明投影方向,如图 7-20 所示。但当转折处地方有限时,在不致引起误会的条件下,允许省略字母。

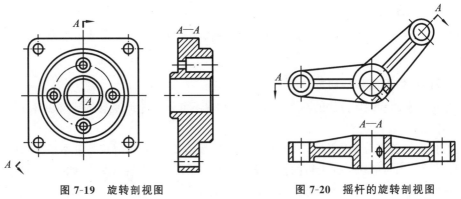

图 7-19　旋转剖视图　　　　　　　　图 7-20　摇杆的旋转剖视图

位于剖切平面后的其他结构一般仍按原来位置投影,如图 7-20 所示。当剖切后产生不完整要素时,应将此部分按不剖绘制,如图 7-21 所示的臂。

3）阶梯剖

有些机件的内形层次较多,用一个剖切平面不能全部表示出来,在这种情况下,可用一组互相平行的剖切平面依次地把它们切开,所得的图形称为阶梯剖视图,如图 7-22 所示。

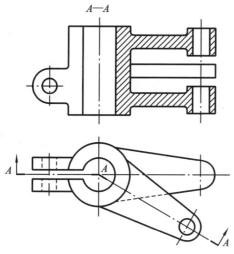

图 7-21　旋转剖切的方法

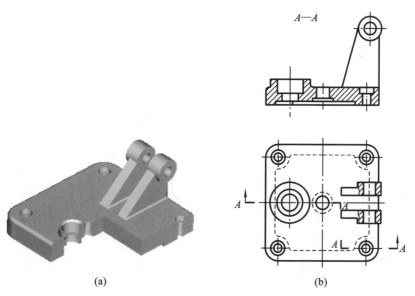

(a)

(b)

图 7-22　阶梯剖

　　在画阶梯剖视图时,必须标出剖视名称,并标明剖切位置,在它的起始点和转折处用相同的字母标出,并指明投影方向。但当转折处空间有限又不致引起误解时,允许省略字母。

　　采用阶梯剖时,应注意以下几点。

　　(1) 在剖视图上,不要画出两个剖切平面转折处的投影(见图 7-24 中的主视图)。

　　(2) 在剖视图上,不应出现不完整要素。只有当两个要素在图形上具有公共对称中心时才允许各画一半,此时,应以中心线或轴线为界(见图 7-23 中的 A—A 剖视图)。

　　(3) 剖切位置线的转折处不应与图上的轮廓线重合(见图 7-24 中的俯视图)。

　　4) 复合剖

　　在用以上各种方法都不能简单而又集中地表示出机件的内形时,可以把它们结合起来应用。

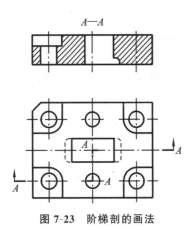

图 7-23　阶梯剖的画法

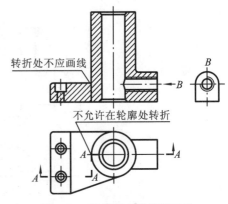

图 7-24　阶梯剖中的错误画法

转折处不应画线

不允许在轮廓处转折

常见的情况是把某一种剖视与旋转剖视结合起来,这样得到的图形称为复合剖视图,如图 7-25 所示。

在画复合剖时,剖切位置、投影方向和剖视名称必须全部标出。图 7-26 所示为把剖切平面展开成同一平面后再投影的图形,这时标注的形式为"×—×"展开。

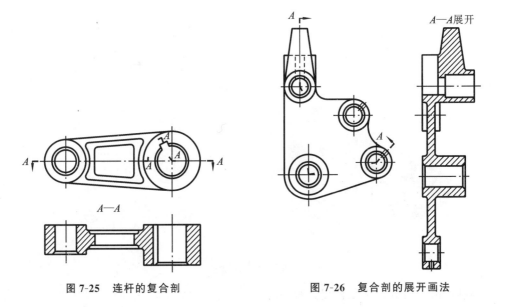

图 7-25　连杆的复合剖　　　　图 7-26　复合剖的展开画法

7.3　断面图

7.3.1　断面图的概念

假想用一个剖切平面将机件的某处切断,仅画出断面的形状,这个图形称为断面图。

图 7-27(a)和(b)所示为一根轴的轴测图和两视图。在图 7-27(b)所示的左视图中,画出了表示各段直径不相同的轴和键槽的投影,图形很不清楚。为了得到具有键槽的这段轴

的断面的清晰形状,可假想在键槽处用一个垂直于轴线的剖切平面将轴切断,如图 7-27(c)所示,画出它的断面图,并在断面图上画出剖面符号,如图 7-27(d)所示。剖视图则如图 7-27(e)所示。

左视图、断面图和剖视图的区别在于:左视图需要画出从左往右投影的所有轮廓线,虚线轮廓也要画;断面图只画出断面的形状,而剖视图除了画出断面的形状外,还要画出断面后其余可见部分的投影。

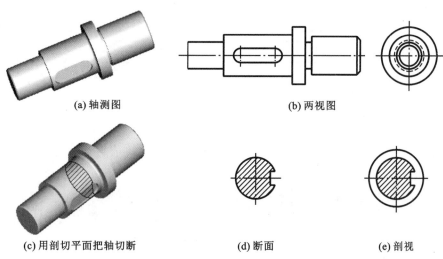

(a) 轴测图　　　　　　　　　　　(b) 两视图

(c) 用剖切平面把轴切断　　　　(d) 断面　　　　(e) 剖视

图 7-27　轴的断面、断面与剖视的区别

7.3.2　断面的种类

根据断面图在绘制时所配置的位置不同,断面可分为移出断面和重合断面两种。

1. 移出断面

画在视图外的断面,称为移出断面,如图 7-28 所示。

移出断面的轮廓线用粗实线画出,并尽量配置在剖面符号或剖切平面迹线的延长线上,如图 7-28(a)所示,剖切平面迹线是剖切平面与投影面的交线,用细点画线表示。

必要时也可将移出断面配置在其他适当位置。在不致引起误解时,允许将图形旋转,其标注形式如图 7-28(f)所示。

一般情况下,在画断面图时只画剖切后的断面形状,但当剖切平面通过机件上的圆孔或圆坑的轴线时,这些结构应按剖视图画出,如图 7-28(e)所示。

为了表示两边斜的肋的断面的真实形状,应使剖切平面垂直于轮廓线,由两个相交平面切出的移出断面,中间应断开,如图 7-28(g)所示。

用圆柱面剖切机件所得到的断面图应展开画出,并注明“×—×展开”,如图 7-29 所示的“A—A 展开”。

2. 重合断面

在不影响图形清晰的条件下,断面也可以画在视图里面,称为重合断面,如图 7-30所示。

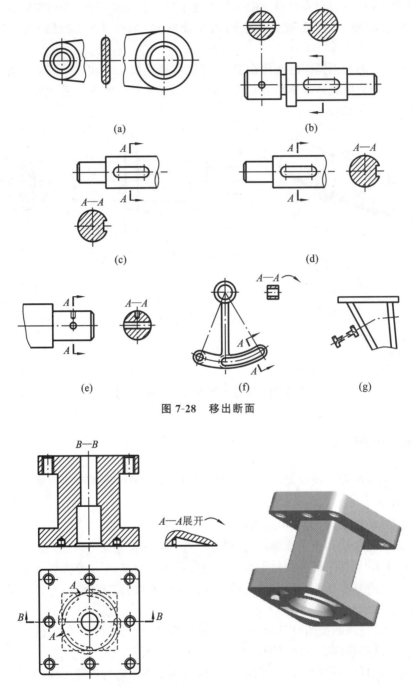

图 7-28　移出断面

图 7-29　用圆柱面剖切所得的断面图

　　重合断面的轮廓线用细实线绘制。当视图的轮廓线与重合断面的图形重合时,视图的轮廓线仍必须完整画出,不可间断,如图 7-31 所示。重合断面图适用于断面形状简单,且不影响图形清晰度的场合。

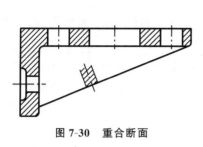

图 7-30　重合断面

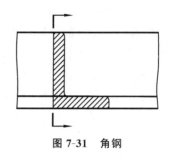

图 7-31　角钢

7.3.3　断面的标注

移出断面的标注方式，如表 7-2 所示。

表 7-2　移出断面的标注

剖切位置		对称的移出断面	不对称的移出断面
在剖切符号（或剖切平面迹线）的延长线上		不必标注	省略字母
不在剖切符号的延长线上	按投影关系配置	省略箭头	省略箭头
	不按投影关系配置	省略箭头	标注全部内容（剖切符号、箭头、字母）

断面的标注应注意以下几点。

（1）移出断面一般应用剖切符号表示剖切位置，用箭头表示投影方向，并注上字母，在断面图的上方用同样的字母标出相应的名称"×—×"，如图 7-28(c)、(d)、(e)所示。

（2）配置在剖切符号延长线上的不对称移出断面，可省略字母，如图 7-28(a)和(b)所示；配置在剖切符号上的不对称重合断面，不必标注字母，如图 7-30 和图 7-31 所示。

（3）不配置在剖切符号延长线上的对称移出断面，以及按投影关系配置的对称移出断面，均可省略箭头。

（4）对称的重合断面（见图 7-30），配置在剖切平面迹线延长线上的对称移出断面（见图 7-29），可以完全不标注。

7.4 常用的简化画法及其他规定画法

国家标准《机械制图》的"图样画法"中规定了一些简化画法、规定画法和其他表示方法。现简要介绍如下。

（1）对于零件上的肋、轮辐及薄壁等，若剖切平面通过板厚的对称平面或轮辐的轴线时，这些结构都不画剖面符号，而用粗实线将它与其邻接部分分开。如图 7-32 中的左视图和图 7-33 中的主视图所示。

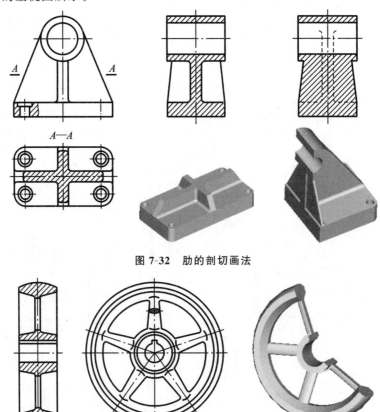

图 7-32 肋的剖切画法

图 7-33 轮辐的剖切画法

但是当剖切平面垂直于肋和轮辐等的对称平面或轴线时,仍应画出剖切符号,如图 7-32 中的俯视图和左视图所示。

(2) 在不致引起误解时,零件图中的移出断面,允许省略剖面符号,如图 7-34(a)所示,但剖切位置和断面图的标注要遵照国家标准规定。

(3) 当机件具有若干相同的结构(如齿、槽等),并按一定规律分布时,只需画出几个完整的结构,其余用细实线连接,但在零件图中则必须注明该结构的总数,如图 7-34(b)所示。

(4) 若干直径相同且成规律分布的孔(圆孔、螺孔、沉孔等),可以仅画出一个或几个,其余只需用点画线表示其中心位置,如图 7-34(c)所示,在零件图中应注明孔的总数。

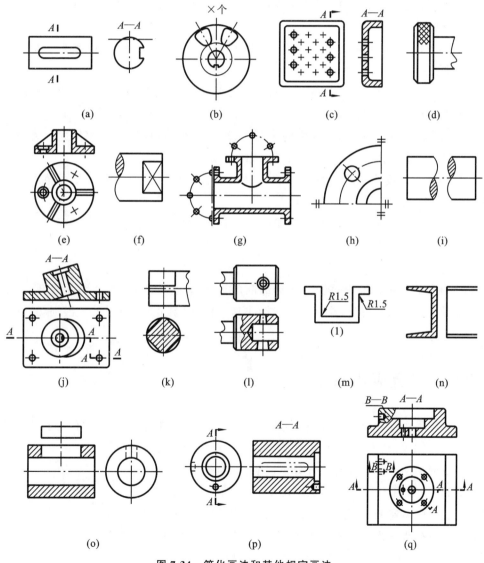

图 7-34　简化画法和其他规定画法

（5）网状物、编织物或机件上的滚花部分，可在轮廓线附近用细实线示意画出，并在零件图上或技术要求中注明这些结构的具体要求，如图 7-34(d) 所示。

（6）当机件的曲面体上均匀分布的肋、轮辐、孔等结构需要表达而又不处于剖切平面时，可以把这些结构旋转到剖切平面上画出，如图 7-34(e) 所示。

（7）当图形不能充分表达平面时，可用平面符号（相交的两细实线）表示，如图 7-34(f) 所示。

（8）圆柱形法兰盘和类似零件上均匀分布的孔可按图 7-34(g) 所示的方法表示。

（9）在不致引起误解时，对于对称机件的视图可只画一半或四分之一，但必须在对称中心线的两端画出两条与其垂直的平行细实线，如图 7-34(h) 所示。

（10）较长的机件（如轴、杆、型材等）沿长度方向的形状一致或按一定规律变化时，可断开后缩短绘制，如图 7-34(i) 所示。

（11）与投影面倾斜角度小于或等于 30° 的圆或圆弧，其投影可用圆或圆弧代替，如图 7-34(j) 所示。

（12）机件上较小的结构，若在一个图形中已表示清楚时，其他图形可简化或省略，如图 7-34(k) 和(l) 所示。

（13）在不致引起误解时，零件中的小圆角、锐边的小倒角或 45° 小倒角允许省略不画，但必须注明尺寸或在技术要求中加以说明，如图 7-34(m) 所示。

（14）机件上斜度不大的结构，若在一个图形中已表达清楚时，其他图形可按小端画出，如图 7-34(n) 所示。

（15）零件上对称的局部视图，可按图 7-34(o) 所示的方法绘制。

（16）在需要表示位于剖切平面前的结构时，这些结构按假想投影的轮廓线绘制，如图 7-34(p) 所示。

（17）在剖视图的剖面中再做一次局部剖，用这种表达方法时，两个剖面的剖面线应同方向、同间隔，但要相互错开，并用引出线标注其名称，如图 7-34(q) 所示。当剖切平面明显时，也可省略标注。

■ 7.5 综合应用举例

前面介绍了机件常用的各种表达方法。当表达一个零件时，应根据零件的具体形状，选用适当的表达方式，画出一组视图，并恰当地标注尺寸，完整、清晰地表达出这个零件的形状和大小。下面举两个例子进行综合分析说明，以供参考。

例 7-1 根据图 7-35 所示轴承座模型的三视图，想象出它的形状，并用恰当的表达形式重新画出这个轴承座的三视图，调整尺寸的标注，更清晰地表达出这个轴承座。

解 按下列步骤进行分析和作图，重画后的轴承座如图 7-36 所示。

（1）由三视图（见图 7-35）想象出轴承座的形状。

这个轴承座是左右对称的零件，前面有方形凸缘，底部有安装板，其主体为安放轴的筒体。筒体的直径是大端为 $\phi60$，小端为 $\phi50$；放置轴的圆柱孔的直径为 $\phi40$ 和 $\phi30$；前面方

形凸缘的尺寸为 60×60,厚 18,四个圆角的半径为 $R8$,角上都有直径为 $\phi6$、深 9 的圆柱盲孔,孔的轴线间的距离在长和高两个方向都为 44。底部安装板尺寸为 144×166,厚度为 10;四个角都是半径为 $R12$ 的圆角;板上有六个相同的通孔,孔径为 $\phi10$。

　　筒体与底板由支架连接,支架左右两壁的厚度由已注尺寸可计算出为 12,前壁厚 9 已注出,后壁厚可计算出为 11,支架的形状和大小读者可对照三视图的尺寸自行阅读和分析。综合分析上述情况,就可想象出这个轴承座的形状,如图 7-35 的轴测图所示。

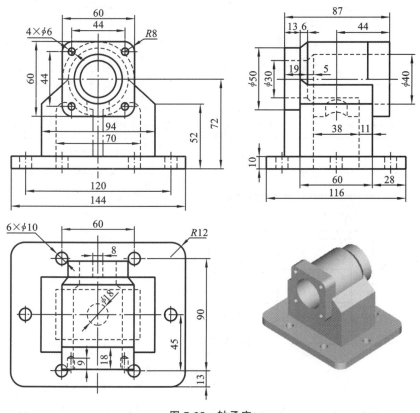

图 7-35　轴承座

　　(2) 选择适当的表达方式。

　　这个轴承座从形体分析的角度来看,原来选择的三视图是合适的,只是如何剖切? 或者是否要补充采取其他表达方式,以便使图样表达得更加清晰明了? 因为这个轴承座左右对称,所以主视图采取半剖视图,这样既保留了外形,又可清晰地表示出被凸缘遮住的筒体及下部不可见的内腔,除了筒体的大小端、肋及它们与支架的连接处外,在剖视图部分已表达清楚的不可见结构,在外形视图部分就不必再画虚线。由于轴承座前后、上下对称,为了使轴承孔和支架的内腔表达得更加清楚,左视图改用全剖视图。又由于剖切平面按纵向剖切肋,肋不画剖面线而用粗实线与筒体、支架、底板分界,肋的断面形状用重合断面表示。由于主、左两个视图已将这个轴承座的内部形状表达清楚,故在俯视图中基本上只要画出外形,仅局部剖开一个直径为 $\phi6$ 的盲孔,并用虚线表示出肋的位置就够了。

（3）调整尺寸。

根据正确、完整、清晰标注尺寸的要求，按已经改绘的图形，适当调整原来在图 7-35 中所标注的部分尺寸，如筒体上的孔 $\phi18$、肋厚度 8、方形凸缘四角处的 $R8$ 和盲孔 $4\times\phi6$ 等。重画后的轴承三视图如图 7-36 所示。

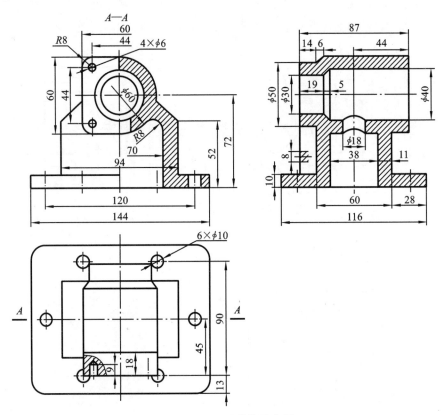

图 7-36　重画后的轴承座图

例 7-2　根据图 7-37 所示泵体的三视图想象出它的形状，并按完整、清晰的要求，选用比较合适的表达方法重画这个泵体，并适当调整尺寸的标注。

解　按下列步骤进行分析，想象出它的形状，重新选择视图和安排尺寸。重画后的泵体图如图 7-38 所示。

（1）由三视图（见图 7-37）想象出泵体的形状。

根据投影关系可以看出，泵体的主体是一个带空腔的长圆形柱体（两端是半圆柱，中部是与两端半圆柱相接的长方体）。这个空腔由三个 $\phi44$、深 30 的圆柱孔拼成，主体的前端还有一个厚度为 10 的凸缘。主体后面有一个"8"字形凸台，凸台上部有 $\phi22$、$\phi16$ 的同轴圆柱孔，$\phi16$ 孔与主体的空腔相通，空腔下部有一个 $\phi16$ 的盲孔，左右两侧是 $\phi24$ 的圆柱，分别钻有 $\phi12$ 的圆柱孔，与主体的空腔相通，底部是一块有凹槽的矩形板，并有两个 $\phi10$ 的圆柱孔。经过这样分析，就可想象出这个泵体的整体形状。

（2）选择适当的表达方式。

图 7-37 中的主视图和左视图，分别能在某些方面较好地反映泵体的形状特征，都可选

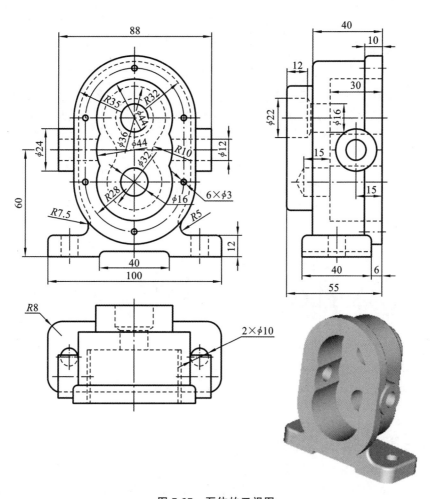

图 7-37　泵体的三视图

做主视图,现在仍选用图 7-37 的主视图为主视图。泵体虽是左右对称,但根据这个泵体的具体形状,主视图不必画半剖视图,而只要把左右两侧的圆柱和孔画成局部剖视即可。因为主视图中不能把"8"字形凸台表示清楚,故增加后视方向的 A 向视图。在左视图中,为了使泵体中许多内部结构都可以显示清楚,并由于泵体的前后、上下都不对称,故采用以左右对称面为剖切平面的全剖视图。这样泵体的主体、两侧、凸台都可表达清楚。对于底板的形状,可增加一个 B 向视图来表示,底板上两个圆柱孔,只要在主视图中用局部剖视表达出其中一个孔就可以了,通过以上分析,俯视图可省略不画,就能完整、清晰地表达出这个泵体的形状了。

(3) 调整尺寸。

根据正确、完整、清晰地标注尺寸的要求,把凸台、底板上的一些尺寸移到有关的局部视图中去,看起来更为醒目,其他尺寸仍在原处标注。重画后的泵体图如图 7-38 所示。

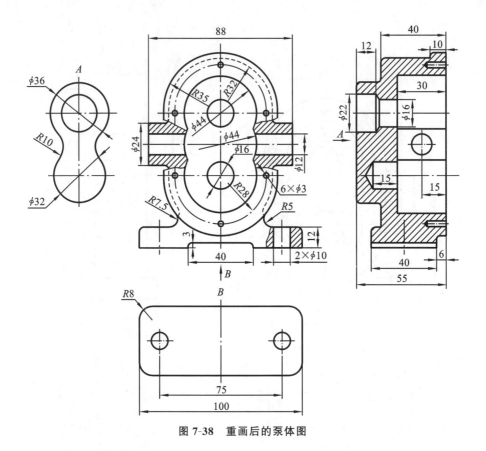

图 7-38　重画后的泵体图

7.6　第三角投影简介

　　根据国家标准(GB/T 17451—1998)规定,我国工程图样按正投影绘制,并优先采用第一角投影,而美国、英国、日本、加拿大等国则采用第三角投影。为了便于国际间的技术交流,下面对第三角投影原理及画法作简要介绍。

7.6.1　第三角投影基本知识

　　如前所述,三个互相垂直的投影面 V、H 和 W 将空间分为了八个区域,每一区域称为一个分角。若将物体放在 H 面之上、V 面之前、W 面之左进行投射,则称为第一角投影;若将物体放置在 H 面之下、V 面之后、W 面之左进行投射,则称为第三角投影。在第一角投影中,物体放置在投影面与观察者之间,形成人—物—面的相互关系,习惯上物体在第一角投影中得到的三视图是主视图、俯视图、左视图;而在第三角投影中,投影面位于观察者和物体之间,就如同隔着玻璃观察物体并在玻璃上绘图一样,即形成人—面—物的相互关系,习惯上物体在第三角投影中得到的三视图是前视图、顶视图和右视图,如图 7-39 所示。

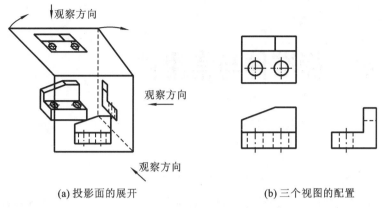

(a) 投影面的展开　　　　　　　　　(b) 三个视图的配置

图 7-39　第三角投影

7.6.2　视图的配置

第三角投影也可以从物体的前、后、左、右、上、下六个方向,向六个基本投影面投影而得到六个基本视图,它们分别是前视图、顶视图、右视图、底视图、左视图和后视图。六个基本视图按图 7-40 所示的方向展开,展开后各基本视图的配置如图 7-41 所示。

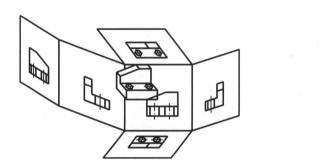

图 7-40　第三角投影中六个基本视图的形成

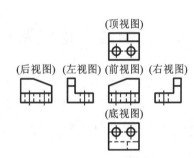

图 7-41　第三角投影中六个基本视图的配置

7.6.3　第三角画法的标志

国家标准(GB/T 14692—1983)中规定,采用第三角画法时,必须在图样中画出第三角投影的识别符号,而在采用第一角画法时,如有必要也可画出第一角投影的识别符号。两种投影的识别符号如图 7-42 所示。

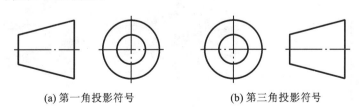

(a) 第一角投影符号　　　　　　　　(b) 第三角投影符号

图 7-42　两种投影法的标志符号

第 *8* 章　标准件与常用件

任何一台机器或部件都是由许多零件组成的,其中有些零件是在机器或部件中经常用到的,如螺栓、螺母、螺钉、垫圈、键、齿轮、弹簧、轴承等。这些零件的用量很大,为了便于成批或大量生产,国家有关部门对这类零件的结构和尺寸等都作了规定,成为标准化、系列化的零件。如螺钉、螺母、螺栓、垫圈、键、销等的结构和尺寸均已标准化,称为标准件;而齿轮、弹簧等的结构和尺寸虽没有全部标准化,但它们结构典型,并有标准参数,称为常用件。

标准件和常用件一般都由专用的机床和专用工具加工,并由专门化的工厂生产。所以标准件和常用件在绘图时不需要完全按真实投影画出,而是采用国家标准规定的画法和标记进行绘图。本章将分别介绍这些零件的结构、画法、标注及有关知识。

8.1　螺纹及螺纹紧固件

任何机器或者部件都是由一些零件组成的,要把制成的零件装配成一体,就需要用一定的方式把它们连接起来。螺纹连接是机器设计中最常用的连接方式之一,它给机器的装配和维修带来了极大的方便。

8.1.1　螺纹

1. 螺纹的形成和结构

螺纹是按照螺旋线原理形成的。圆柱面上一点 A 绕圆柱的轴线作等速旋转运动的同时又沿一条直线作等速直线运动,A 点形成的运动轨迹就是螺旋线,如图 8-1 所示。

在车床上加工螺纹是一种普通的螺纹加工方法,如图 8-2 所示。将工件装夹在车床主

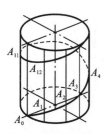

图 8-1　圆柱螺旋线

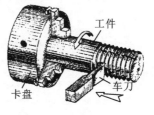

(a) 车外螺纹

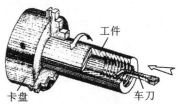

(b) 车内螺纹

图 8-2　用车床加工螺纹

轴的卡盘上,它随主轴作等角速旋转(即绕圆柱的轴线作等角速旋转运动),同时,车刀沿轴线方向作等速移动(即一直沿母线作等速直线运动)。这样当刀尖切入工件达一深度时,就能在工件上车制出螺纹。在圆柱(或圆锥)外表面上形成的螺纹称为外螺纹;在圆柱(或圆锥)内表面上形成的螺纹称为内螺纹。

螺纹的凸起部分称为牙顶,沟槽部分称为牙底。在通过螺纹轴线的剖面上,螺纹的轮廓形状称为螺纹牙型,如图 8-3 所示。

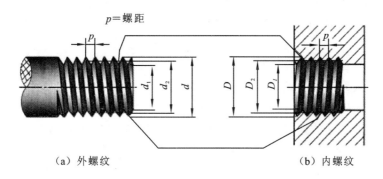

（a）外螺纹   （b）内螺纹

图 8-3   螺纹的牙型、大径、小径和螺距

螺纹件在安装时为防止端部损坏影响旋合,通常在螺纹的端头处制出锥形的倒角或球形倒圆,如图 8-4 所示。

在车削螺纹时,当刀具将要到达螺纹终止处时,要逐渐离开工件,因而在螺纹终止处附近的牙型逐渐变浅,形成不完整的螺纹牙型,这一段螺纹称为螺尾,如图 8-5(a)所示。有时为了避免产生螺尾,在该处预制出一个退刀槽,如图 8-5(b)和(c)所示。螺纹的收尾、退刀槽均已标准化。

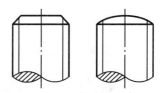

图 8-4   螺纹的倒角、倒圆

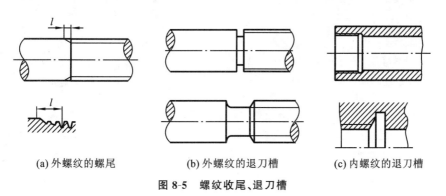

(a)外螺纹的螺尾   (b)外螺纹的退刀槽   (c)内螺纹的退刀槽

图 8-5   螺纹收尾、退刀槽

螺纹一般是在圆柱表面上形成的,称为圆柱螺纹;也可在圆锥表面上形成,称为圆锥螺纹。

2. 螺纹的结构要素

螺纹的结构和尺寸是由牙型、大径和小径、螺距和导程、线数、旋向等要素确定的。当内外螺纹相互旋合时,两者的要素必须相同。国家标准规定的螺纹要素的术语为:

（1）牙型　牙型有三角形、梯形、锯齿形和方形等，不同的牙型有不同的用途。

在通过螺纹轴线的断面上，螺纹的轮廓形状称为螺纹牙型。

（2）公称直径　螺纹有外螺纹和内螺纹之分。与外螺纹牙顶或内螺纹牙底相重合的假想圆柱面的直径称为大径。与外螺纹牙底或内螺纹牙顶相重合的假想圆柱面的直径称为小径。在大径与小径中间，即螺纹牙型的中部，可以找到一个凸起和沟槽轴向宽度相等的位置，该位置对应的螺纹直径称为中径。中径是假想圆柱的直径，假想圆柱称为中径圆柱，中径圆柱的轴线称为螺纹轴线，中径圆柱的母线称为中径线。外螺纹的大径、小径和中径用符号 d、d_1、d_2 表示；内螺纹的大径、小径和中径用符号 D、D_1、D_2 表示，如图 8-3 所示。公称直径是代表螺纹规格尺寸的直径，一般是指螺纹的大径。

（3）线数　螺纹有单线和多线之分，沿一条螺旋线形成的螺纹，称为单线螺纹；沿两条或两条以上螺纹线所形成的螺纹称为多线螺纹。螺纹的线数以 n 表示，如图 8-6 所示。

（4）螺距和导程　螺纹相邻两牙在中径线上对应两点间的轴向距离，称为螺距，用 P 表示。同一条螺距线上的相邻两牙在中径线上对应两点的轴向距离，称为导程，用 S 表示。对于单线螺纹，导程与螺距相等，即 $S=P$；多线螺纹的导程等于线数乘螺距，即 $S=n\times P$。如图 8-6 所示。

（5）旋向　螺纹的旋向有左旋向和右旋向之分。顺时针旋转时旋入的螺纹称为右旋螺纹；逆时针旋转时旋入的螺纹称为左旋螺纹。也可用左右手判别，如图 8-7 所示。工程上常用右旋螺纹，故图纸上不必注明；而左旋螺纹则必须在图纸上注明左旋。

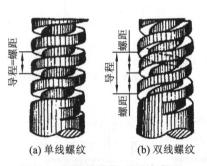

(a) 单线螺纹　　(b) 双线螺纹

图 8-6　螺纹的线数、导程与螺距

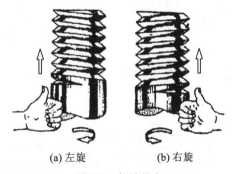

(a) 左旋　　(b) 右旋

图 8-7　螺纹旋向

在螺纹的结构要素中，牙型、公称直径和螺距是决定螺纹最基本的要素，通常称它们为螺纹三要素。凡螺纹三要素符合国家标准的称为标准螺纹；牙型符合标准，而直径或螺距不符合标准的称为特殊螺纹，标注时应在牙型符号前加注"特"字；牙型不符合标准的称为非标准螺纹，如方牙螺纹。

3. 螺纹的种类

按螺纹的用途，可将螺纹分为连接螺纹和传动螺纹两大类。

1）连接螺纹

常用的连接螺纹有粗牙普通螺纹、细牙普通螺纹、圆柱管螺纹和圆锥管螺纹，这些螺纹的牙型均为三角形。普通螺纹的牙型为等边三角形（牙型角为 60°），如图 8-8（a）所示。细牙螺纹和粗牙螺纹的区别是：在大径相同的条件下，细牙螺纹比粗牙螺纹的螺距小。圆柱管螺纹和圆锥管螺纹的牙型为等腰三角形(牙型角为 55°),如图 8-8(b)所示。

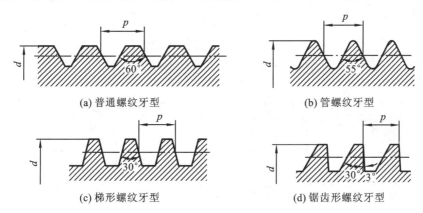

(a) 普通螺纹牙型　　　　　　　　(b) 管螺纹牙型

(c) 梯形螺纹牙型　　　　　　　　(d) 锯齿形螺纹牙型

图 8-8　螺纹牙型

2)传动螺纹

常用的传动螺纹有梯形螺纹、锯齿螺纹和方形螺纹。梯形螺纹的牙型为等腰梯形(牙型角为 30°),如图 8-8(c)所示。锯齿型螺纹的牙型为不等腰梯形,一侧边与铅垂线的夹角为 30°,形成 33°的牙型角,如图 8-8(d)所示。

以上的普通螺纹、管螺纹、梯形螺纹和锯齿形螺纹均为标准螺纹,方牙螺纹为非标准螺纹。

4. 螺纹的规定画法

螺纹的真实投影是比较复杂的。为了简化作图,GB/T 4459.1—1995 规定了螺纹的画法。

1)外螺纹的画法

外螺纹的大径用粗实线表示,小径用细实线表示。螺纹小径按大径的 0.85 倍绘制。在投影为非圆的视图中,小径的细实线应画入倒角内,螺纹终止线用粗实线表示;在投影为圆的视图中,表示小径的细实线圆只画约 3/4 圈,螺杆端面上的倒角圆省略不画,如图 8-9 所示。

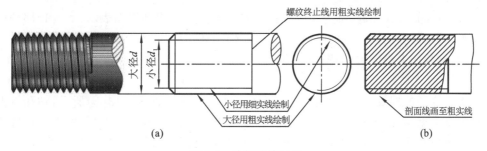

图 8-9　外螺纹的画法

2)内螺纹的画法

内螺纹一般采用剖视图。在投影为非圆的剖视图中,螺纹的大径(牙底)用细实线画,小径(牙顶)用粗实线画。剖面线应画至牙顶粗实线处,如图 8-10(a)所示。螺纹终止线用粗实线画,在投影为圆的视图上表示螺纹大径的圆用 3/4 圈的细实线,表示螺纹小径的圆用粗实线,倒角圆可省略不画,未剖开的视图上螺纹大径、小径及螺纹终止线均画成虚线,如图 8-10(b)所示。

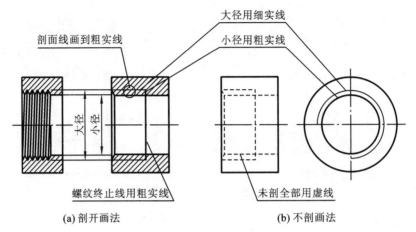

大径用细实线

小径用粗实线

剖面线画到粗实线

螺纹终止线用粗实线

未剖全部用虚线

(a) 剖开画法　　(b) 不剖画法

图 8-10　内螺纹的画法

3) 非标准螺纹的画法

对于标准螺纹只需注明代号,不必画出牙型;而对于非标准螺纹,如方牙螺纹,则需要在零件图上作局部剖视表示牙型,或在图形附近画出螺纹局部放大图,如图 8-11 所示。

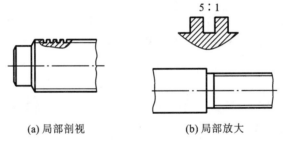

5:1

(a) 局部剖视　　(b) 局部放大

图 8-11　非标准螺纹的画法

4) 内、外螺纹连接的画法

内、外螺纹旋合在一起,称为螺纹连接。螺纹连接一般用剖视图表示,其旋合部分应按外螺纹画,其余部分仍按各自的画法表示。应注意,表示大、小径的粗实线和细实线应分别对齐,而与倒角的大小无关,如图 8-12 所示。

5) 其他规定画法

对于不穿通的螺纹,钻孔深度与螺纹深度要分别画出,如图 8-13(b)所示,钻孔深度一般应比螺纹深度深 $0.5D$(D 为螺孔大径)。又由于钻头锥端角约为 $120°$,所以钻孔底部以下的钻头角应画成 $120°$,如图 8-13(a)所示。螺孔相交时,只需画出钻孔的交线(用粗实线表示),如图 8-14 所示。

5. 螺纹的代号及标注

各种螺纹的画法都相同,为了便于区别,每一种螺纹都有规定的代号和标记,在图纸上必须标注螺纹的规定代号或标记。各种螺纹的标注格式如表 8-1 所示,下面介绍其中主要的几种。

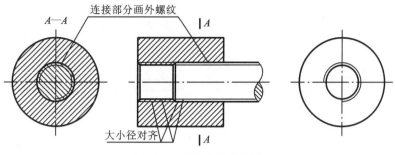

图 8-12 螺纹连接的画法

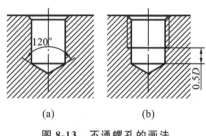

(a)　　　　(b)

图 8-13 不通螺孔的画法

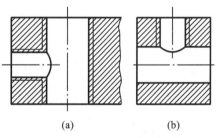

(a)　　　　(b)

图 8-14 螺孔相交画法

表 8-1 各种螺纹的标注格式

螺纹种类	标注图例	代号的含义	说 明
粗牙 普通螺纹	M10−5g6g−S 20 M10LH−7H−L 20	M10−5g6g−S 短旋合长度 顶径公差带 中径公差带 螺纹大径 M10LH−7H−L 长旋合长度 中径和顶径公差带(相同) 旋向(左旋)	(1)粗牙不标注螺距； (2)单线右旋不标注线数和旋向，多线和左旋要标注； (3)中径和顶径公差带相同时，只标注一个代号，如7H； (4)旋合长度为中等长度时，不标注； (5)图例中所注的螺旋长度不包括螺尾
细牙 普通螺纹	M10×1−6g 20	M10×1−6g 螺距	(1)细牙要标注螺距； (2)其他规定与粗牙普通螺纹相同

续表

螺纹种类	标注图例	代号的含义	说　明
非螺纹密封的管螺纹	G1A　　G1	G 1 A ┃公差等级 尺寸代号	（1）管螺纹的尺寸代号不是螺纹大径,其数值等于管子的内径,单位为英寸（1 英寸＝2.54 cm）,作图时应据此查出螺纹大径;
用螺纹密封的圆柱管螺纹	Rp1　　Rp1	Rp 1 ┃尺寸代号	（2）管螺纹的标注一律注在引线上（不能以尺寸方式标注）,引出线应由大径处引出（或由对称中心线引出）;
用螺纹密封的圆锥管螺纹	R1/2　　Rc1/2	外螺纹R1/2 内螺纹Rc1/2	（3）右旋的旋向省略不标注
单线梯形螺纹	Tr36×6−8e	Tr36×6−8e ┃公差带代号 螺距(导程=螺距) 螺纹大径	（1）要标注螺距; （2）多线的还要标注导程; （3）右旋的旋向省略不标注,左旋要标注 LH;
多线梯形螺纹	Tr36×12(P6)LH−8e−L	Tr36×12(P6)LH−8e−L ┃长旋合长度 左旋 螺距 导程	（4）旋合长度分为中等（N）和长（L）两组,中等旋合长度符号 N 可以不标注

1）普通螺纹

普通螺纹的牙型代号为 M,其直径、螺距可查阅相关的标准规定。同一公称直径的普通螺纹,其螺距为一种粗牙和一种或一种以上的细牙,因此在标注细牙普通螺纹时,必须标出螺距。

普通螺纹的标注格式如下:

| 螺纹代号 | 公称直径 | × | 螺距 | 旋向 | — | 中径公差带代号 | 顶径公差带代号 | — | 旋合长度代号 |

例如:

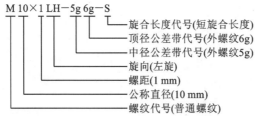

$$M\ 10×1\ LH−5g\ 6g−S$$

旋合长度代号(短旋合长度)
顶径公差带代号(外螺纹6g)
中径公差带代号(外螺纹5g)
旋向(左旋)
螺距(1 mm)
公称直径(10 mm)
螺纹代号(普通螺纹)

如果中径与顶径公差代号相同,则只注一个代号。

例如,M10—6H 表示公称直径为 10 mm,右旋的粗牙普通螺纹（粗牙普通螺纹不标螺距),中径和顶径公差带皆为 6H,旋合长度按中等考虑。

对于常用的内外螺纹公差带的规定如下。

(1) 内螺纹的基本偏差有 G、H 两种,外螺纹的基本偏差有 e、f、g、h 四种,中径和顶径的基本偏差相同。

(2) 内螺纹中径和顶径的公差等级有 4、5、6、7、8 五种;外螺纹顶径公差等级有 4、6、8 三种;中径的公差等级有 3、4、5、6、7、8、9 七种。

螺纹的旋合长度有短(S)、中(N)、长(L)三种,相应的长度可以根据螺纹大径及螺距从表 8-1 中查出,一般多采用中等,不标注旋合长度。

内、外螺纹旋合在一起时,标记中的公差代号用斜线分开。

例如:

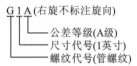

M10×1−6H/6g
└─── 外螺纹的中径和顶径公差带(两者相同)
└─── 内螺纹的中径和顶径公差带(两者相同)
└─── 细牙普通螺纹公称直径10 mm,螺距1 mm

2) 管螺纹

管螺纹只标注牙型代号、公称直径和旋向。标注格式如下:

| 螺纹代号 | 尺寸代号 | 公差等级 | 旋向 |

例如:

G 1 A(右旋不标注旋向)
└─── 公差等级(A级)
└─── 尺寸代号(1英寸)
└─── 螺纹代号(管螺纹)

管螺纹的尺寸代号不是螺纹的大径,而是管子孔径的近似值,管螺纹的大径、小径和螺距可查阅相关的标准规定。

3) 梯形螺纹与锯齿形螺纹

梯形螺纹的牙型代号为 Tr,标注格式如下:

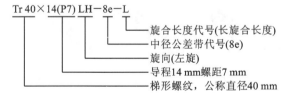

| 螺纹代号 | 公称直径 | × | 导程(螺距) | 旋向 | — | 中径公差代号 | — | 旋合长度代号 |

例如:

Tr 40×14(P7) LH−8e−L
└─── 旋合长度代号(长旋合长度)
└─── 中径公差带代号(8e)
└─── 旋向(左旋)
└─── 导程14 mm螺距7 mm
└─── 梯形螺纹,公称直径40 mm

如果是单线螺纹,只需标注螺距,右旋不标注,中等旋合长度不标注。

4) 非标准螺纹

非标准螺纹应画出牙型,并注出所需要的尺寸,如图 8-15 所示。

5) 特种螺纹

特种螺纹的标注应在螺纹特征符号前加注"特"字,并注出大径和螺距,如图 8-16 所示。

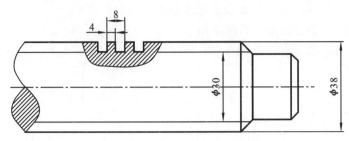

图 8-15 非标准螺纹的标注

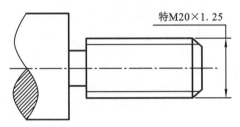

图 8-16 特种螺纹的标注

8.1.2 螺纹紧固件

1. 紧固件的种类及标记

常见的螺纹紧固件有螺栓、双头螺柱、螺钉、螺母、垫圈等,如图 8-17 所示。螺纹紧固件的结构、尺寸均已标准化,属于标准件,由专门的工厂生产。常用螺纹紧固件及其规定标记如表 8-2 所示。

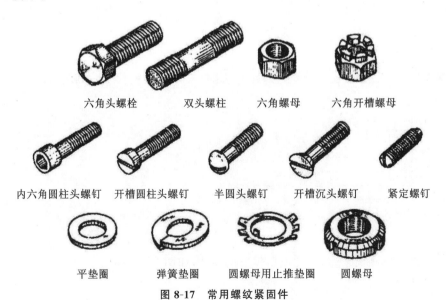

图 8-17 常用螺纹紧固件

表 8-2　常见螺纹紧固件及其规定标记

名　称	规定标记示例	名　称	规定标记示例
六角头螺栓	螺栓 GB/T 5780—2016 M12×50	开槽长圆柱端紧定螺钉	螺钉 GB/T 75—2018 M12×50
双头螺柱 A 型	螺柱 GB/T 897—1988 AM12×50	内六角圆柱头螺钉	螺钉 GB/T 70.1—2008 M12×50
开槽圆柱头螺钉	螺钉 GB/T 65—2016 M12×50	六角螺母—C 级	螺母 GB/T 41—2016 M12
十字槽盘头螺钉	螺钉 GB/T 818—2016 M12×50	六角开槽螺母	螺母 GB/T 6178—1986 M16
开槽沉头螺钉	螺钉 GB/T 68—2016 M12×50	垫圈	垫圈 GB/T 97.1—2002—16
开槽锥端紧定螺钉	螺钉 GB/T 71—2018 M12×50	标准型弹簧垫圈	垫圈 GB/T 93—1987—16

2. 螺纹紧固件的画法

螺纹紧固件是标准件,其结构尺寸数据可以从有关的手册中查得。但是为了画图方便,提高绘图速度,螺纹紧固件各部分的尺寸都可以按螺纹大径 d(或 D)的一定比例数值画,而对于螺纹紧固件的有效长度 L,需经计算后参考长度标准选定。

常见螺纹紧固件的比例画法如图 8-18 所示。

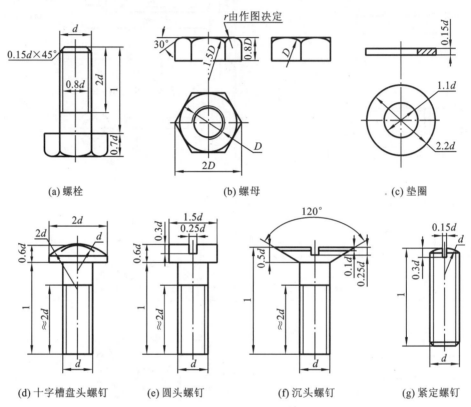

图 8-18　常见螺纹紧固件的比例画法

3. 螺纹紧固件连接的画法

螺纹紧固件的连接就是运用一对内、外螺纹的连接作用来连接紧固一些零部件。常见的螺纹紧固件有螺栓、螺母、垫圈等,由它们将两零件连接在一起。在画螺纹紧固件连接时,要注意以下几点。①两零件接触表面只画一条线,不接触表面,无论间隙多小,要画两条直线。②当剖切平面通过螺杆的轴线时,螺栓、螺柱、螺母、螺钉及垫圈等均按未剖切绘制,即只画出其外形;但垂直于螺杆轴线剖切时,则应按剖视图的规定绘制。③在剖视图中,相邻两零件的剖面线方向应相反;无法做到时,应互相错开,但同一零件在各个剖视图中的剖面线方向和间隔应一致。

1) 螺栓连接

螺栓连接是将两个不太厚的零件连接在一起,这两个零件钻成通孔,螺栓穿过去,再装上垫圈拧紧螺母。连接的画法如图 8-19 所示。

螺栓的有效长度 L 的确定公式如下:

$$L = \delta_1 + \delta_2 + 0.15d(\text{垫圈厚}) + 0.8(\text{螺母厚}) + 0.3d$$

式中:δ_1、δ_2 为两零件的厚度,$0.3d$ 是螺栓末端的伸出高度。

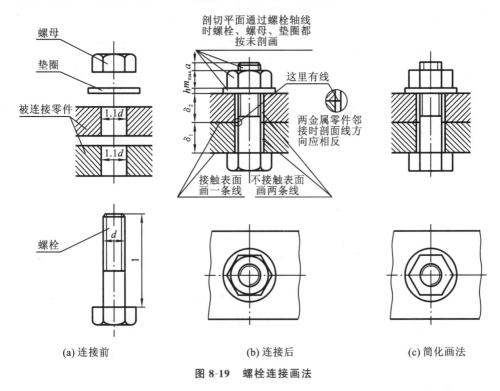

(a) 连接前   (b) 连接后   (c) 简化画法

图 8-19 螺栓连接画法

根据以上估算的数值,按标准长度系列选取与其相适应的数值。螺纹的终止线低于两零件通孔的顶面,以便拧紧螺母时有足够的螺纹长度。

2)双头螺柱连接

双头螺柱连接是将一个较薄零件和一个较厚零件连接在一起,较薄的零件上钻通孔,而较厚的零件上钻不穿通的螺孔(内螺纹),连接时,将螺柱的一端拧入较厚零件的螺孔中,另一端穿过较薄的零件上的通孔,套上垫圈,再用螺母拧紧。

双头螺柱的连接画法如图 8-20 所示。

画双头螺柱连接时,要注意以下几点。

(1)双头螺柱的旋入端长度 L_1 的值与零件的材料有关,对于钢或青铜,$L_1 = d$;对于铸铁,$L_1 = 1.25d$ 或 $1.5d$;对于铝合金,$L_1 = 2d$。

(2)旋入端全部拧入零件的螺孔内,所以终止线与零件端面应平齐。

(3)双头螺柱的长度为:

$$L = \delta + 0.15d(垫圈厚) + 0.8(螺母厚) + 0.3d$$

(4)零件上螺孔深度应大于旋入端的螺纹长度 L_1,在画图时,螺孔的螺纹深度可按 $L_1 + 0.5d$ 画出,钻孔的深度可按 $L_1 + d$ 画出。

(5)采用弹簧垫圈的画法如图 8-18(b)所示。

3)螺钉连接

螺钉连接的两个零件的连接方式同双头螺柱的相同。较厚的零件加工成不穿通的螺孔(多为盲孔),较薄的零件加工成光孔,将螺钉穿过光孔而旋入螺孔,靠螺钉头部压紧,将两被

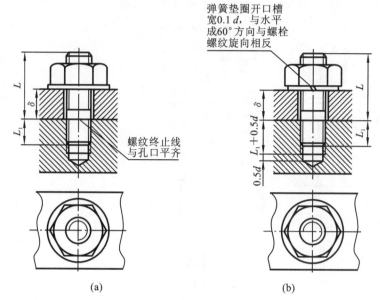

弹簧垫圈开口槽
宽0.1 *d*, 与水平
成60°方向与螺栓
螺纹旋向相反

螺纹终止线
与孔口平齐

(a)   (b)

图 8-20   双头螺柱连接画法

连接零件连在一起。螺钉连接多用于受力不大的情况下。螺钉连接的画法如图 8-21 所示。

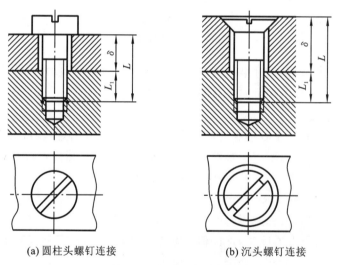

(a) 圆柱头螺钉连接   (b) 沉头螺钉连接

图 8-21   螺钉连接画法

螺钉连接画图时应注意以下几点。

（1）螺钉的有效长度 L 应按下式估算：

$$L = \delta + L_1$$

式中：L_1 根据被旋入零件的材料而定（见双头螺柱），然后根据估算值选取标准系列数值。

（2）为了使螺钉能压紧被连接零件，螺钉的螺纹终止线应高出螺孔的端面或螺杆全长上都有螺纹。

（3）螺钉头上的一字槽在投影为非圆的视图上时，缺口应面向观察者并按一定比例画出；而在投影为圆的视图上，通常将一字槽画成与中心线成45°。

（4）当槽宽小于 2 mm 时,可涂黑表示。

图 8-22 所示为紧定螺钉连接的画法。

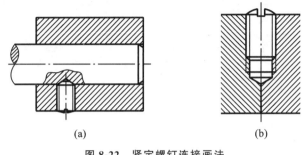

　　　　(a)　　　　　　　　　　　　　　(b)

图 8-22　紧定螺钉连接画法

8.2　键连接与销连接

8.2.1　键连接

　　为使轴与轮连接在一起转动,通常在轴和轮孔中分别加工出键槽,将键嵌入或将轴加工成花键,轮孔加工成花键孔,这种连接称为键连接。这里应该强调轮孔中键槽是穿通的。键连接是可拆连接。键连接可分为键连接和花键连接。

　　常用的键有普通平键、半圆键和钩头楔键等,如图 8-23 所示,其中应用最广的是普通平键。

　(a) 普通平键　　　　　(b) 半圆键　　　　　(c) 钩头楔键

图 8-23　常用的键

1. 键的形式及标记

键是标准件,画图时可根据有关标准查得相应的尺寸及结构。

1）普通平键

普通平键有 A 型（圆头）、B 型（方头）和 C 型（单圆头）三种,其形状和尺寸如图 8-24 所示。标记时,A 型平键省略"A",而 B 型或 C 型平键应写出"B"或"C"。

例如,$b=18$ mm,$h=11$ mm,$L=100$ mm 的圆头普通平键,应标记为:

$$键 18×100 \quad GB/T 1096—2003$$

又如,$b=18$ mm,$h=11$ mm,$L=100$ mm 的单圆头普通平键,应标记为:

$$键 C18×100 \quad GB/T 1096—2003$$

机械制图

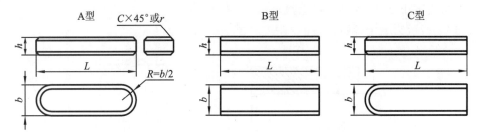

图 8-24　普通平键的形状和尺寸

2）半圆键

半圆键的形状和尺寸如图 8-25 所示。

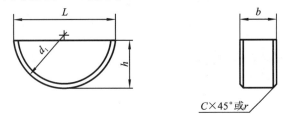

图 8-25　半圆键的形状和尺寸

若 $b=6$ mm，$h=10$ mm，$d_1=25$ mm，则标记为：

键 $6\times10\times25$　GB/T 1099.1—2003

3）楔键

楔键有普通楔键和钩头楔键两种。普通楔键有 A 型（圆头）、B 型（方头）和 C 型（单圆头）三种，钩头楔键只有一种，它们的形状和尺寸如图 8-26 所示。

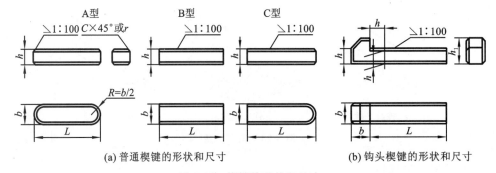

(a) 普通楔键的形状和尺寸　　　　(b) 钩头楔键的形状和尺寸

图 8-26　楔键的形状和尺寸

标记时，对于普通楔键 A 型可省略"A"字，B 型或 C 型必须写出"B"或"C"。

例如，圆头普通楔键 $b=16$ mm，$h=10$ mm，$L=100$ mm，则标记为：

键 16×100 GB/T 1564—2003

方头普通楔键 $b=16$ mm，$h=10$ mm，$L=100$ mm，则标记为：

键 B16$\times$100 GB/T 1564—2003

钩头楔键 $b=16$ mm，$h=10$ mm，$L=100$ mm，则标记为：

键 16×100 GB/T 1565—2003

168

2. 键连接的画法

1）普通平键

普通平键的两侧面为工作面,连接时,平键的两侧面与轴和轮毂键槽侧面之间相互接触,没有间隙,因此只画一条线;而键与轮毂的键槽顶面之间是非工作面,不接触,应留有间隙,因此画两条线,如图 8-27 所示。

2）半圆键

半圆键一般用在载荷不大的传动轴上,它的连接情况与普通平键相似,即两侧面为工作面与键槽相互接触,顶面有间隙,其画法如图 8-28 所示。

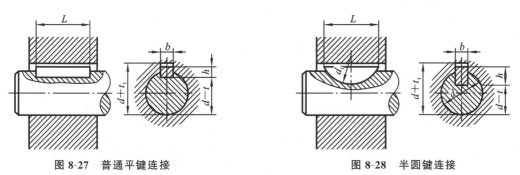

图 8-27　普通平键连接　　　　　　　　图 8-28　半圆键连接

3）楔键

楔键顶面是 1∶100 的斜度,装配时沿轴向将键打入键槽内,直至打紧为止,因此,它的上、下两面为工作面,两侧面为非工作面,画图时侧面应留间隙,如图 8-29 所示。

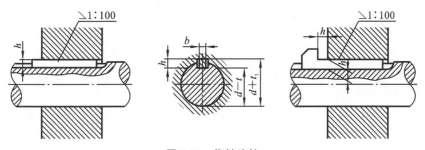

图 8-29　楔键连接

8.2.2　花键连接

花键将键和键槽直接做在轴上和轮孔内,与它们成为一个整体,如图 8-30 所示。将花键轴装入花键孔内,能传递较大的扭矩,连接可靠,并且被连接零件之间的同轴度和导向性好。花键的齿形有矩形、渐开线形和三角形等,最常用的是矩形花键,这里我们主要介绍矩形花键。

1. 矩形花键的画法

矩形花键的结构和尺寸已标准化,国家标准(GB/T 4459.3—2000)对它的画法有如下规定。

1）花键轴的画法（外花键）

在与花键轴线平行的投影面上的投影中，大径画粗实线，小径画细实线，花键工作长度的终止线和尾部长度末端均用细实线来画，尾部斜线与轴线成 30° 倾角；在与花键轴线垂直的投影面上，可画成一部分或全部齿形，如图 8-31 所示。

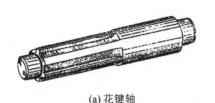

(a) 花键轴　　　　　　　　(b) 齿轮上的花键孔

图 8-30　花键

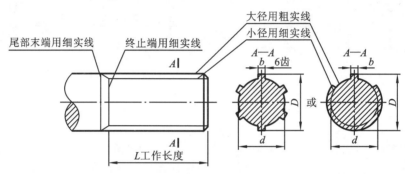

图 8-31　外花键的画法

2）花键孔的画法（内花键）

在平行于花键轴线的投影面上画成剖视图，大、小径均画成粗实线；在垂直于轴线的投影面上，用局部视图画出全部齿形或一部分齿形，如图 8-32 所示。

3）花键连接画法

内、外花键连接用剖视图表示，连接部分按外花键画法画，非连接部分按各自画法画，如图 8-33 所示。

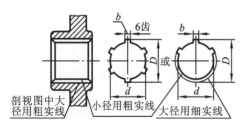

图 8-32　内花键的画法

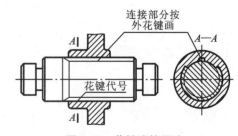

图 8-33　花键连接画法

2. 矩形花键标注

矩形花键的标注有两种方法：一种是在图上注出大径（D）、小径（d）、键宽（b）、齿数（N）和工作长度（L），如图 8-31 和图 8-32 所示；另一种方法是用指引线在大径上注出花键代号，如图 8-33 所示，代号形式为：$N×d×D×b$，例如，6×45×50×12 表示小径为 45 mm，大径为 50 mm,键宽为 12 mm 的 6 齿矩形花键。

8.2.3 销连接

销常用来连接和固定零件,或者在装配时起定位作用。销连接是一种可拆连接,销是标准件,常用的有圆柱销、圆锥销和开口销三种,如图 8-34 所示。

(a) 圆柱销   (b) 圆锥销   (c) 开口销

图 8-34 常用的销

常用销的形式、规定标记和连接画法见表 8-3。

表 8-3 常用销的形式、规定标记及连接画法

名称	形 式	规定标记示例	连接画法示例
圆柱销		销 GB/T 119.1—2000 6 m6×30(公称直径 d =6 mm,公差为 m6,长度 L = 30 mm,材料为钢,不淬火,不经表面处理)	
圆锥销		销 GB/T 117—2000 A10×60(A 型,公称直径 d = 10 mm,长度 L = 60 mm,材料为 35 钢,热处理硬度 28～38HRC,表面氧化)	
开口销		销 GB/T 91—2000 8 ×50(公称直径 d = 8 mm,长度 L = 50 mm,材料为低碳钢,不经表面处理)	

8.3　齿轮

齿轮广泛地应用于机器或部件中，它可以将一个轴的转动传递给另一个轴，实现减速、增速、变向和换向等动作。齿轮的种类很多，根据用途和传动情况可分为以下三类。

（1）圆柱齿轮：用于两平行轴之间的传动，如图 8-35(a)所示。

（2）圆锥齿轮：用于两相交轴之间的传动，如图 8-35(b)所示。

（3）蜗轮和蜗杆：用于两交叉轴之间的传动，如图 8-35(c)所示。

(a) 圆柱齿轮　　　　　(b) 圆锥齿轮　　(c) 蜗轮和蜗杆

图 8-35　常见的齿轮传动

根据齿廓形状，齿轮又可分为渐开齿轮、摆线齿轮和圆弧齿轮等，这里仅介绍渐开线齿轮的基本知识和规定画法。

8.3.1　圆柱齿轮

圆柱齿轮有直齿、斜齿和人字齿等几种。

1. 直齿圆柱齿轮各部分的名称和代号

图 8-36 是两个圆柱齿轮啮合的示意图，由图可看出圆柱齿轮各部分的几何要素。

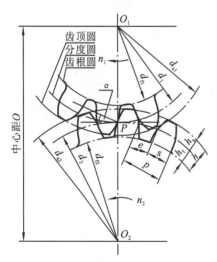

图 8-36　啮合圆柱齿轮示意图

（1）齿顶圆　通过轮齿顶部的圆称为齿顶圆，它是齿轮上最大的圆，其直径用 d_a 表示。

（2）齿根圆　通过轮齿根部的圆称为齿根圆，其直径用 d_f 表示。

（3）节圆和分度圆　如图 8-36 所示，O_1、O_2 分别为两啮合齿轮的中心，在 O_1O_2 的连线上，两齿轮有一个齿廓啮合接触点 P（称为节点）。分别以 O_1、O_2 为圆心、O_1P、O_2P 为半径作圆，这两个圆称为齿轮的节圆，其直径用 d' 表示。在加工齿轮时，作为齿轮轮齿分度的圆称为分度圆，其直径用 d 表示。对于标准齿轮来说，节圆直径和分度圆直径相等。对于单个齿轮而言，分度圆是设计制造齿轮时进行各部分尺寸计算的基准圆。

（4）齿高、齿顶高、齿根高　齿顶圆与齿根圆之间的径向距离称为齿高，用 h 表示；齿顶圆与分度圆之间的径向距离称为齿顶高，用 h_a 表示；分度圆与齿根圆之间的径向距离称为齿根高，用 h_f 表示。齿高是齿顶高与齿根高之和，即 $h = h_a + h_f$。

（5）齿距、齿厚、齿槽宽　在分度圆上，相邻两齿的对应点之间的弧长称为齿距，用 p 表示；在分度圆上一个轮齿齿廓间的弧长称为齿厚，用 s 表示；在分度圆上一个齿槽齿廓间的弧长称为齿槽宽，用 e 表示，对于标准齿轮来说，$s = e$，$p = s + e$。

（6）模数　以 z 表示齿轮的齿数，那么，分度圆的周长 $= \pi d = z p$，即 $d = p/\pi z$，令 $p/\pi = m$，则 $d = mz$。其中，m 就称为齿轮的模数，它等于齿距 p 与 π 的比值。因为两啮合齿轮的齿距 p 必须相等，所以它们的模数也必须相等。

模数 m 是设计和制造齿轮的重要参数。模数越大，轮齿就越大；模数越小，轮齿就越小。不同模数的齿轮，要用不同模数的刀具来加工制造，为了减少加工齿轮刀具的数量，GB/T 1357—2008 对齿轮的模数作了统一规定，如表 8-4 所示。

表 8-4　齿轮标准模数系列

第一系列	0.1	0.12	0.15	0.2	0.25	0.3	0.4	0.5	0.6	0.8	1
	1.25	1.5	2	2.5	3	4	5	6	8	10	12
	16	20	25	32	40	50					
第二系列	0.35	0.7	0.9	1.75	2.25	2.75	(3.25)	3.5	(3.75)	4.5	5.5
	(6.5)	7	9	(11)	14	18	22	28	(30)	36	45

注：（1）本表适用于渐开线圆柱齿轮。对于斜齿轮来说，标准模数是指法面模数。

（2）在选用模数时，应优先选用第一系列，其次是第二系列，括号内的模数尽可能不用。

（7）压力角　在节点 P 处，如图 8-36 所示，两齿廓曲线的公法线（即齿廓的受力方向）与两节圆的内公切线的夹角称为压力角，以 α 表示。我国标准齿轮的压力角一般为 20°。

注意　只有模数和压力角都相等的齿轮才能相互啮合。

（8）传动比　主动齿轮的转数 n_1（转数/分）与从动齿轮的转数 n_2（转数/分）之比，以 i 表示，即 $i = n_1/n_2$。用于减速的一对啮合齿轮，其传动比 $i > 1$。另外，由 $n_1 z_1 = n_2 z_2$，可得 $i = n_1/n_2 = z_2/z_1$。

2. 几何尺寸计算

当齿轮的模数、齿数和压力角确定后，可按表 8-5 所示的计算公式计算出齿轮各部分的尺寸。

表 8-5　直齿圆柱齿轮各基本尺寸的计算公式及举例

基本参数：模数 m，齿数 z			已知：$m = 2$，$z = 29$
名　称	代　号	计算公式	计算举例
齿距	P	$p = \pi m$	$p = 6.28$
齿顶高	h_a	$h_a = m$	$h_a = 2$
齿根高	h_f	$h_f = 1.25 m$	$h_f = 2.5$
齿高	h	$h = 2.25 m$	$h = 4.5$

续表

基本参数:模数 m,齿数 z				已知:$m=2$,$z=29$
名　称	代　号	计 算 公 式		计 算 举 例
分度圆直径	d	$d=mz$		$d=58$
齿顶圆直径	d_a	$d_a=m(z+2)$		$d_a=62$
齿根圆直径	d_f	$d_f=m(z-2.5)$		$d_f=53$
中心距	a	$a=m(z_1+z_2)/2$		

3. 圆柱齿轮的规定画法

如果按实际投影绘制齿轮,既麻烦又没有必要,因此,国家标准 GB/T 4459.2—2003 规定了齿轮的画法。

1)单个圆柱齿轮的画法

单个圆柱齿轮一般用两个基本视图表达,如图 8-37 所示。按国家标准规定,齿顶圆和齿顶线用粗实线绘制,分度圆和分度线用点画线绘制,齿根圆和齿根线用细实线绘制(也可省略不画)。在剖视图中,当剖切平面通过齿轮轴线时,轮齿一律按不剖处理,齿根线用粗实线绘制,如图 8-37(b)所示。若为斜齿或人字齿,则可将非圆视图画成半剖视图或局部剖视图,并用三条细实线表示轮齿的方向,如图 8-37(c)和(d)所示。

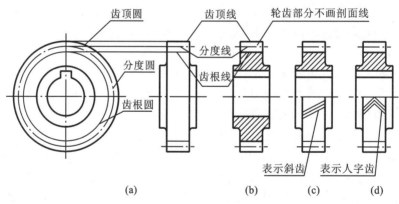

图 8-37　圆柱齿轮的规定画法

2)圆柱齿轮啮合画法

两标准齿轮相互啮合时,它们的分度圆相切,此时分度圆又称节圆。在投影为圆的视图中,啮合区内的齿顶圆用粗实线绘制,如图 8-38(a)所示,有时也可省略,如图 8-38(b)所示。相切的两节圆用点画线绘制。齿根圆用细实线画出,也可省略不画。

在非圆的视图中,若采用剖视,如图 8-38(a)所示,在啮合区内,将一个齿轮的轮齿用粗实线绘制,另一个齿轮的轮齿被遮挡的部分用虚线绘制。啮合区的齿顶线不需画出,节线用粗实线绘制,其他处的节线仍用点画线绘制,如图 8-38(c)和(d)所示。

在齿轮啮合区,主、从动齿轮的详细画法如图 8-39 所示。在啮合区的剖视图中,由于齿根高与齿顶高相差 $0.25m$,因此一个齿轮齿顶线与另一个齿轮的齿根线之间,应有 $0.25m$ 的间隙。

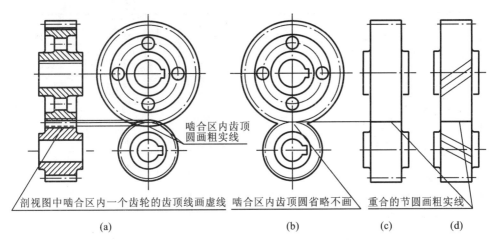

剖视图中啮合区内一个齿轮的齿顶线画虚线　　啮合区内齿顶圆省略不画　　重合的节圆画粗实线

（a）　　　　　　　　　　　（b）　　　　　　　（c）　　　　（d）

图 8-38　圆柱齿轮啮合的规定画法

4. 齿轮齿条啮合的画法

当齿轮的直径无穷大时,其齿顶圆、齿根圆、分度圆和齿廓曲线都成了直线,齿轮就成为齿条,如图 8-40 所示。

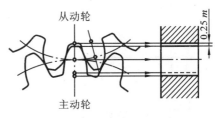

图 8-39　齿轮啮合投影的表示方法

在绘制齿轮、齿条啮合图时,在齿轮表示为圆的视图中,齿轮节圆和齿条节线相切,另一视图可画成剖视图,并将啮合区内齿顶线之一画成粗实线,另一轮齿被遮部分画成虚线或省略不画。

有时在齿轮零件图上还要画出一个齿形轮廓,以便标注尺寸,此时一般采用近似画法,如图 8-41 所示。

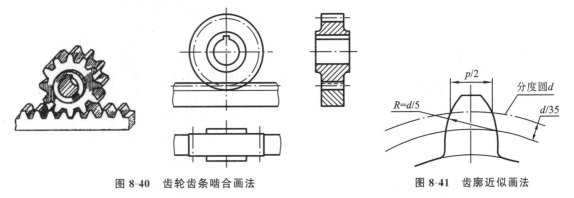

图 8-40　齿轮齿条啮合画法　　　　　　　图 8-41　齿廓近似画法

图 8-42 所示为圆柱齿轮零件图,在零件图上不仅要表示出齿轮的形状、尺寸和技术要求,而且要列出制造齿轮所需要的参数和公差值。

8.3.2　圆锥齿轮

圆锥齿轮是将轮齿加工在圆锥面上,因而轮齿沿圆锥素线方向大小不同,模数和分度圆也随之变化。为了设计和制造方便,国家标准规定以大端参数为准。

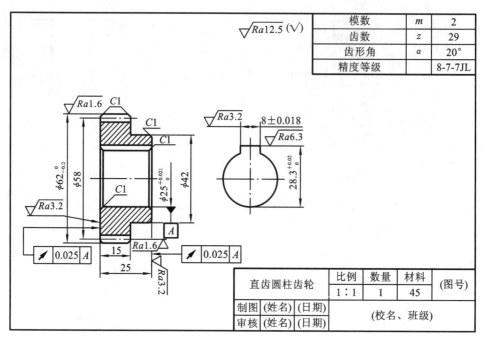

模数	m	2
齿数	z	29
齿形角	α	20°
精度等级		8-7-7JL

直齿圆柱齿轮	比例	数量	材料	(图号)
	1:1	1	45	
制图 (姓名)(日期)			(校名、班级)	
审核 (姓名)(日期)				

图 8-42　直齿圆柱齿轮零件图

1. 直齿圆锥齿轮各部分的名称、代号及尺寸计算

（1）圆锥齿轮各部分的名称及代号，如图 8-43 所示。

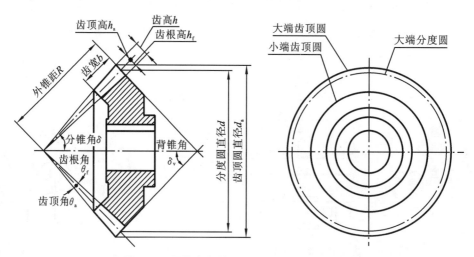

图 8-43　圆锥齿轮的画法、各部分名称及代号

（2）在给定了大端模数和齿数后，就可以按表 8-6 所示的计算公式计算出圆锥齿轮各部分的尺寸。

表 8-6　直齿圆锥齿轮各基本尺寸的计算公式及举例

基本参数:模数 m ,齿数 z ,分度圆锥角 δ			已知: $m=3.5,z=25,\delta=45°$
名　称	代　号	计 算 公 式	计 算 举 例
齿顶高	h_a	$h_a=m$	$h_a=3.5$
齿根高	h_f	$h_f=1.2m$	$h_f=4.2$
齿高	h	$h=2.2m$	$h=7.7$
分度圆直径	d	$d=mz$	$d=87.5$
齿顶圆直径	d_a	$d_a=m(z+2\cos\delta)$	$d_a=92.45$
齿根圆直径	d_f	$d_f=m(z-2.4\cos\delta)$	$d_f=81.56$
外锥距	R	$R=mz/2\sin\delta$	$R=61.88$
齿顶角	θ_a	$\tan\theta_a=2\sin\delta/z$	$\tan\theta_a=3°14'$
齿根角	θ_f	$\tan\theta_f=2.4\sin\delta/z$	$\tan\theta_f=3°53'$
顶锥角	δ_a	$\delta_a=\delta+\theta_a$	$\delta_a=45°+3°14=48°14'$
根锥角	δ_f	$\delta_f=\delta-\theta_f$	$\delta_f=45°-3°53'=41°07'$
齿宽	b	$b=(0.2\sim0.35)R$	$b=(0.2\sim0.35)\times61.88=12.38\sim21.66$

2. 圆锥齿轮的画法

1）单个圆锥齿轮的画法

单个圆锥齿轮一般用主视图和左视图来表示。非圆的主视图采用全剖画法。投影为圆的左视图中,用粗实线表示其齿轮大端和小端的齿顶圆,用点画线表示大端的分度圆,不画齿根圆,如图 8-43 所示。

2）圆锥齿轮啮合画法

一对圆锥齿轮相互啮合,必须满足模数相等、节锥相切。它们的锥顶交于一点,两轴线相交成 90°,如图 8-44 所示。啮合区的画法与直齿圆柱齿轮相同。

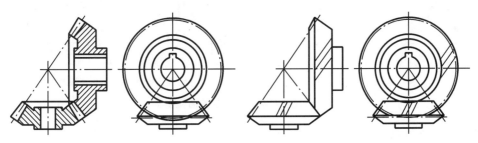

(a) 直齿圆锥齿轮(剖视)　　　　　　　　(b) 斜齿圆锥齿轮(外形)

图 8-44　圆锥齿轮啮合画法

图 8-45 所示为圆锥齿轮的画图步骤。

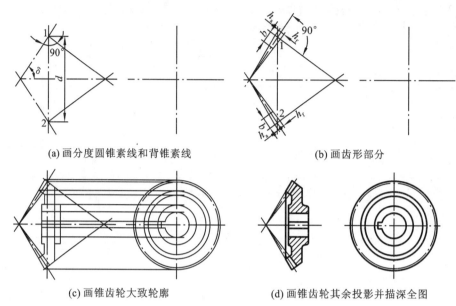

(a) 画分度圆锥素线和背锥素线　　　　　　(b) 画齿形部分

(c) 画锥齿轮大致轮廓　　　　　　(d) 画锥齿轮其余投影并描深全图

图 8-45　圆锥齿轮的画图步骤

图 8-46 所示为圆锥齿轮啮合的画图步骤。

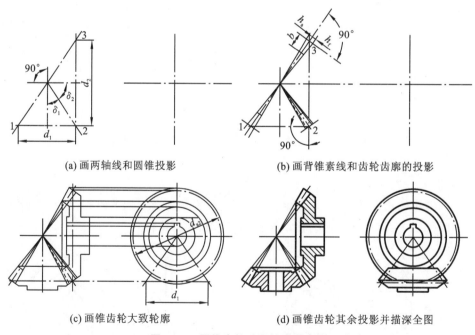

(a) 画两轴线和圆锥投影　　　　　　(b) 画背锥素线和齿轮齿廓的投影

(c) 画锥齿轮大致轮廓　　　　　　(d) 画锥齿轮其余投影并描深全图

图 8-46　圆锥齿轮啮合的画图步骤

图 8-47 所示为圆锥齿轮的零件工作图。

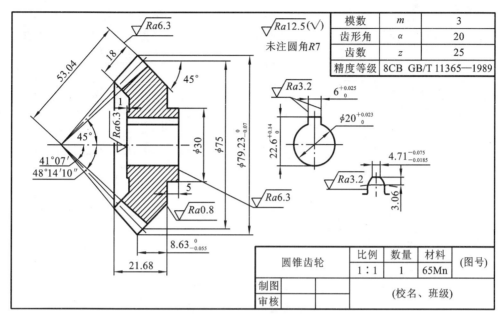

模数	m	3
齿形角	α	20
齿数	z	25
精度等级	8CB GB/T 11365—1989	

圆锥齿轮	比例	数量	材料	(图号)
	1：1	1	65Mn	
制图			(校名、班级)	
审核				

图 8-47　圆锥齿轮的零件工作图

8.3.3　蜗杆和蜗轮

蜗杆和蜗轮传动主要用在两轴线垂直交叉的场合。蜗杆为主动,用于减速,蜗杆的齿数(也称为头数)z_1相当于蜗杆上的螺纹线数,常用的为单线或双线。传动时,蜗杆转一圈,蜗轮只转过一个齿或两个齿。因此,蜗杆和蜗轮传动可得到较大的传动比($i = z_2/z_1$,z_2为蜗轮的齿数)。蜗杆和蜗轮的轮齿为螺旋形,蜗轮的齿顶和齿根常加工成圆弧面。啮合的蜗杆、蜗轮必须模数相同,并且蜗轮的螺旋升角和蜗杆的螺旋线升角必须大小相等、方向相同。蜗杆、蜗轮传动有结构紧凑、传动平稳、传动比大等优点,但有摩擦发热大、传动效率低的缺点。

1. 蜗杆、蜗轮的主要参数及各部分尺寸

蜗杆、蜗轮的结构形状及各部分名称如图 8-48 所示。

蜗杆、蜗轮的基本参数与圆柱齿轮基本相同,除模数、齿数外,还有一个蜗杆的直径系数,这主要是因为蜗轮一般是用与蜗杆的基本形状和尺寸(仅外径稍大于蜗杆外径)相同的蜗轮滚刀来加工的。由于模数相同的蜗杆,可能有好几种不同的直径,因而螺旋线导程角也不同,这就要用不同的蜗轮滚刀来加工。为了减少蜗轮滚刀的数目以便标准化,在规定了蜗杆标准模数的同时,还必须将蜗杆的分度圆直径 d_1 也标准化。表 8-7 所示为标准模数及标准分度圆直径数值。

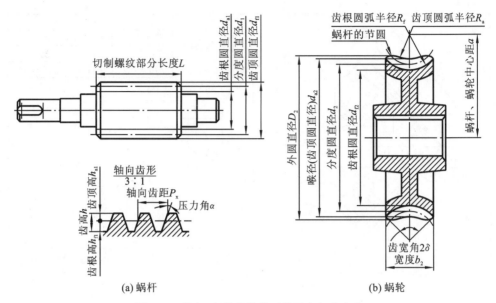

(a) 蜗杆　　　　　　　　　　　　(b) 蜗轮

图 8-48　蜗杆、蜗轮的结构形状及各部分名称

表 8-7　标准模数及标准分度圆直径

m	d_1	m	d_1	m	d_1	m	d_1
1	18	2.5	(22.4)28 (35.5)45	6.3	(50)63 (80)112	16	(112)140 (180)250
1.25	20 22.4	3.15	(28)35.5 (45)56	8	(63)80 (100)140	30	(140)160 (224)315
1.6	20 28	4	(31.5)40 (50)71	10	(71)90 (112)160	35	(180)200 (280)400
2	(18)22.4 (28)35.5	5	(40)50 (63)90	12.5	(90)112 (140)200		

当蜗杆、蜗轮的主要参数 m、d_1、z_1、z_2 选定后,它们的各部分尺寸可按表 8-8 和表 8-9 所示的公式算出。

表 8-8　蜗杆的尺寸计算公式

名　称	代号	计算公式	说　明
分度圆直径	d_1	根据强度、刚度计算结果按标准选取	基本参数: m—轴向模数 z_1—蜗杆头数 d_1—蜗杆分度圆直径
齿顶高	h_a	$h_a=m$	
齿根高	h_f	$h_f=1.2m$	
齿顶圆直径	d_{a1}	$d_{a1}=d_1+2m$	
齿根圆直径	d_{f1}	$d_{f1}=d_1-2.4m$	
导程角	γ	$\tan\gamma=mz_1/d_1$	

表 8-9　蜗轮的尺寸计算公式

名　称	代号	计算公式	说　明
分度圆直径	d_2	$d_2=mz_2$	
齿顶高	h_a	$h_a=m$	
齿根高	h_f	$h_f=1.2\,m$	
齿顶圆直径	d_{a2}	$d_{a2}=d_2+2\,m=m(z_2+2)$	
齿根圆直径	d_{f2}	$d_{f2}=d_2-2.4\,m=m(z_2-2.4)$	
齿顶圆弧半径	R_a	$R_a=d_1/2-m$	
齿根圆弧半径	R_f	$R_f=d_1/2+1.2\,m$	基本参数： m—端面模数 z_2—蜗轮齿数
外径	D_2	$D_2\leqslant d_{a2}+2m$（当 $z_1=1$ 时） $D_2\leqslant d_{a2}+1.5m$（当 $z_1=2\sim3$ 时） $D_2\leqslant d_{a2}+m$（当 $z_1=4$ 时）	
蜗轮宽度	b_2	$b_2\leqslant0.75d_{a1}$（当 $z_1\leqslant3$ 时） $b_2\leqslant0.67d_{a1}$（当 $z_1=4$ 时）	
齿宽角	γ	$2\gamma=45°\sim60°$（用于分度传动） $2\gamma=70°\sim90°$（用于一般传动） $2\gamma=90°\sim130°$（用于高速传动）	
中心距	a	$a=(d_1+d_2)/2$	

2. 单个蜗杆、蜗轮的画法

1）蜗杆的画法

在平行于蜗杆轴线的视图中,齿顶线为粗实线,齿根线为细实线,分度线为点画线。为表明蜗杆的牙型,一般采用局部剖画出几个牙型,或者画出牙型的放大图,如图 8-48(a)所示。

2）蜗轮的画法

蜗轮一般选择平行于蜗轮轴线的视图为剖视图,剖视图中轮齿部分一律按不剖处理。齿顶线和齿根线用粗实线绘制,分度线用点画线来画。在垂直于轴线的视图中,轮齿部分只画蜗轮最大外圆,用粗实线表示,分度圆用点画线表示。齿顶圆和齿根圆不画,如图 8-48(b)所示。

3. 蜗杆、蜗轮啮合画法

蜗杆、蜗轮啮合的画法如图 8-49 所示。

在蜗轮为圆的外形投影视图中,蜗轮的分度圆和蜗杆的分度线要画成相切,啮合区的齿顶圆和齿顶线仍用粗实线画。在垂直于蜗杆轴线的视图中,啮合区只画蜗杆不画蜗轮,如图 8-49(a)所示。

在剖视图中,当剖切平面通过蜗轮轴线并垂直于蜗杆轴线时,在啮合区将蜗杆的轮齿用粗实线绘制,蜗轮的轮齿被遮挡的部分可省略不画。当剖切平面通过蜗杆轴线并垂直于蜗轮轴线时,在啮合区,蜗轮的外圆和蜗杆的齿顶线可省略不画,如图 8-49(b)所示。

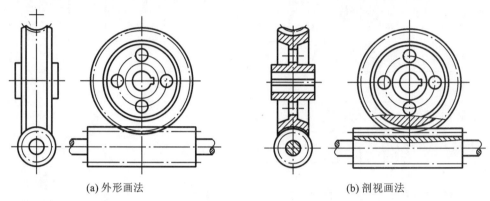

(a) 外形画法   (b) 剖视画法

图 8-49   蜗杆、蜗轮啮合的画法

图 8-50 所示为蜗杆、蜗轮啮合的画图步骤。图 8-51 和图 8-52 所示为蜗杆、蜗轮的零件图。

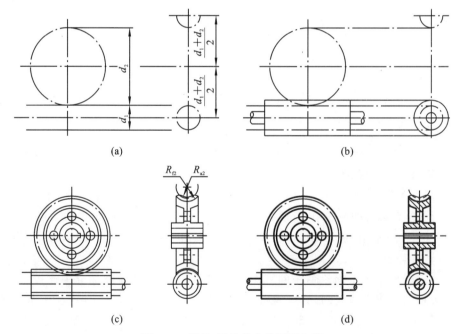

图 8-50   蜗杆、蜗轮啮合的画图步骤

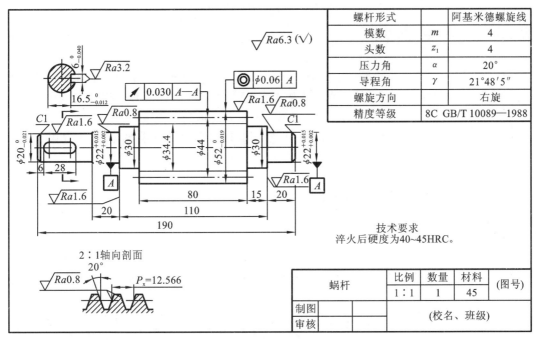

图 8-51　蜗杆零件图

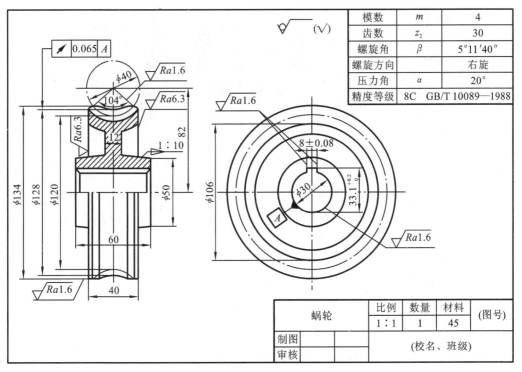

图 8-52　蜗轮零件图

8.4　滚动轴承

轴承是支承旋转轴并承受轴上载荷的部件。轴承可分为滚动轴承和滑动轴承两种。由于滚动轴承具有摩擦阻力小、结构紧凑等优点，因而在生产中被广泛地应用。

它可以承受径向载荷，也可以承受轴向载荷，或同时承受两种载荷。

滚动轴承是标准件，由专门的工厂生产，使用时可根据要求确定型号，直接选用。本节主要介绍滚动轴承的结构类型、画法及标注等。

8.4.1　滚动轴承的结构与类型

1. 滚动轴承的结构

滚动轴承的种类很多，但其结构相似，一般由外圈、内圈、滚动体及保持架组成，如图 8-53 所示。其外圈装在机座的孔内，内圈套在转动的轴上，在一般情况下，外圈固定不动，而内圈随轴转动。

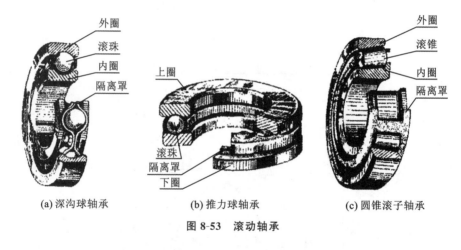

(a) 深沟球轴承　　(b) 推力球轴承　　(c) 圆锥滚子轴承

图 8-53　滚动轴承

2. 滚动轴承的种类

按滚动体形状的不同，滚动轴承可分为球轴承和滚子轴承两大类；按滚动体的排列形式不同，滚动轴承可分为单列和多列滚动轴承；按轴承所承受的载荷方向不同，滚动轴承又可分为向心轴承（主要承受径向载荷）、推力轴承（只承受轴向载荷）和向心推力轴承（即承受径向载荷，又承受轴向载荷）三种。

8.4.2　滚动轴承的代号

滚动轴承的种类繁多，为便于选择和使用，国家标准规定了滚动轴承的代号，并将它打印在轴承的端面上，以便识别。

1. 滚动轴承代号的构成

根据国家标准《滚动轴承　代号方法》（GB/T 272—2017）的规定，滚动轴承代号用字母加数字来作为表示滚动轴承的结构、尺寸、公差等级、技术性能等特征的产品符号。轴承代号由前置代号、基本代号和后置代号构成,前置、后置代号是轴承在结构形状、尺寸公差、技术要求等有改变时,在其基本代号左右添加的补充代号。一般常用的轴承由基本代号表示,基本代号由轴承类型代号、尺寸系列代号、内径代号构成。

轴承类型代号用数字或字母表示,如"3"表示圆锥滚子轴承,"5"表示推力球轴承,"6"表示深沟球轴承,"N"表示外圈无挡边(内圈有挡边)的圆柱滚子轴承。尺寸系列代号由轴承的宽(高)度系列代号和直径系列代号组合而成,用两位数字来表示。它的主要作用是区别内径相同而宽度和外径不同的轴承。具体代号可查阅有关标准。常用轴承公称内径的内径代号如表 8-10 所示。

表 8-10　滚动轴承内径代号及示例

轴承公称内径 d/mm		内径代号	示　　例
0.6～10(非整数)		用公称内径毫米数直接表示,在其与尺寸系列代号之间用"/"分开	深沟球轴承 618/2.5 $d=2.5$ mm
1～9(整数)		用公称内径毫米数直接表示,对深沟及角接触球轴承 7、8、9 直径系列,内径与尺寸系列代号之间用"/"分开	深沟球轴承 618/5 $d=5$ mm
10～17	10	00	深沟球轴承 6200 $d=10$ mm
	12	01	
	15	02	
	17	03	
20～480 (22、28、32 除外)		公称内径除以 5 的商数,商数为个位数,需在商数左边加"0",如 08	调心滚子轴承 23208 $d=40$ mm
≥500 及 22、28、32		用公称内径毫米数直接表示,但在与尺寸系列代号之间用"/"分开	调心滚子轴承 230/500 $d=500$ mm 深沟球轴承 62/22 $d=22$ mm

2. 轴承基本代号示例

1) 轴承 6208

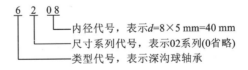

6　2　08
内径代号,表示 $d=8×5$ mm=40 mm
尺寸系列代号,表示02系列(0省略)
类型代号,表示深沟球轴承

2) 轴承 320/32

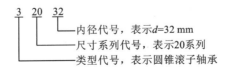

3　20　32
内径代号,表示 $d=32$ mm
尺寸系列代号,表示20系列
类型代号,表示圆锥滚子轴承

3）轴承 N1003

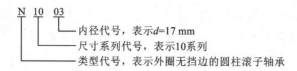

8.4.3　滚动轴承的画法

　　滚动轴承是标准件,通常不需要画零件图,在装配图中,可根据国家标准规定的简化画法来绘制。画图时,应根据轴承代号由国家标准查出有关数据,按表 8-11 所示的规定画法或特征画法画出。

　　在装配图中,如果需要较详细地表达滚动轴承的主要结构时,可采用规定画法;当在装配图中只需要简单地表达滚动轴承的主要结构时,可采用特征画法。在垂直于轴线的投影面视图中,滚动轴承的特征画法如图 8-54 所示。

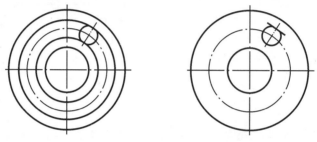

图 8-54　滚动轴承轴线垂直于投影面的特征画法

表 8-11　常用滚动轴承的规定画法和特征画法

轴承类型及标准号	可查得的数据	特 征 画 法	规 定 画 法
深沟球轴承 （60000 型） GB/T 276—2013	d D B		
圆柱滚子轴承 （N0000 型） GB/T 283—2007	d D B		

续表

轴承类型及标准号	可查得的数据	特征画法	规定画法
角接触球轴承 （70000 型） GB/T 292—2007	d D B	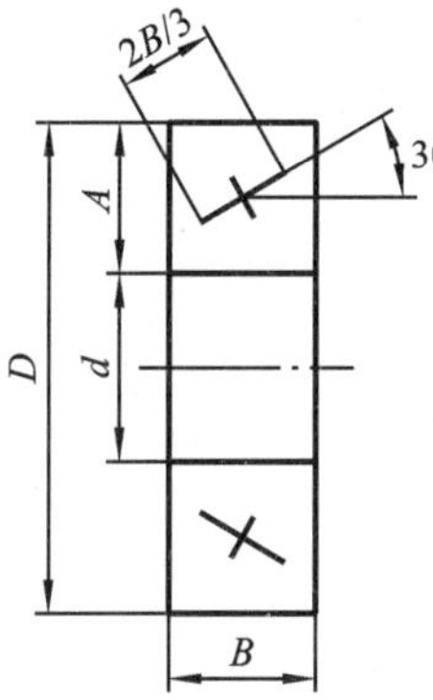	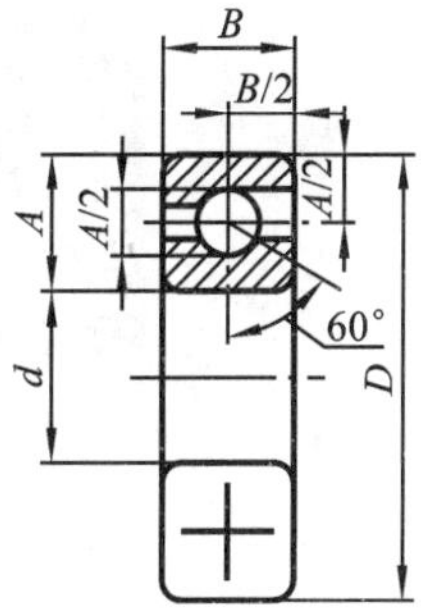
圆锥滚子轴承 （30000 型） GB/T 297—2015	d D T B C		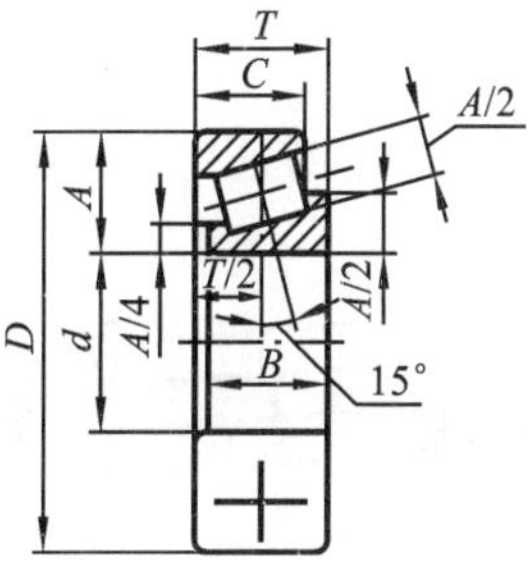
推力球轴承 （51000 型） GB/T 301—2015	d D T	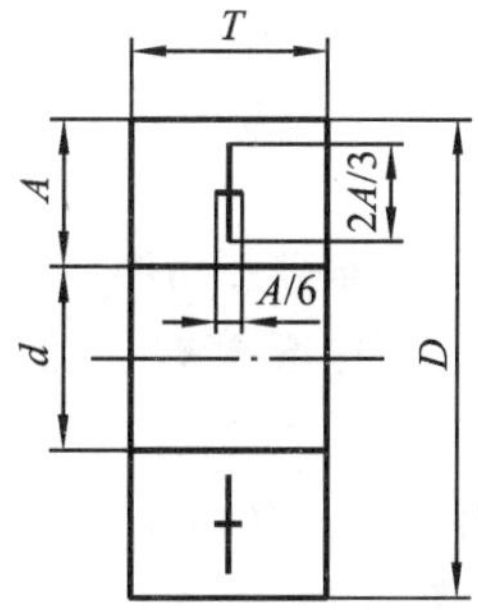	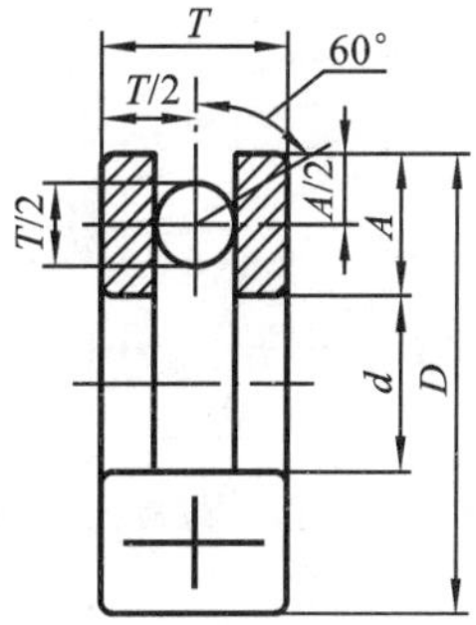

8.5　弹簧

弹簧是一种常用件，应用很广，可以用来减震、夹紧、储存能量和测力等。它的特点是当外力解除后能恢复原状。

弹簧的种类很多，常见的有压缩弹簧、拉伸弹簧、扭转弹簧等，如图 8-55 所示。本节着重介绍圆柱螺旋压缩弹簧的各部分名称、尺寸关系及画法。

(a) 压缩弹簧　　(b) 拉伸弹簧　　(c) 扭转弹簧　　　(d) 涡卷弹簧

图 8-55　常见弹簧种类

8.5.1　圆柱螺旋压缩弹簧各部分的名称及尺寸关系

圆柱螺旋压缩弹簧剖视图如图 8-56 所示,图中各部分的名称及尺寸关系如下。

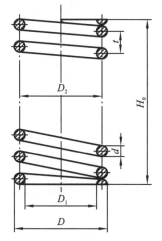

图 8-56　圆柱螺旋压缩弹簧剖视图

（1）簧丝直径 d　制造弹簧的钢丝直径为簧丝直径。

（2）弹簧外径 D　弹簧的最大直径为弹簧外径。

（3）弹簧内径 D_1　弹簧的最小直径为弹簧内径,$D_1 = D - 2d$。

（4）弹簧中径 D_2　弹簧的平均直径为弹簧中径,$D_2 = (D + D_1)/2 = D - d$。

（5）支承圈数 n_2　为了使弹簧在工作时受力均匀,保证轴线垂直于端面,制造时常将弹簧两端并紧磨平,而且并紧磨平的部分仅起支承作用,故称之为支承圈。支承圈有 1.5 圈、2 圈、2.5 圈三种,其中较常见的是 2.5 圈。

（6）有效圈数 n　除了支承圈外,保持相等螺距的圈数称为有效圈数。

（7）总圈数 n_1　有效圈数和支承圈数之和称为总圈数,$n_1 = n + n_2$。

（8）节距 t　弹簧相邻两圈对应点在中径上的轴向距离称为节距。

（9）自由高度 H_0　弹簧在未受外力作用下的高度称为自由高度,$H_0 = nt + (n_2 - 0.5)d$。

（10）弹簧的展开长度 L　制造弹簧时所需要的钢丝长度为弹簧的展开长度,$L \approx n_1 \cdot \sqrt{(\pi D_2)^2 + t^2}$。

（11）旋向　弹簧的旋向有左旋和右旋之分,常用右旋。

8.5.2　弹簧的规定画法

1. 单个弹簧的画法

图 8-57 所示为几种常见单个弹簧的画法。

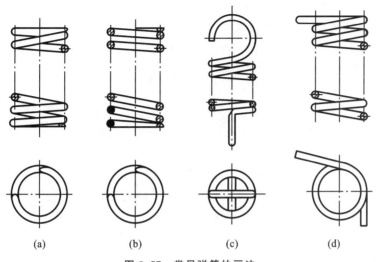

图 8-57　常见弹簧的画法

（1）在螺旋弹簧轴线的视图上，各圈的轮廓线画成直线。

（2）有效圈数在四圈以上的弹簧，可以只画出其两端的 1～2 圈（不含支承圈），中间用通过弹簧钢丝中心的点画线连起来。

（3）在图样上，当弹簧的旋向不作规定时，螺旋弹簧一律画成右旋。左旋弹簧也允许画成右旋，但不论画成左旋还是画成右旋，左旋弹簧一律应加注"左"字。

2. 装配图中弹簧的规定画法

装配图中弹簧的规定画法如图 8-58 所示。

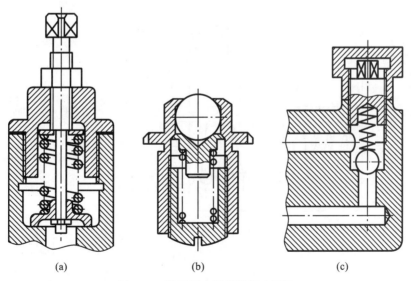

图 8-58　装配图中弹簧的规定画法

（1）螺旋弹簧被剖切时，允许只画簧丝断面。当簧丝直径小于或等于 2 mm 时，其断面可全部涂黑，如图 8-58（b）所示，或者采用示意画法，如图 8-58（c）所示。

（2）弹簧后面被挡住的零件轮廓，不可见部分不必画出，可见轮廓线只画到弹簧钢丝的断面轮廓或中心线上,如图 8-58(a)所示。

3. 圆柱螺旋压缩弹簧的画图步骤

按照国家标准规定,无论支承圈的圈数是多少,均可以 2.5 圈的形式绘制,必要时,也可按支承圈的实际圈数画出,画图步骤如图 8-59 所示。

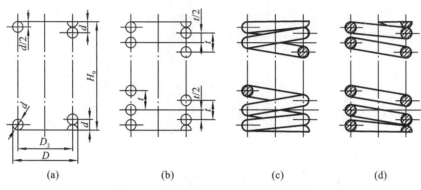

(a)　　　　　　(b)　　　　　　(c)　　　　　　(d)

图 8-59　圆柱螺旋压缩弹簧的画图步骤

8.5.3　弹簧的零件工作图

图 8-60 所示为圆柱螺旋压缩弹簧的零件工作图,弹簧的参数应直接标注在图上,若直接标注有困难,可在技术要求中说明。当需要表明弹簧的负荷与高度之间的变化关系时,必须用图解表示。

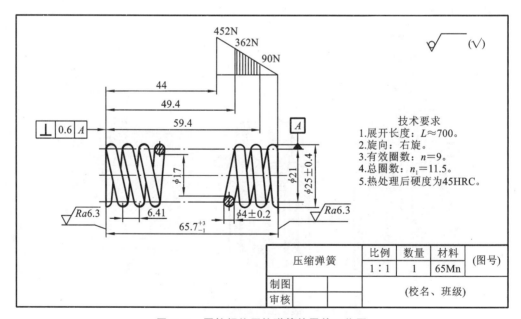

技术要求
1.展开长度:$L \approx 700$。
2.旋向:右旋。
3.有效圈数:$n = 9$。
4.总圈数:$n_1 = 11.5$。
5.热处理后硬度为45HRC。

压缩弹簧	比例	数量	材料	(图号)
	1:1	1	65Mn	
制图				
审核		(校名、班级)		

图 8-60　圆柱螺旋压缩弹簧的零件工作图

第 *9* 章　零件图

　　零件是机器设备或机构组件中的基本单元,任何机器或者部件都是由零件装配而成的。图 9-1 是铣刀头装配图,铣刀头是专用铣床上的一个部件,供装铣刀盘用。它由座体、转轴、带轮、端盖、滚动轴承、键、螺钉、毡圈等组成,工作原理是电机通过 V 型带带动带轮,带轮通过键把运动传给转轴,轴将通过键传递给铣刀盘,从而进行铣削加工。

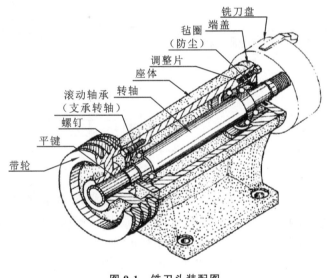

图 9-1　铣刀头装配图

　　根据零件在机器或部件上的功用,一般可将零件分为三种类型:
　　(1)标准件　它是结构、尺寸和加工要求、画法等均标准化、系列化了的零件,如螺栓、螺母、垫圈、销、滚动轴承等。
　　(2)常用件　它是部分结构、尺寸和参数标准化、系列化的零件,如齿轮、带轮、弹簧等。
　　(3)一般零件　通常可分为轴套类、轮盘类、叉架类、箱壳类等。这类零件必须画出零件图以供加工制造零件。

9.1　零件图的作用和内容

　　零件图是表达机器零件结构形状、尺寸大小和技术要求的图样,零件图又称为零件工作图。零件图是设计部门提供给生产部门的重要技术文件，是生产准备、加工制造、质量检查及测量的依据。

图 9-2 所示为典型的零件图。一张完整的零件图一般包括以下内容。

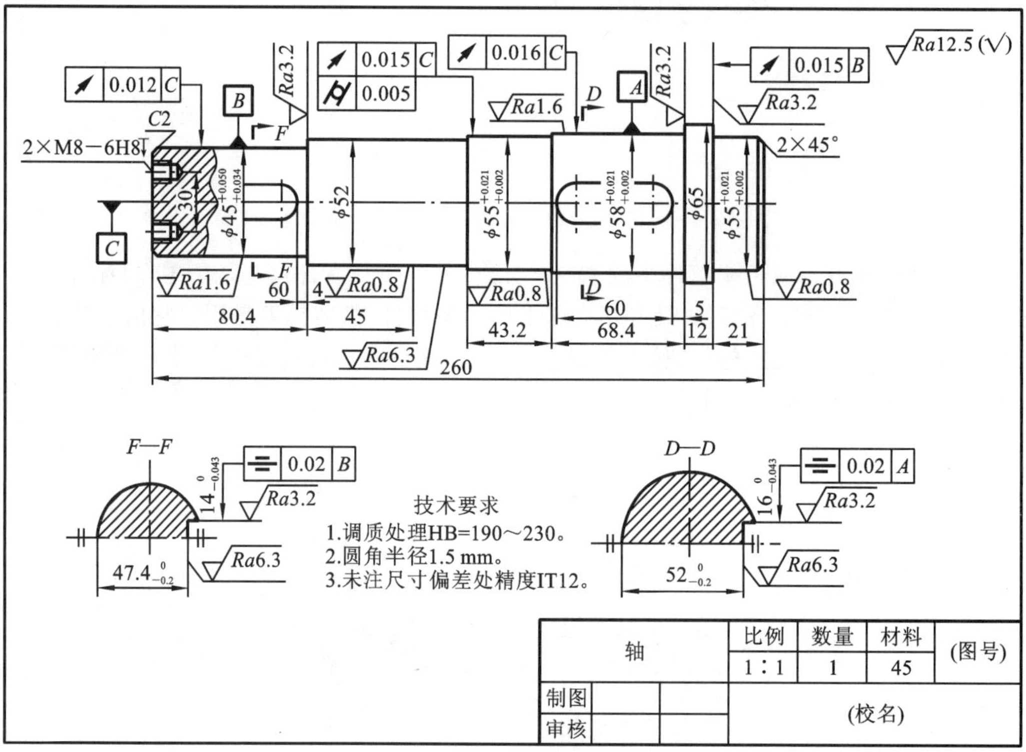

图 9-2　轴零件图

(1) 一组图形　选用适当的表达方法和不同类型的视图，准确清楚地表达出零件的结构形状。视图可有基本视图、局部视图、剖视图、断面图和局部放大图等。例如，图 9-2 所示的零件图中有经局部剖视的主视图及两个简化的断面图 *F*—*F*、*D*—*D*。

(2) 完整的尺寸　有按设计基准、工艺基准和辅助基准等标注出的全部尺寸。

例如，图 9-2 所示的零件图中，尺寸 260 为定形尺寸，尺寸 4、5 为定位尺寸。

(3) 技术要求　有用符号或简要说明提出的零件在使用、制造和检验过程中应达到的技术要求。例如，图 9-2 所示的 $\phi45^{+0.050}_{+0.034}$、Ⓔ、B（基准符号）、[↗ | 0.012 | C]、√Ra1.6 等为尺寸公差、形位公差、表面粗糙度的要求。又如，图 9-2 所示的技术要求项目中的 3 条即是对零件的材料热处理及加工检验的要求。

(4) 标题栏　有按国家标准规定的图幅格式及标题栏等。标题栏内有零件名称、材料、比例、数量、图号及签名等内容。

9.2　零件图的视图表达方案

9.2.1　视图选择的一般原则

主视图是零件图中最主要的视图,它选择得合理与否,直接影响到其他视图的表达和看图是否方便。选择主视图时应先确定零件的摆放位置,然后确定主视图投射方向。

1. 主视图中零件的位置

主视图中零件的位置有两种:

(1) 符合零件的加工位置。轴套、轮盘等以回转体构形为主的零件,主要是车床或外圆磨床加工,应尽量符合加工位置,即轴线水平放置,这样便于工人加工时看图操作。

(2) 符合零件的工作位置。箱壳类、叉架类零件加工工序较多,加工位置经常变化,因此,这类零件应按其在机器中的工作位置摆放,这样图形和实际位置直接对应,便于看图和指导安装。

零件主视图的投射方向应该是最能反映零件特征,即较多地反映出零件各部分结构形状和相对位置的方向。

2. 其他视图的选择

当主视图确定之后,检查零件上还有哪些结构尚未表达清楚,然后补充适当的图形将其表达完整。

在选择其他视图时应注意以下几个方面的问题:

(1) 尽量选用基本视图,并恰当运用三种剖视表达零件的内外结构形状。

(2) 零件上的倾斜部分,用斜视图、斜剖视图,在不影响尺寸标注的前提下尽可能按投射方向配置在相关视图附近,便于看图。

(3) 零件中尺寸小的结构要素,采用局部放大图表示,便于标注尺寸。

(4) 合理运用标准中规定的简化画法,既使表达重点突出,简化绘图,又有利于看图。

(5) 零件内部结构应尽可能采用视图表达,图中应减少虚线。

9.2.2　零件的构形及表达分析

在考虑零件的表达方法之前,必须先了解零件上各结构的作用和特点,才能选择一组合适的表达方案将其全部结构表达清楚。

下面分别讨论轴套类、轮盘类、箱壳类、叉架类零件的结构特点和表达方案。

1. 轴套类零件表达分析

1) 结构特点

轴套类零件的各组成部分多为回转体(同轴线),轴向尺寸长,径向尺寸短,从总体上看为细长的回转体。

根据设计和工艺要求,这类零件常带有键槽、倒角、退刀槽、轴肩、螺纹、中心孔等结构。

2）常用表达方案

（1）主视图的位置和投射方向。这类零件主要在车床上加工，主视图按加工位置，轴线水平放置，便于工人加工零件时看图。

绘图时直径小的一端朝向右，平键槽朝前，半圆键槽朝上，采用垂直轴线方向为投射方向。

（2）其他视图。常用断面图、局部放大图、局部剖视图、局部视图等来表达键槽、退刀槽和其他槽孔等结构。

3）表达方案举例

轴主要起支承零件、传递动力的作用。根据分析，确定的表达方案为主视图中轴线水平放置，符合加工位置。垂直轴线方向为投射方向，该图重点表达了各轴段的直径和长度、键槽的形状和位置、轴端倒角的大小，如图 9-3 所示。

当表达方案确定后，布图时各图形之间除保证投影关系外，应留适当的间隔，以便于标注尺寸，使整个图面匀称大方，富于美感。

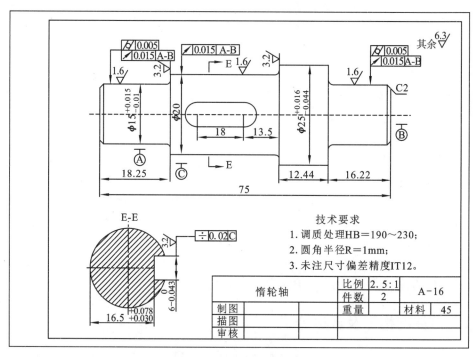

图 9-3　轴类零件的表达

套类零件的主视图选择与轴类零件的相同。套类零件是一个空心的圆柱体，主视图按加工位置轴线水平放置，并采用全剖视图主要表达套的内部结构，其他视图采用断面图和局部放大图就可以将该零件表达完整。

2. 轮盘类零件表达分析

1）结构特点

主体部分常由回转体组成，轴向尺寸小，径向尺寸大，一般有一个端面是与其他零件连接的重要接触面。轮由轮毂、轮缘、轮幅三部分组成。用途不同，轮缘的结构也不同。在圆柱面上制有带槽、轮齿等,轮毂与轴连接的部分为空心锥台,轴孔有键槽,连接轮缘与轮毂的轮辐可制成幅板式,为减轻重量和便于装夹,在幅板上常制有通孔。轮辐也可制成幅条式,幅条的断面有椭圆形、丁字形、十字形、工字形等。

盖的端面上制有光孔、止口、凸台等结构。

2)常用表达方案

(1)主视图。在车床上加工的轮盘,按加工位置轴线水平放置。不以车削为主的盖,按工作位置放置。主视图主要表达内部结构,一般都采用全剖视图。

(2)其他视图。通常以左视图表示外形轮廓和孔及轮辐等结构的数量及相对位置。有时根据需要还可以选择其他表达方法。

3)表达方案举例

由于轮盘类零件主要结构为回转体,因此按轮盘加工位置轴线横放,采用主视图外加左视图或右视图。主视图作全剖、半剖或旋转剖,左视图或右视图可表达外形。结构复杂处可作局部剖视或移出剖面。加工的大端面可作轴向的主要尺寸基准。均布的孔或结构实体较多时,应注意均布孔或结构实体的表示方法。另外,也要注意形位公差标注的配合,如图9-4所示。

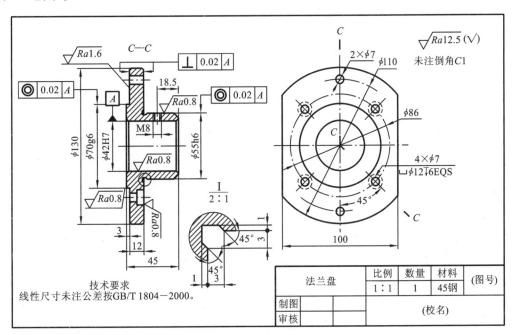

图9-4 法兰盘零件工作图

3. 箱壳类零件的表达分析

箱壳类零件一般为支承、包容其他零件的零件,因此结构较复杂。

1)结构特点

常有较大的内腔、轴承孔、凸台和肋;为将箱体安装在机座上,常有安装底板、安装孔、螺孔、销孔;为了防尘,通常要使箱体密封,体内运动件需要润滑,箱体内应注入润滑油,因此箱壁部分有安装箱盖、轴承盖、油标、放油螺塞等件的凸台、凹坑、螺孔等结构。

2)常用表达方案

(1)主视图。按工作位置放置选择最能反映形状特征、主要结构与各组成部分相互关系的方向作为主视图投射方向。

（2）其他视图。箱体类零件一般都较为复杂，常需要三个以上的基本视图，对内部结构形状采用剖视图表示。如果内、外结构形状都要表达，且具有对称平面时，可采用半剖视图；如不对称用局部视图；如内、外结构都较复杂，且投影重叠时，外部结构形状和内部结构形状应分别表达，对局部的内、外结构形状可采用局部视图和断面图表示。每一个视图都应有一定的表达重点，在表达完整的前提下视图数量尽量少，同时要考虑看图方便。

3）表达方案举例

箱体类零件的内外形状复杂，主视图一般应符合形状特征原则并按工作位置放置。若内外形状具有对称性，应采用半剖视图。若内外形状都比较复杂且不对称，则可选取局部视图表达，且保留一定的虚线。对局部零件的内外部结构，可以用局部视图、斜视图、局部剖视图或断面图来表达，如图9-5所示。

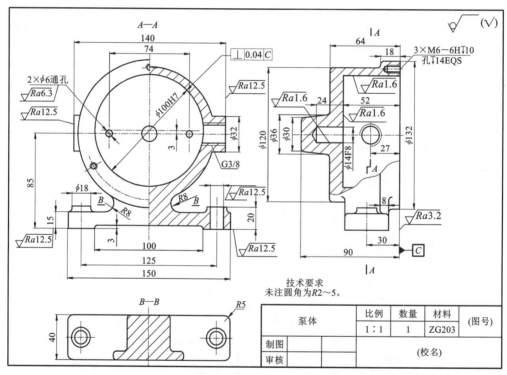

图 9-5　泵体零件工作图

对于结构复杂的箱体类零件，其表达方案也不尽相同，但应遵守选用视图数量最少的原则，对其进行完整、清晰、简明的表达。

如图9-6所示，变速器箱体主要由四部分组成。按其工作和形状特征确定主视图，在此基础上确定三组表达方案，可供参考。

4. 叉架类零件的表达分析

1）结构特点

叉架类零件主要起支承和连接作用，结构形状千差万别，但按其功能可分为工作部分、安装固定部分、连接部分三种结构。

2）常用表达方案

（1）主视图。这类零件加工时各工序位置不同，所以一般按工作位置放置，有时工作位置是倾斜的，就要把零件摆正。如果工作时有几个位置，将其中一个位置摆正后确定主视图，然后选择反映形状特征的方向作为投射方向。

（2）其他视图。叉架类零件用一个主视图不能表达完整，通常需要增加一个基本视图，表达主要结构。其余的细节部分还应采用局部视图、局部剖视图、斜视图、断面图、局部放大图表示。

3）表达方案举例

主视图可按照形状特征或主要加工位置来表达，但其主要轴线或平面应平行或垂直于投影面。视图往往不少于两个，还可以借助局部剖视图和剖面图等加以说明。

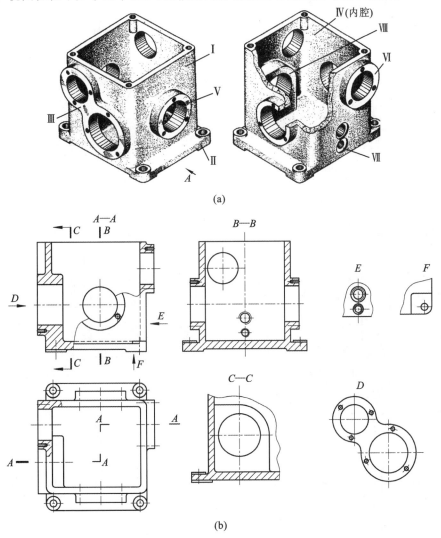

图 9-6　变速箱体视图的三种表达方案

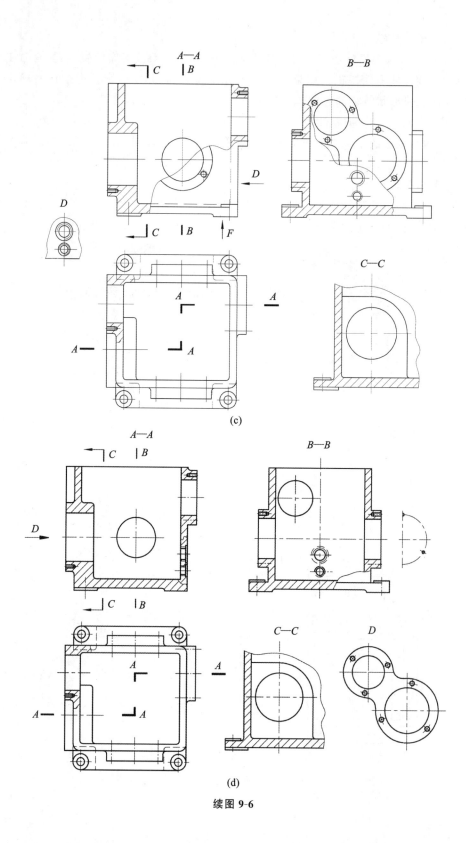

续图 9-6

拨叉的表达方案如图 9-7 所示。

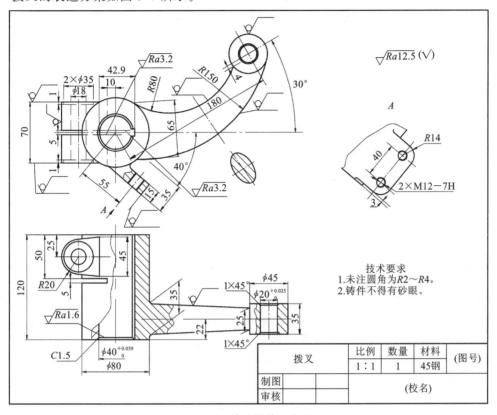

图 9-7　拨叉零件工作图

9.3　零件图的尺寸标注

在零件图上标注尺寸应满足正确(符合国家标准的规定)、完整(尺寸齐全,不多不少)、清晰(尺寸布置合理,便于看图)、合理(满足设计和制造要求)四项要求。合理标注尺寸,也就是所标注的尺寸既要满足零件在机器中使用的设计要求,以保证其工作性能,又要满足加工、测量、检验等制造方面的工艺要求,要真做到这一点,需要具备一定的设计和制造方面的专业知识及实际经验。

9.3.1　基准

基准是指零件上的几何结构要素(点、线、面)在长、宽、高三个方向上标注尺寸时的起始点(点、线、面)。根据用途不同,基准可以分为以下两种。

(1) 设计基准　确定零件在工作运用时,保证功能要求的标注尺寸的起始点,称为设计基准。

(2) 工艺基准　确定零件在加工制造及测量时标注尺寸的起始点,称为工艺基准。

一般情况下,以上两种基准是协调统一的。

在具体生产实践中,当工艺情况发生变化时,可对原尺寸进行变动或增设辅助基准,但这种尺寸标注起点的变动绝对不能影响原零件的功能及原始坐标的实际尺寸。

常用的基准线有零件的对称中心线、回转体的轴线等。

常用的基准面有底板的大面积安装面、装配结合面、重要端面等。

如图 9-2 所示的轴零件，其轴线及标有公差要求的圆柱体的轴肩处是该零件的设计基准。这些基准的确立，可决定该零件在变速箱中齿轮啮合的中心距，以及配套齿轮的轴向位置的固定等。图 9-2 中的 D—D 剖面图，尺寸 $52_{-0.2}^{0}$ 的基准是圆的表面，也是工艺基准。

如图 9-2 所示轴零件的左端键槽，尺寸 60 的位置固定取决于尺寸 4。若为了测量方便，取消尺寸 4，而从轴左端标注至键槽的左端，则尺寸为 3（67－64＝3），这样，基准也就变了，这也是允许的，因为这不影响功能。

9.3.2 尺寸标注形式

零件的结构特点和零件间的联系关系决定了尺寸标注的三种形式。

1. 链状式

零件的同一方向尺寸依次首尾相接注写成链状。这样标注尺寸，每一个尺寸的加工误差只影响该尺寸的精度，并不影响其他尺寸的精度，是链状式标注尺寸的优点；但是误差是各段误差之和，造成误差积累，是该标注法的缺点，因此当零件中各孔中心距的尺寸精度要求较高或轴类零件对总长精度要求不高但是对各轴段长度尺寸精度要求较高时，均可采用这种注法。

2. 坐标式

零件的同一方向的尺寸都以一个选定的尺寸基准注起，这样标注对其中任一尺寸精度只取决于该段加工误差，不受其他尺寸的影响，是该注法的优点。

3. 综合式

综合式这种尺寸注法根据零件的作用取前两种标注形式的优点，将尺寸误差积累到次要的尺寸段上。保证主要尺寸精度和设计要求，其他尺寸按工艺要求标注便于制造。

9.3.3 标注尺寸的注意点

标注尺寸应注意以下一些内容。

（1）按国家标准（GB/T 16675.2—2012）进行尺寸标注。

（2）基本体和组合体的尺寸标注可作为零件尺寸标注的基础。

（3）标准件和常用件的尺寸标注可作为零件尺寸标注的示例。

（4）影响零件工作性能、精度、互换性及装配定位关系的功能尺寸应直接标注，如图 9-2 中的尺寸 $\phi 58_{+0.041}^{+0.060}$ E直接影响着装配精度和工作性能。

（5）零件上不重要的尺寸，以及可作为尺寸链中的开口环的，不标注尺寸，需参考时可标注尺寸，但应用括号（）括起来。如图 9-2 中轴上 $\phi 52$ 所在的这段长度作为开口环可不标注尺寸。

（6）自然形成的尺寸不标注，主要是相贯线部分。

（7）一般情况下，零件应有总体尺寸（长、宽、高）。

（8）各零件间的相互装配（配合）联系尺寸，其名义值应一致。

（9）对于铸件或冲压件等，加工面与不加工面之间应有一个联系尺寸，其余不加工面之间应直接标注尺寸(见图 9-8)。

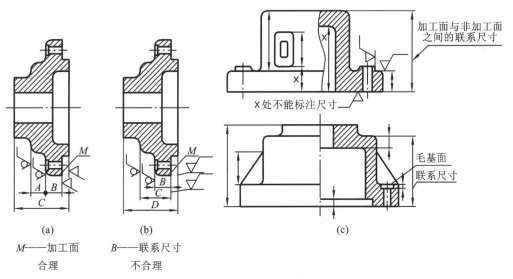

(a)	(b)
M——加工面	B——联系尺寸
合理	不合理

图 9-8　加工面与不加工面间的尺寸标注

(10)标注尺寸时应考虑加工及测量的方便,如图 9-9 所示。

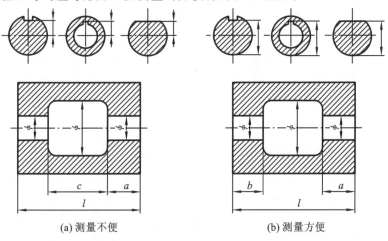

(a) 测量不便　　　　　　(b) 测量方便

图 9-9　标注尺寸时应考虑加工及测量的方便

(11)常见结构要素的尺寸标注示例,如图 9-10 所示。

(12)常见结构孔的尺寸标注如表 9-1 所示。

在零件图上标注尺寸应该注意主要尺寸应以设计基准直接注出。主要尺寸是指在零件用途中具有影响产品机械性能、工作精度以及互换性的尺寸;有联系的尺寸应协调一致,部件中各零件之间有配合、连接、传动等联系,标注零件间有联系的尺寸应尽可能做到尺寸基准、标注形式及内容等协调一致;不要注成封闭尺寸链,在加工零件时,要使尺寸做得绝对准确是不可能的,所以对零件上一些主要尺寸都要给出允许的误差范围,在零件图上不注出封闭环的尺寸链称为开口尺寸链,不注出尺寸的封闭环叫开口环,开口环一般选在不重要的那段尺寸上。

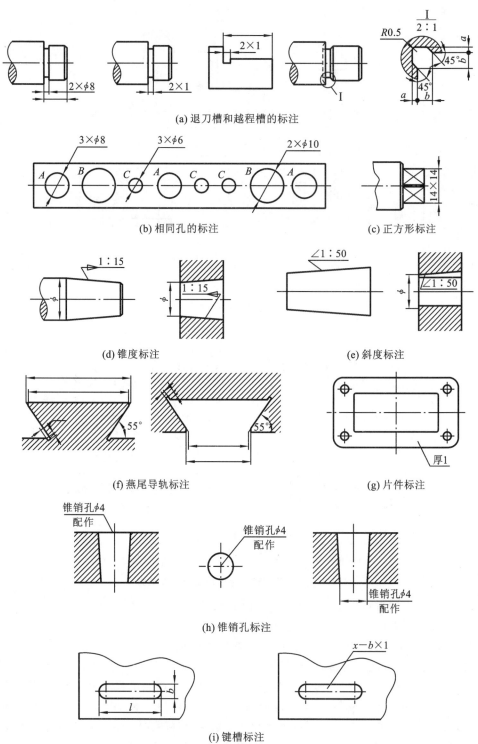

(a) 退刀槽和越程槽的标注

(b) 相同孔的标注　　　　　　　　　　　(c) 正方形标注

(d) 锥度标注　　　　　　　　　　(e) 斜度标注

(f) 燕尾导轨标注　　　　　　　　　(g) 片件标注

(h) 锥销孔标注

(i) 键槽标注

图 9-10　常见结构要素的尺寸标注示例

表 9-1 常见结构孔的尺寸标注

序号	类型	旁 注 法		普 通 注 法
1	光孔	4×φ4▽10	4×φ4▽10	4×φ4 10
2	螺孔	3×M6−7H	3×M6−7H	3×M6−7H
3	螺孔	3×M6−7H▽10	3×M6−7H▽10	3×M6−7H 10
4		3×M6−7H▽10 孔▽12	3×M6−7H▽10 孔▽12	3×M6−7H 10 12
5	沉孔	6×φ7 ∨φ13×90°	6×φ7 ∨φ13×90°	90° φ13 6×φ7
6	沉孔	4×φ6.4 ⊔φ12▽4.5	4×φ6.4 ⊔φ12▽4.5	φ12 4.5 4×φ6.4
7		4×φ6.4 ⊔φ20	4×φ6.4 ⊔φ20	φ20 4×φ6.4

9.4　零件结构设计中的工艺性

机械零件结构设计应充分注意到该零件的功用、加工工艺、测量方法及其与其他零件的装配连接关系等问题,以便对零件结构作出正确的设计,达到最佳的经济效益。

9.4.1　铸件

铸件设计应注意以下几点。

(1) 如图 9-11 所示,转折处应有圆角 $R3\sim R5$,大壁厚的圆角是壁厚的 $0.2\sim0.4$ 倍,内外圆角可取相同值。

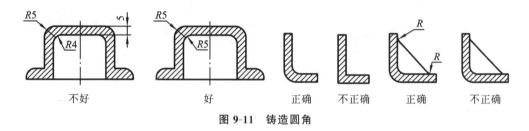

图 9-11　铸造圆角

(2) 铸件设计要利于清砂,如图 9-12 所示。

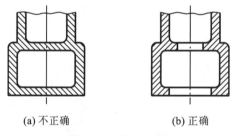

(a) 不正确　　　　　　(b) 正确

图 9-12　利于清砂

(3) 铸件设计应有拔模斜度,一般为 $1°\sim20°$。木模为 $1°\sim3°$,手工造型金属模为 $1°\sim2°$,机械造型金属模为 $0.5°\sim1°$,如图 9-13 所示。

拔模斜度的线条可简化不画,拔模斜度一般也可在技术要求中作统一说明。

(4) 铸件的设计要便于起模,以防脱砂,如图 9-14 所示。

(5) 铸件的形状设计应合理简化,如图 9-15 所示。

(6) 铸件壁厚要均匀或逐渐过渡,如图 9-16 所示。

铸件的壁厚要防止局部肥大,其壁厚内圆直径差别不大于 $20\%\sim25\%$,如图 9-17 所示。

铸件不同壁厚的连接如图 9-18 所示。

对于砂型铸造的铸件,其最小壁厚可按表 9-2 设计。

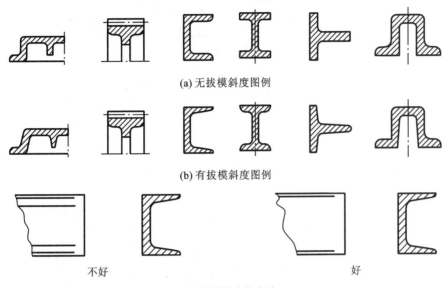

(a) 无拔模斜度图例

(b) 有拔模斜度图例

不好 好

(c) 有拔模斜度的表达

图 9-13 拔模斜度

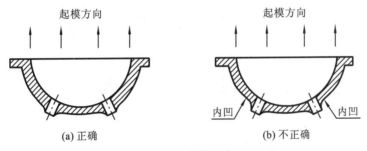

起模方向 起模方向

内凹 内凹

(a) 正确 (b) 不正确

图 9-14 便于起模

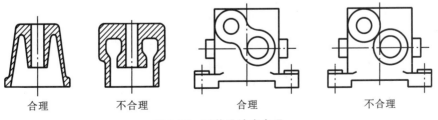

合理 不合理 合理 不合理

图 9-15 形状设计应合理

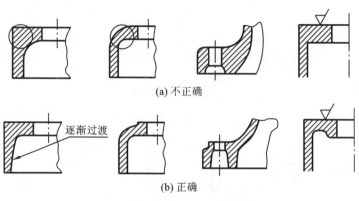

(a) 不正确

(b) 正确

图 9-16　铸件壁厚要均匀或逐渐过渡

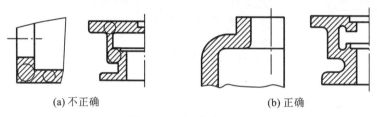

(a) 不正确　　　　　　　　　　(b) 正确

图 9-17　防止局部肥大

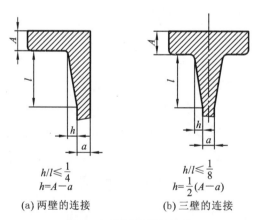

$h/l \leqslant \dfrac{1}{4}$
$h = A - a$

$h/l \leqslant \dfrac{1}{8}$
$h = \dfrac{1}{2}(A - a)$

(a) 两壁的连接　　　　(b) 三壁的连接

图 9-18　不同壁厚的连接

表 9-2　铸件的最小壁厚

铸造方法	铸造尺寸	灰铸铁	铸钢	可锻铸铁	铝合金	铜合金
砂型	$<200 \times 200$	6	8	5	3	3～5
	$200 \times 200 \sim 500 \times 500$	7～10	10～12	8	4	6～8
	$>500 \times 500$	15～20	15～20	—	6	—

（7）对于铸件的加强肋板，其厚度应为壁厚的 0.7～0.9 倍，其高度应不大于壁厚的 5 倍，如图 9-19 所示。

（8）铸件应注意铸造圆角过渡线的画法，如图 9-20 所示。

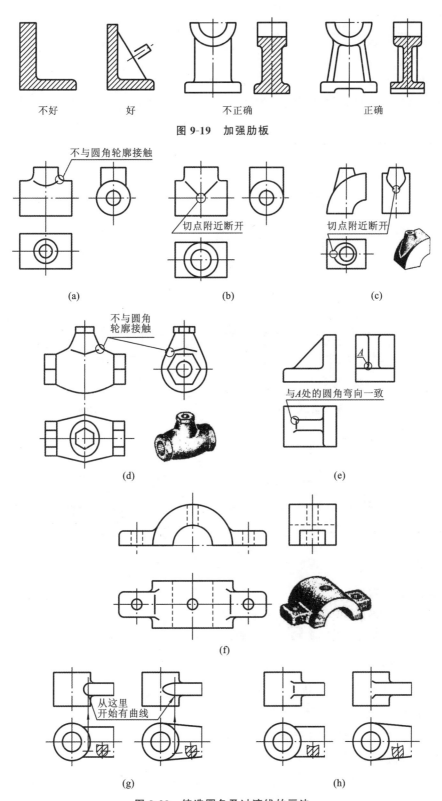

图 9-19　加强肋板

（a）　　　　　　　　　　　（b）　　　　　　　　　　　（c）

（d）　　　　　　　　　　　（e）

（f）

（g）　　　　　　　　　　　（h）

图 9-20　铸造圆角及过渡线的画法

9.4.2 金属切削加工件

1. 倒角、圆角

为保护装配面,也便于装配和使用安全,一般在轴或孔的端部加工成倒角,在轴肩处加工成圆角的过渡形式,称为倒圆,倒圆还可减少应力集中以增加零件的强度。倒角和倒圆的画法如图 9-21 和图 9-22 所示。

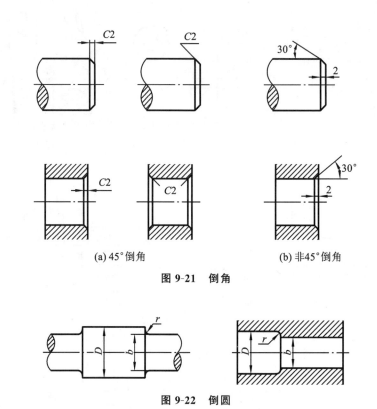

(a) 45° 倒角　　　　(b) 非45° 倒角

图 9-21　倒角

图 9-22　倒圆

2. 退刀槽、越程槽

在零件的台肩处,为保护加工刀具和方便刀具退出,以及装配时两零件表面能紧密接触,一般在零件上要加工出退刀槽或越程槽,如图 9-23 和图 9-24 所示。

3. 零件上孔的设计

零件上孔的设计应有利于加工与测量,如图 9-25 所示。

4. 加工面

选择加工面时,应避免将加工面安排在内壁上,如图 9-26 所示。

5. 加工工艺

零件结构应尽量减少加工面及加工调整次数,如图 9-27 所示。

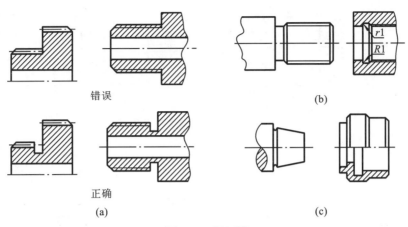

错误

正确

(a)

(b)

(c)

图 9-23 退刀槽

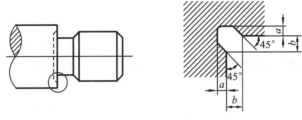

图 9-24 越程槽

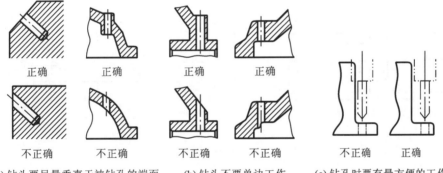

正确　　　正确　　　正确　　　正确

不正确　　不正确　　不正确　　不正确　　　不正确　　正确

(a) 钻头要尽量垂直于被钻孔的端面　　(b) 钻头不要单边工作　　(c) 钻孔时要有最方便的工作条件

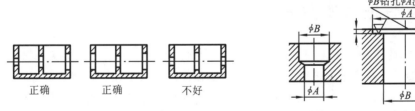

正确　　　正确　　　不好

ϕB钻孔ϕA沉孔刮平为止

(d) 同一直线上直径不同的孔　　(e) 尾端的120°和刮平深度在图上可不标注

图 9-25 孔的设计

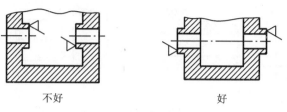

不好　　　　　好

图 9-26　避免内壁上加工

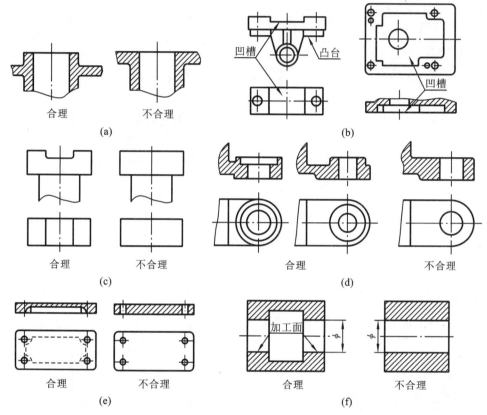

合理　　　不合理

(a)

凹槽　　　凸台　　　　　　　　凹槽

(b)

合理　　　不合理

(c)

合理　　　　　不合理

(d)

合理　　　不合理

(e)

加工面　　　合理　　　　不合理

(f)

图 9-27　减少加工面积

9.5　零件的技术要求

在零件图上,除了用一组视图表示零件的结构形状,用尺寸表示零件的大小外,还必须标注制造和检验时在技术指标上应达到的要求,即零件的技术要求。零件图中的技术要求主要包括表面粗糙度、极限与配合、形位公差、热处理以及其他有关制造的要求。

零件图的技术要求一般用规定的代(符)号、数字、字母等标注在视图上,当不能用代(符)号标注时,允许在"技术要求"标题下,用简要的文字进行说明。技术要求涉及的专业知识面很广,本节仅介绍表面粗糙度、极限与配合,以及形位公差的基本知识。

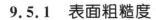

9.5.1　表面粗糙度

1. 表面粗糙度的概念及参数

零件经过机械加工后,因刀痕及切削时表面金属的塑性变形等影响,其表面会存在间距较小的轮廓峰谷。用显微镜观察,则会清楚看见这些高低不平的峰谷,如图 9-28(a)所示。这种零件表面上具有的较小间距的峰谷所形成的微观几何特征,称为表面粗糙度。

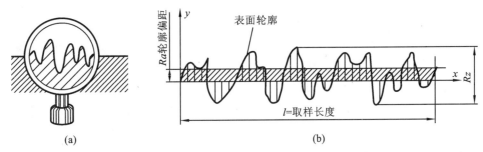

图 9-28　轮廓算术平均偏差 Ra 及轮廓最大高度 Rz

表面粗糙度是零件表面质量的重要指标之一,它对表面间摩擦与磨损、配合性质、密封性、抗腐蚀性及疲劳强度等都有影响。一般说来,凡零件上有配合要求或有相对运动的面,就必须标注一定的表面粗糙度要求。

GB/T 131—2006 规定,评定表面粗糙度的参数有两种:轮廓算术平均偏差 Ra 和轮廓最大高度 Rz。在这两项参数中,优先选用 Ra 参数。

1) 轮廓算术平均偏差 Ra

轮廓算术平均偏差 Ra 是指取样长度 l(具有表面粗糙度特征的一段长度)内,轮廓偏差 y(表面轮廓上点至基准线的距离)绝对值的算术平均值,如图 9-28(b)所示,可用下式来表示:

$$Ra = \frac{1}{l}\int_0^l |y(x)|\,dx \approx \frac{1}{m}\sum_{i=1}^n y_i$$

GB/T 1031—2009 规定了 Ra 的数值及对应的取样长度 l 和评定长度 l_n,如表 9-3 所示。

表 9-3　Ra 及 l、l_n 的数值(摘自 GB/T 1031—2009)

$Ra/\mu m$	优先系列	0.012	0.025	0.050	0.100	0.20	0.40	0.80
		1.60	6.3	6.3	12.5	25	50	100
	补充系列	0.008	0.010	0.016	0.020	0.032	0.040	0.063
		0.080	0.125	0.160	0.25	0.32	0.50	0.63
		1.00	1.25	2.0	2.5	4.0	5.0	8.0
		10.0	16.0	20	32	40	63	80

$Ra/\mu m$	0.008~0.02	>0.02~0.1	>0.1~2.0	>2.0~10.0	>10.0~80
取样长度 l/mm	0.08	0.25	0.8	2.5	8.0
评定长度 l_n/mm	0.4	1.25	4.0	12.5	40

2）轮廓最大高度 Rz

在取样长度内,轮廓峰顶线和轮廓谷底线之间的距离为 Rz,如图 9-28(b)所示。

2. 表面粗糙度符号、代号及其含义

国家标准 GB/T 131—2006 规定了表面粗糙度符号、代号及其注法。表 9-4 列出了表面粗糙度的主要符号。

表 9-4 表面粗糙度符号及其含义(摘自 GB/T 131—2006)

符 号	含 义
	基本符号,表示表面可用任何方法获得。当不加注粗糙度参数值或有关说明(例如:表面处理、局部热处理状况等)时,适用于简化代号标注
	基本符号加一短画,表示表面是用去除材料的方法获得。例如:车、铣、钻、磨、剪切、抛光、腐蚀、电火花加工、气割等
	基本符号加一小圆,表示表面是用不去除材料的方法获得,如铸、锻、冲压变形、热轧、冷轧、粉末冶金等,或者是用于保持原供应状况的表面(包括保持上道工序的状况)
	在上述三个符号的长边上均可加一横线,用于标注有关参数和说明
	在上述三个符号上均可加上一小圆,表示所有表面具有相同的表面粗糙度要求

表面粗糙度符号的画法如图 9-29 所示,若以图样轮廓线宽度 b 为参数,图中参数的大小为:符号的线宽 $d=b/2$,高度 $H_1=10b$,高度 $H_2=2H_1+(1\sim2)=20b+(1\sim2)$。另外,与符号相关的数字、字母的高度 $h=10d=5b$。

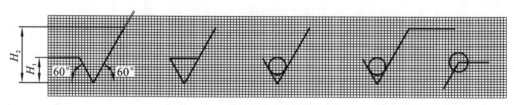

图 9-29 表面粗糙度符号的比例

表面粗糙度的代号及其含义如表 9-5 所示。

表 9-5 表面粗糙度代号及其含义(摘自 GB/T 131—2006)

序号	代 号	含义/解释
1	$\sqrt{Rz0.4}$	表示不允许去除材料,单向上限值,默认传输带,R 轮廓,粗糙度的最大高度 0.4 μm,评定长度为 5 个取样长度(默认),"16%规则"(默认)
2	$\sqrt{Rzmax0.2}$	表示去除材料,单向上限值,默认传输带,R 轮廓,粗糙度最大高度的最大值 0.2 μm,评定长度为 5 个取样长度(默认),"最大规则"
3	$\sqrt{0.008{\sim}0.8/Ra3.2}$	表示去除材料,单向上限值,传输带 0.008~0.8 mm,R 轮廓,算术平均偏差 3.2 μm,评定长度为 5 个取样长度(默认),"16%规则"(默认)
4	$\sqrt{-0.8/Ra3\ 3.2}$	表示去除材料,单向上限值,传输带:根据 GB/T 6062,取样长度 0.8 μm(λs 默认 0.0025 mm),R 轮廓,算术平均偏差 3.2 μm,评定长度包含 3 个取样长度,"16%规则"(默认)
5	$\sqrt{\begin{array}{l}U\,Ra\,max\,3.2\\L\,Ra\,0.8\end{array}}$	表示不允许去除材料,双向极限值,两极限值均使用默认传输带,R 轮廓。上限值:算术平均偏差 3.2 μm,评定长度为 5 个取样长度(默认),"最大规则"。下限值:算术平均偏差 0.8 μm,评定长度为 5 个取样长度(默认),"16%规则"(默认)
6	$\sqrt{0.8{\sim}25/Wz3\ 10}$	表示去除材料,单向上限值,传输带 0.08~25 mm,W 轮廓,波纹度最大高度 10 μm,评定长度包含 3 个取样长度,"16%规则"(默认)

对表面粗糙度的单一要求和补充要求的注写位置如图 9-30 所示。

3. 表面粗糙度的标注

1)标注原则

(1)同一图样上,每个表面一般只标注一次表面粗糙度的符号、代号,并应注在可见轮廓线、尺寸界线、引出线或它们的延长线上。

(2)符号的尖端必须从材料外部指向零件表面。

(3)在图样上,表面粗糙度代号中数字的大小和方向必须与图中尺寸数字的大小和方向一致。

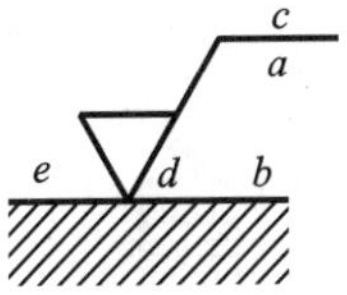

2)表面粗糙度的标注应用示例

表 9-6 所示为表面粗糙度的标注示例。

图 9-30 表面粗糙度补充要求的注写位置

a——注写表面粗糙度的单一要求;

a 和 b——注写两个或多个表面粗糙度要求;

c——注写加工方法;

d——注写表面纹理和方向;

e——注写加工余量

表 9-6　表面粗糙度标注示例

图　例	说　明	图　例	说　明
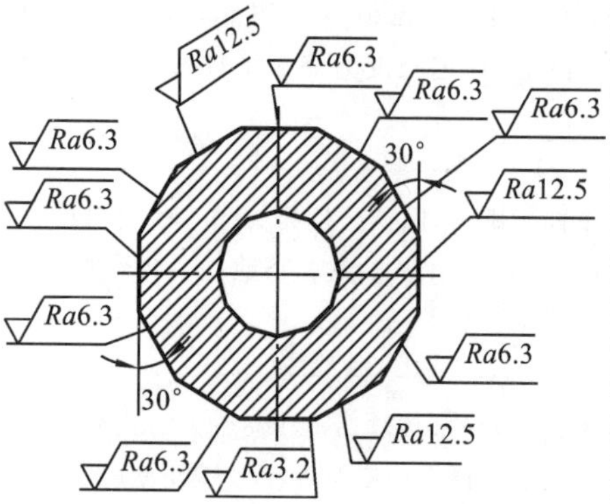 √Ra12.5　√Ra6.3　√Ra6.3　√Ra6.3 √Ra6.3 √Ra6.3　30°　√Ra12.5 √Ra6.3 30°　√Ra6.3 √Ra6.3　√Ra12.5 √Ra3.2	代号中数字注写方向与尺寸数字方向一致；倾斜表面的代号及数字标注方向应符合左图规定	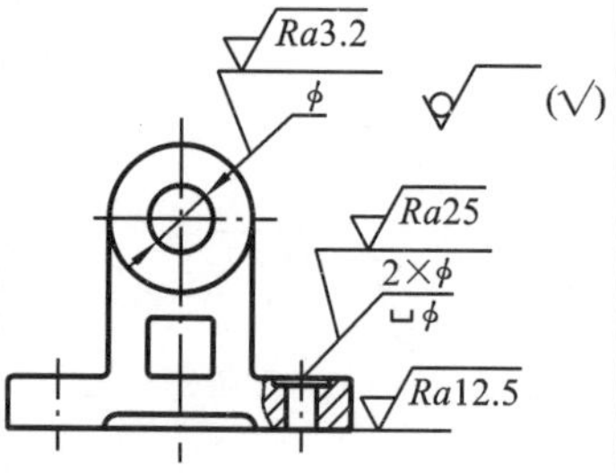 √Ra3.2 φ (√) √Ra25 2×φ ⊔φ √Ra12.5	当地方狭小不便标注时，可引出标注；轮廓线相连的不连续同一表面，只标注一次
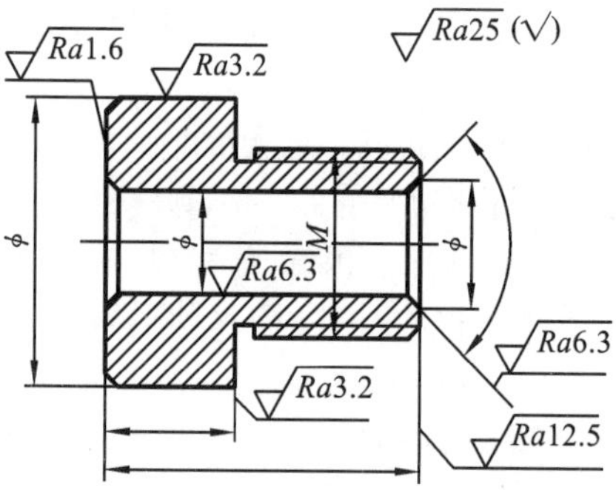 √Ra1.6　√Ra3.2　√Ra25 (√) φ　M　φ √Ra6.3　φ √Ra6.3 √Ra3.2 √Ra12.5	当零件的大部分表面具有相同的表面粗糙度要求时，对其中使用最多的一种代号可统一注在图样的右上角，并加注"(√)"，且比图形上其他代号大1.4倍	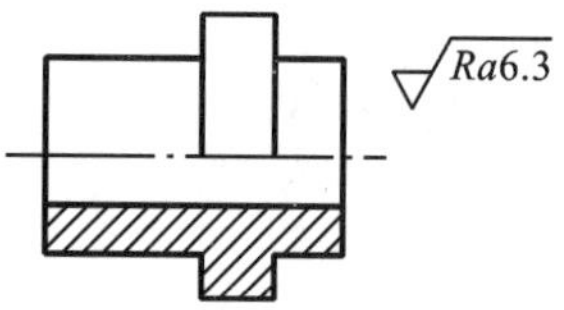 √Ra6.3	零件所有表面具有相同的表面粗糙度要求时，在右上角统一标注代号
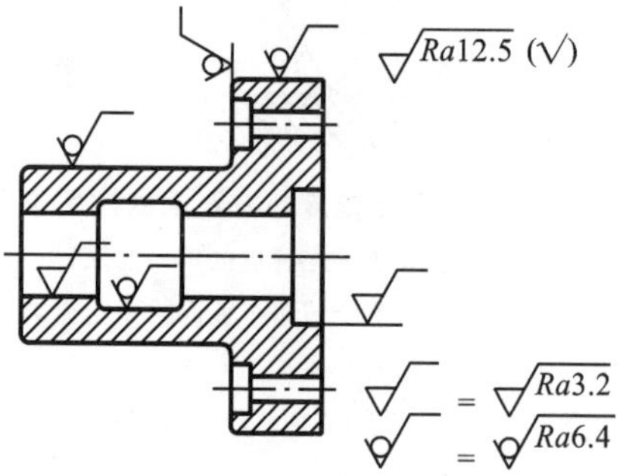 √Ra12.5 (√) √ = √Ra3.2 √ = √Ra6.4	当具有同一种表面粗糙度的去除材料加工的表面，以及不去除材料的表面时，可采用省略标注，但必须在标题栏附近说明这些省略代号的意义	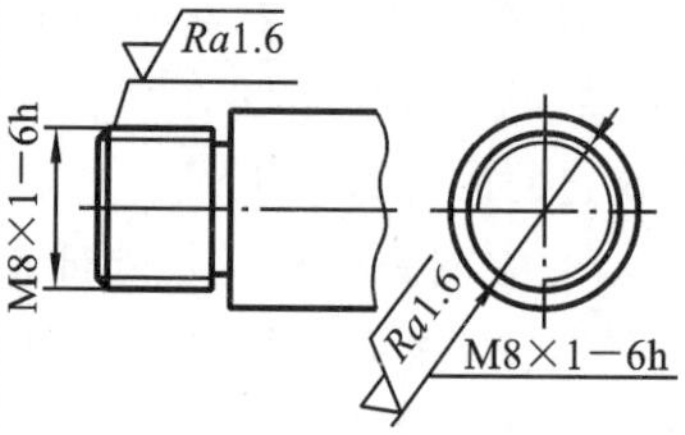 √Ra1.6 M8×1—6h √Ra1.6 M8×1—6h	螺纹等工作表面没有画出牙型时，其表面粗糙度代号按左图标注

9.5.2　极限与配合

1. 互换性概念

在相同规格的一批零件中,不用选择、不经修配就能装在机器上,并能达到规定的性能要求,零件的这种性质称为互换性。零件的互换性是现代化机械工业的重要基础,它既有利于装配或维修机器,又便于组织生产协作,从而进行高效的专业化生产。而极限与配合制度,是实现互换性的一个基本条件。

2. 尺寸与尺寸公差

（1）基本尺寸　由设计确定的尺寸为基本尺寸,如图 9-31 中的 $\phi50$。

（2）实际尺寸　通过测量获得的尺寸为实际尺寸。

（3）极限尺寸　允许零件尺寸变化的两个界限值称为极限尺寸,分最大极限尺寸和最小极限尺寸,如图 9-31 中的 $\phi50.039$ 和 $\phi49.975$。

（4）尺寸偏差　某一尺寸减其基本尺寸所得的代数差称为尺寸偏差,简称偏差。最大极限尺寸减其基本尺寸所得的代数差,称为上偏差,孔、轴的上偏差分别用 ES 和 es 表示。最小极限尺寸减其基本尺寸所得的代数差,称为下偏差,孔、轴的下偏差分别用 EI 和 ei 表示。

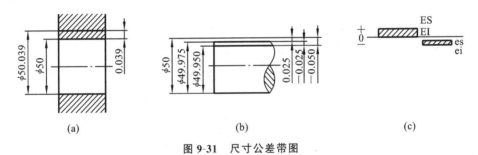

| | (a) | (b) | (c) |

图 9-31　尺寸公差带图

上、下偏差统称为极限偏差,图 9-31 所示的尺寸偏差为:

孔的上偏差 $ES=(50.039-50)\,mm=0.039\,mm$

孔的下偏差 $EI=(50-50)\,mm=0$

轴的上偏差 $es=(49.975-50)\,mm=-0.025\,mm$

轴的下偏差 $ei=(49.950-50)\,mm=-0.050\,mm$

（5）尺寸公差　允许尺寸的变动量称为尺寸公差,简称公差。

$$公差＝最大极限尺寸－最小极限尺寸＝上偏差－下偏差$$

图 9-31 所示的尺寸公差为

$$孔的公差＝(50.093-50)\,mm=(0.039-0)\,mm=0.039\,mm$$

$$轴的公差＝(49.975-49.950)\,mm=[-0.025-(-0.050)]\,mm=0.025\,mm$$

尺寸公差是一个没有正负号的绝对值。

（6）公差带　在尺寸公差分析中,常将图 9-31(a)和(b)所示的基本尺寸、偏差和公差之间的关系简化成如图 9-31(c)所示的图形-公差带图。图中,由代表上、下偏差的两条线所限定的一个区域称为公差带。确定偏差的一条基准线称为零偏差线,简称零线。一般情况下,零线代表基本尺寸,零线以上为正偏差,零线以下为负偏差。

公差带包括了"公差带大小"与"公差带位置"。国标规定,公差带大小和位置分别由标准公差和基本偏差来确定。

（7）标准公差 由国家标准所列的,用以确定公差带大小的公差称为标准公差。用"国际公差"的符号"IT"表示,共分为 20 个等级,分别用 IT01、IT0、IT1…IT18 表示。公差依次增大,等级(精度)依次降低。标准公差取决于基本尺寸的大小和标准公差等级,其值可查阅相关国家标准规定。

（8）基本偏差 用以确定公差带相对于零线位置的那个极限偏差称为基本偏差。它可以是上偏差或下偏差,一般是指靠近零线的那个偏差。

国家标准规定的基本偏差系列,其代号用拉丁字母表示,大写字母表示孔,小写字母表示轴,各有 28 个,如图 9-32 所示。由图可见,孔的基本偏差 A～H 为下偏差,J～ZC 为上偏差;而轴的基本偏差则相反,a～h 为上偏差,j～zc 为下偏差。图中 h 和 H 的基本偏差为零,分别代表基准轴和基准孔,JS 和 js 对称于零线,其上、下偏差分别为＋IT/2 和－IT/2,基本偏差的数值可查阅相关国家标准规定。

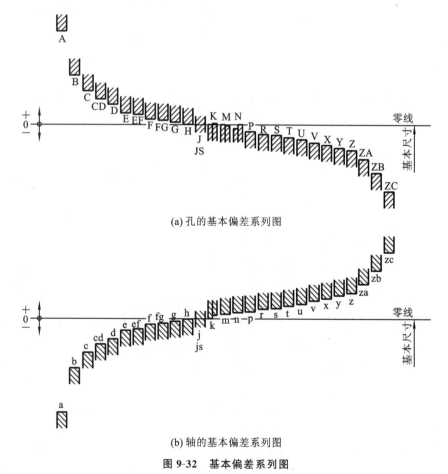

(a) 孔的基本偏差系列图

(b) 轴的基本偏差系列图

图 9-32　基本偏差系列图

（9）公差带的确定及代号 图 9-32 所示的基本偏差系列图中,只表示了公差带的位置,没有表示公差带的大小,因此,公差带一端是开口的,其偏差值取决于所选标准公差的大小,可根据基本偏差和标准公差算出。

对于孔:ES＝EI＋IT 或 EI＝ES－IT。

对于轴:es＝ei＋IT 或 ei＝es－IT。

孔、轴公差带代号由基本偏差代号和公差等级代号组成。例如:

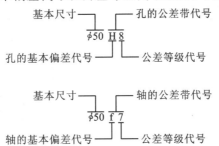

3．配合

1) 配合及其种类

基本尺寸相同的、相互结合的孔和轴的公差带之间的关系称为配合。其中,基本尺寸相同的孔和轴的结合是配合的条件,而孔、轴公差带之间的关系反映了配合精度和配合的松紧程度。孔、轴的配合松紧程度可用"间隙"或"过盈"来表示。孔的尺寸减去相配合的轴的尺寸为正,即孔的尺寸大于轴的尺寸,就产生间隙;孔的尺寸减去相配合的轴的尺寸为负,即孔的尺寸小于轴的尺寸,就产生过盈。

根据一批相配合的孔、轴在配合后得到的松紧程度,国家标准将配合分为以下三种。

（1）间隙配合 具有间隙（包括最小间隙等于零）的配合称为间隙配合。如图 9-33（a）所示,此时孔的公差带在轴的公差带之上。

（2）过盈配合 具有过盈（包括最小过盈等于零）的配合称为过盈配合。如图 9-33（b）所示,此时孔的公差带在轴的公差带之下。

（3）过渡配合 可能具有间隙或过盈的配合称为过渡配合。如图 9-33（c）所示,此时孔、轴的公差带互相交叠。

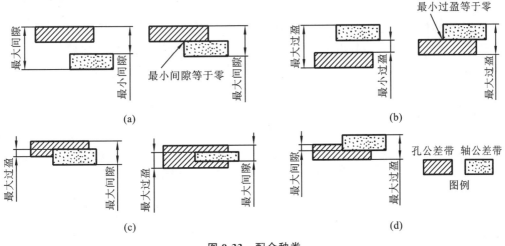

图 9-33 配合种类

2）基准制

把基本尺寸相同的孔、轴公差带组合起来,就可以组成各种不同的配合。为了便于设计制造、降低成本,实现配合标准化,国标规定了两种基准制,即基孔制和基轴制。

（1）基孔制　基本偏差为一定的孔的公差带,与不同基本偏差的轴的公差形成各种配合的一种制度称为基孔制。如图 9-34（a）所示,基孔制配合中的孔称为基准孔,其基本偏差为 H,下偏差 EI＝0。

（2）基轴制　基本偏差为一定的轴的公差带,与不同基本偏差的孔的公差带形成各种配合的一种制度称为基轴制。如图 9-34（b）所示,基轴制的轴为基准轴,其基本偏差代号为 h,上偏差 es＝0。

由于孔加工一般采用定值（定尺寸）刀具,而轴加工采用通用刀具,因此,国标规定,一般情况下应优先采用基孔制配合。孔的基本偏差为一定,可大大减少加工孔时所使用的定值刀具的品种、规格,便于组织生产、管理和降低成本。

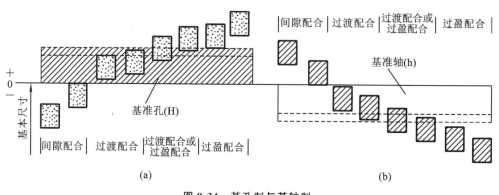

图 9-34　基孔制与基轴制

3）配合代号

配合代号是指用孔、轴公差带代号来组合表示的代号,写成分数形式。例如：$\phi 50 H8/f7$ 或 $\phi 50 \frac{H8}{f7}$,其中 $\phi 50$ 表示孔、轴基本尺寸,H8 表示孔的公差带代号,f7 表示轴的公差带代号,H8/f7 表示配合代号。

在配合代号中,凡孔的基本偏差为 H 者,表示基孔制配合,凡轴的基本偏差为 h 者,表示基轴制配合。

4）优先和常用配合

标准公差有 20 个等级,基本偏差有 28 种,可以组成大量配合。但是,过多的配合既不能发挥标准的作用,也不利于生产。因此,国家标准将孔、轴公差带分为优先、常用和一般用途公差带,并由孔、轴的优先和常用公差带分别组成基孔制和基轴制的优先配合和常用配合,以便选用。基孔制和基轴制各种优先配合、常用配合可查阅有关国家标准规定手册。

5）孔和轴的极限偏差值

根据基本尺寸和公差带代号,可通过查表获得孔、轴的极限偏差数值。查表时,根据某一基本尺寸的轴和孔,先由其基本偏差代号查表得到基本偏差值,再由公差等查表得到标准公差值,最后由标准公差与极限偏差的关系,算出另一极限偏差值。

对于优先及常用配合的极限偏差,可直接查手册获得。

例 9-1 已知轴、孔的配合代号为 $\phi50\dfrac{H8}{f7}$，试确定孔和轴的极限偏差值及配合性质。

解 由基本尺寸 $\phi50$（属于分段＞40～50）和孔的公差带代号 H8，从国家标准规定手册可查表得孔的上、下偏差分别为 $ES=39\ \mu m$，$EI=0$。由基本尺寸 $\phi50$ 和轴的公差带代号 f7，查表可得轴的上、下偏差分别为 $es=-25\ \mu m$，$ei=-50\ \mu m$。因此，孔的尺寸为 $\phi50^{+0.039}_{\ 0}$ mm，轴的尺寸为 $\phi50^{-0.025}_{-0.050}$ mm。$\phi50\dfrac{H8}{f7}$ 的公差带图如图 9-35(a)所示，从图中可以看出，孔、轴是基孔制的间隙配合，最大间隙为 0.089 mm，最小间隙为 0.025 mm。

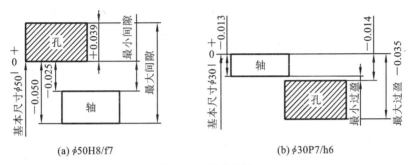

(a) $\phi50H8/f7$ (b) $\phi30P7/h6$

图 9-35 公差带图

例 9-2 已知孔、轴的配合代号为 $\phi30\dfrac{P7}{h6}$，试确定孔、轴的极限偏差值及配合性质。

解 由基本尺寸 $\phi30$ 和孔的公差代号 P8 查表可得孔的上、下偏差分别为 $ES=-14\ \mu m$，$EI=-35\ \mu m$。由基本尺寸 $\phi30$ 和轴的公差带代号 h6 查表可得轴的上、下偏差分别为 $es=0$，$ei=-13\ \mu m$。因此，孔的尺寸为 $\phi30^{-0.014}_{-0.035}$ mm，轴的尺寸为 $\phi30^{\ 0}_{-0.013}$ mm。$\phi30\dfrac{P7}{h6}$ 的公差带图如图 9-35(b)所示，从图中可以看出，孔、轴是基轴制的过盈配合，最大过盈为 0.035 mm，最小过盈为 0.001 mm。

4. 公差与配合在图样上的标注

在零件图上，尺寸公差的标注分为下面三种形式：只标注公差带代号，如图 9-36(b)所示；只标注极限偏差的数值，如图 9-36(c)所示；同时标注公差带代号和相应的极限偏差值，且极限偏差值加上圆括号，如图 9-36(d)所示。

在装配图上，两零件有配合要求时，应在基本尺寸的旁边注出相应的配合代号，并按图 9-36(a)所示标注。

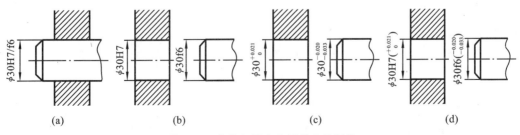

(a)   (b)   (c)   (d)

图 9-36 公差与配合在图样上的标注

9.5.3 形位公差

形位公差是形状与位置公差的简称,是指零件要素(点、线、面)的实际形状和实际位置对理想形状和理想位置的允许变动量。

1. 形位公差的项目和符号

按照 GB/T 1182—2018 的规定,形位公差的每个特征项目都有专用符号,如表 9-7 所示。

表 9-7 形位公差各项目的名称和符号(摘自 GB/T 1182—2018)

公差类型	几何特征项目	符号	公差类型	几何特征项目	符号
形状公差	直线度	—	方向公差	平行度	//
	平面度	▱		垂直度	⊥
				倾斜度	∠
	圆度	○		线轮廓度	⌒
				面轮廓度	⌒
	圆柱度	⌀	位置公差	位置度	⊕
				同轴度	◎
	线轮廓度	⌒		对称度	=
				线轮廓度	⌒
				面轮廓度	⌒
	面轮廓度	⌒	跳动公差	圆跳动	↗
				全跳动	↗↗

2. 形位公差的标注

在图样上标注形位公差时,应有公差框格、被测要素和基准要素(对位置公差)三项内容。

1) 公差框格

形位公差要求在矩形公差框格中给出,该框由两格或多格组成,用细实线绘制,框格高度推荐为图内尺寸数字高度的 2 倍,框格中的内容从左到右分别填写公差特征符号、线性公差值(如公差带是圆形或圆柱形的,则在公差值前加注"φ",如果是球形的,则加注"Sφ"),第三格及以后格为基准代号的字母和有关的符号,如图 9-37 所示。公差框格可水平或垂直放置。

图 9-37 公差框格

2) 被测要素的标注

用带箭头的指引线将框格与被测要素相连,按下列方式进行标注。

(1) 当公差涉及线或面时,将箭头垂直指向被测要素轮廓线或其延长线上,但必须与相应尺寸线明显错开,如图 9-38 所示。

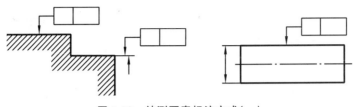

图 9-38 被测要素标注方式(一)

(2)当公差涉及中心线、中心平面或中心点时,箭头应位于相应尺寸线的延长线上,如图 9-39 所示。

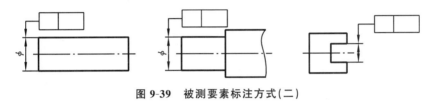

图 9-39 被测要素标注方式(二)

(3)对几个表面有同一数值公差带要求时,其表示法如图 9-40 所示。

3)基准要素的标注

基准要素用基准字母表示,如图 9-41 所示。表示基准的字母也应注在公差框格内。

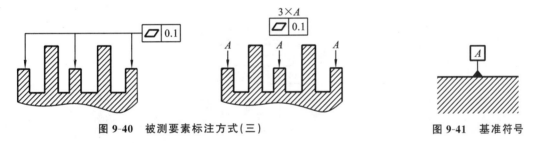

图 9-40 被测要素标注方式(三)　　　　图 9-41 基准符号

单一基准用一个大写字母表示,如图 9-42(a)所示。由两个要素组成的公共基准,用中间加连字符的两个大写字母表示,如图 9-42(b)所示。由三个或三个以上要素组成的基准体系,如多基准组合,表示基准的大写字母应按基准的优先顺序从左至右分别置于格中,如图 9-42(c)所示。

当基准要素是轮廓线或表面时,基准三角形应置于要素的外轮廓线上方或它的延长线上,并应与尺寸线明显错开,如图 9-43 所示。当基准要素是轴线、中心平面或中心点时,则基准三角形应放置在相应尺寸线的延长线上,如图 9-44 所示。当基准要素只以某一局部作基准,则应用粗点画线示出该部分并加注尺寸,如图 9-45 所示。

3. 形位公差的公差等级和公差值

国家标准对形状和位置公差各项目规定了 1～12 共 12 个公差等级,除了圆度、圆柱度增加了 0 级,共 13 个等级,等级数越大,公差值就越大,精度也就越低,具体公差值可查阅有关手册。

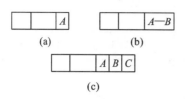

图 9-42 基准的字母在框格内的表示

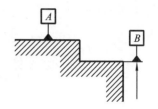

图 9-43 基准三角形的放置(一)

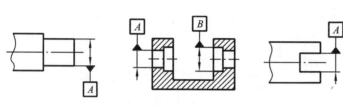

图 9-44 基准三角形的放置(二)

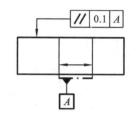

图 9-45 任选基准时的标注方法

4.零件图上形位公差标注例

零件图上形位公差标注实例如图 9-46 所示。

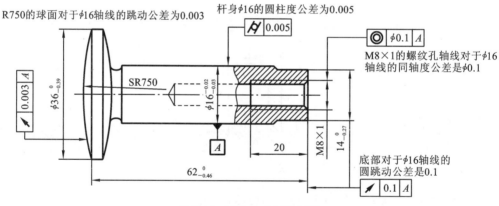

图 9-46 形位公差标注示例

9.6 看零件图

看零件图的目的就是要根据零件图想象出零件的结构形状,了解零件的尺寸和技术要求,以便在制造时采用适当的加工方法,或者在此基础上进一步研究零件结构的合理性,以得到不断的改进和创新。

9.6.1 看零件图的基本方法和步骤

1.看标题栏

通过标题栏了解零件的名称、材料、比例、数量等情况,以便对零件有一个大致的了解。

2. 视图分析

根据所配置的图形和有关的标注,了解每个图形的名称及表达方法,明确各图形之间的投影关系。按投影规律分析每个图形的表达重点,用形体分析法和线面分析法看懂零件的各组成部分的结构形状和相对位置关系。最后将各组成部分综合起来,想象零件的整体形状结构。

3. 尺寸分析

先确定零件的长、宽、高三个方向的尺寸基准,搞清楚哪些面或线是主要基准,哪些面或线是辅助基准,再根据零件各部分的形状,分析各组成部分的定形尺寸和定位尺寸。

4. 看技术要求

分析零件图上标注的尺寸公差、形位公差、表面粗糙度、热处理及表面处理等技术要求,了解各项质量指标。

9.6.2 看图举例

例 9-3 看懂图 9-47 所示的箱体零件图。

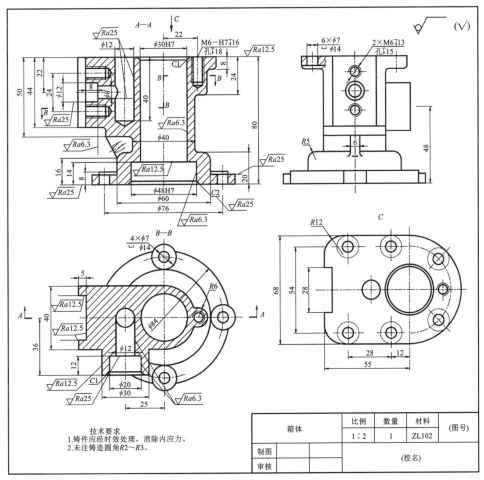

图 9-47 箱体零件图

分析

1. 概括了解

先从标题栏入手,了解零件的名称、材料、比例等,从图 9-47 所示的标题栏可知,该零件是用 ZL102 材料加工制造的,查手册可知,ZL102 是铸造铝合金的牌号,该零件是铸件,绘图比例为 1:2。从名称可知,该零件属于箱体类零件。从图中标注的尺寸可以看出,该零件的轮廓大小为 101×92×80,其用途可从有关资料中了解。

2. 看懂零件的结构形状

1)分析视图

看懂零件的内、外结构和形状是看图的重点。先找出主视图,确定各视图间的关系,并找出剖视、断面图的剖切位置、投影方向等,然后研究各视图的表达重点。从基本视图看零件大体的内外形状,结合局部视图、斜视图及断面图等,看清零件的局部或斜面的形状。根据零件的加工要求,了解零件的一些工艺结构。

如图 9-47 所示,该箱体共采用四个图形来表达零件的内外结构,包括三个基本视图及一个局部视图。主视图 A—A 全剖视,主要表达内部结构形状;俯视图采用阶梯剖切的 B—B 全剖视图,同时表达内部和底板的形状;左视图表达外形,其上有一小处局部剖,以表达孔的结构;C 向局部视图主要表达顶面形状。

2)想象形状

从图 9-47 的主、俯视图中可以看出,该箱体零件的工作部分为内腔,包括主体内腔(ϕ30H7 和 ϕ48H7 构成的直立阶梯孔)和其余内腔(主体内腔左侧的三个垂直通孔)。依据形体分析法,可以看出该箱体零件的基本外形。

从主、左视图及 C 向视图可以看出顶面连接部分;从主、左视图及俯视图可以看出左侧连接部分;从俯、左视图可以看出前面连接部分。

箱体安装部分下部的安装底板,主要在主、俯视图中表达。另外,从主、左视图中可以看出,该零件有一个加强肋。

工作部分的形体并不复杂,其难点在于看懂左边三孔的位置关系,从主、左视图可以看出顶面孔 ϕ12 深 40,左侧阶梯孔 ϕ12、ϕ8 和前面凸缘上的 ϕ20、ϕ12 阶梯孔三孔相通并相互垂直(注意左视图中尺寸 48)。

连接部分共分三处。顶面连接板厚度为 8,形状见 C 向视图,连接板下端面有锪平的 6×ϕ7 孔和 M6 螺孔,由主视图及 C 向视图可知这些孔的相对位置。侧面连接为凹槽,槽内有 2×M6 螺孔。前面连接是通过 ϕ20 孔,其外部结构为 ϕ30 的圆柱形凸台。

安装底板为圆盘形,其上有锪平的 4×ϕ16 孔和安装孔 4×ϕ7。要注意锪平面在左视图中的投影。另外,从图中还可看出反映加强肋断面形状的重合断面与肋板过渡线形状的关系。

至此,可想象出箱体零件的完整结构形状,如图 9-48 所示。

3. 分析尺寸

分析尺寸时,应先分析长、宽、高三个方向的主要尺寸基准,了解各部分的定位尺寸和定形尺寸,分清楚哪些是主要尺寸。

如图 9-47 所示,长度方向的主要尺寸基准是通过主体内腔轴线的侧平面;宽度方向的主要尺寸基准是通过主体内腔轴线的正平面;高度方向的主要尺寸基准是底板的底面。从这三个主要基准出发,结合零件的功用,进一步分析主要尺寸和各部分的定形尺寸、定位尺

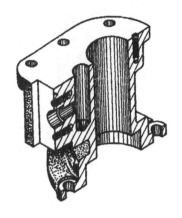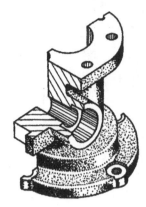

图 9-48 箱体零件轴测图

寸,直至完全确定这个箱体的各部分大小为止。

4. 了解技术要求

了解零件图中表面粗糙度、尺寸公差、形位公差及热处理等技术要求。如图 9-47 所示,从图中标注的表面粗糙度可以看出,除主体内腔孔 $\phi30H7$ 和 $\phi48H7$ 的 Ra 值为 6.3 以外,其他加工面的 Ra 值大部分为 25,少数是 12.5,其余为铸造表面。

全图只有两个尺寸具有公差要求,即 $\phi30H7$ 和 $\phi48H7$,这两个尺寸也正是工作内腔的尺寸,说明它是该零件的核心部分。

由图可知,箱体材料为铸铝,为保证箱体加工后不致变形而影响工作,铸体应经时效处理,未注铸造圆角为 $R2\sim R3$。

9.7 零件测绘

在仿制、修配或技术改造时,往往要对零件进行测绘。测绘是指先对零件凭目测徒手画出草图,经整理后再画出正式图。

原零件经测绘后,一般仍应有原来的功能和使用寿命。实物零件的测绘草图,同样应图形正确、表达清晰、尺寸完整、线型分明、图面整洁、字体工整,并应注写出包括技术要求等有关内容。所测绘的零件,可作现场改进,不一定要求和原实物完全一致。

9.7.1 测绘的方法和步骤

绘制草图的方法如下。

(1)了解、分析零件的功能、结构材料和加工方法。

(2)确定主视图及其他视图的表达方法。

(3)绘制零件草图。

以图 9-49 所示的阀盖为例,测绘作图步骤如下。

(1)定出轮盘类零件主视图的轴线及左视图的对称中心

线,以确定其视图和尺寸标注的范围,如图 9-50(a)所示。

图 9-49 阀盖立体图

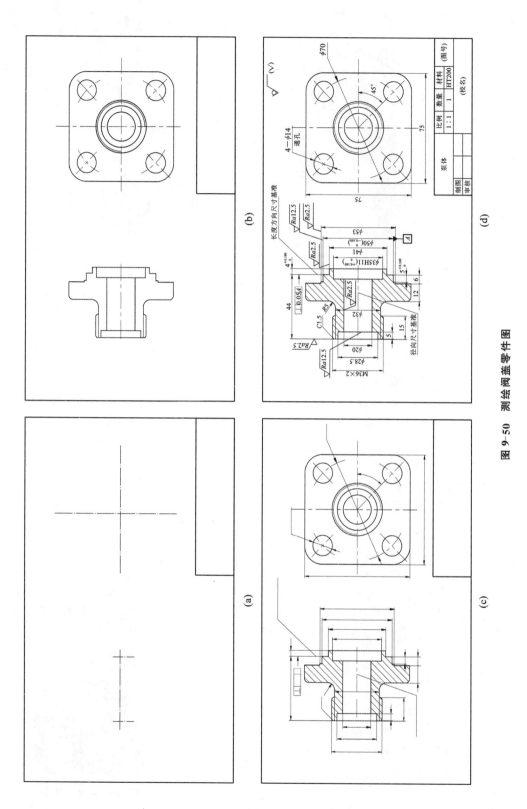

图 9-50　测绘阀盖零件图

（2）画出零件内外的结构轮廓及细节,如图 9-50(b)所示。

（3）画剖切符号及剖面线,补画其他局部视图、局部剖视图或局部剖面图等。

（4）选定尺寸基准,合理地标注尺寸。如图 9-50(c)所示。

（5）标注表面粗糙度等技术要求,填写标题栏等,如图 9-50(d)所示。

（6）根据草图画工作图,并按功能要求标注尺寸公差及形位公差。

（7）审核、会签,测绘完成的零件工作图如图 9-51 所示。

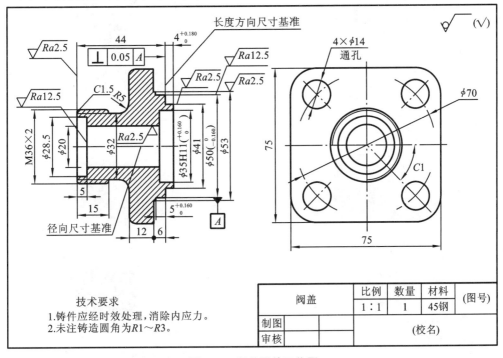

图 9-51 阀盖零件工作图

9.7.2 零件尺寸的测量方法

零件尺寸的测量方法如表 9-8 所示。

表 9-8 零件尺寸的测量方法

项目	例图与说明	项目	例图与说明
	线性尺寸可以用直尺直接测量读数,如图中的长度 L_1(94)、L_2(13)、L_3(28)		直径尺寸可以用游标卡尺直接测量读数,如图中的直径 d($\phi14$)

续表

项目	例图与说明	项目	例图与说明
	壁厚尺寸可以用直尺测量,如图中底壁厚度 $X=A-B$;或用卡钳和直尺测量,如图中侧壁厚度 $Y=C-D$		孔间距可以用卡钳(或游标卡尺)组合直尺测量,如图中两孔中心距 $A=L+d$
	中心高可以用直尺和卡钳(或游标卡尺)测量,如图中左侧 $\phi 50$ 孔的中心高 $A_1=L_1+\frac{1}{2}D$,右侧 $\phi 18$ 孔的中心高 $A_2=L_2+\frac{1}{2}d$		对精确度要求不高的曲面轮廓,可以用拓印法在纸上拓出它的轮廓形状,然后用几何作图的方法求出各连接圆弧的尺寸和中心位置
	螺纹的螺距可以用螺纹规或直尺测得,如图中 $P=1.5$		对标准齿轮,其轮齿的模数可以先用游标卡尺测得 d_a,再计算得到模数 $m=\dfrac{d_a}{z+2}$。奇数齿的齿顶圆直径 $d_a=2e+d$,请参阅右边附图

9.7.3 零件测绘时注意事项

（1）零件的制造缺陷，如砂眼、气孔及使用磨损、折裂等，在零件图上不必画出。

（2）零件在制造、装配、测量等方面的工艺结构，如倒角、退刀槽等，应如实画出，测量尺寸可按标准圆取整。

第 *10* 章 装配图

任何机器或部件都是由若干个零件按一定的功能需要和技术要求装配而成的。表达整台机器或部件的工作原理、装配关系、连接方式及结构形状的图样称为装配图。

设计部门一般先按机器或部件的功能要求画出装配图,然后根据它所提供的结构、工作运行情况及尺寸,设计绘制出零件图。装配部门则按照装配图的装配连接关系和技术要求,把加工好的零件安装成机器或部件。因此,装配图既表达了产品结构原理和设计思想,又是生产过程中装配、检验、调试和维修的技术依据和准则。

10.1 装配图的作用和内容

10.1.1 装配图的作用

装配图主要有以下几个作用。

(1) 进行机器或部件设计时,首先要根据其功能要求构思并确定设计方案(必要时可画出轴测图、结构图或装配示意图等),并根据设计方案画出装配图,用以表达机器或部件的工作原理,然后根据此装配图和有关参考资料,设计组成该机器或部件零件的具体结构,画出各个零件图样。

(2) 生产过程中,要根据装配图组织生产,按照装配图的要求把加工好的零件装配成部件或机器。

图 10-1 管钳立体图

(3) 根据装配图,可了解机器的性能、结构、传动路线、工作原理和使用技术要求。它是机器或部件使用过程中的安装、维护、修理和改进更新的基础。

(4) 装配图可反映设计者的技术思想,便于进行技术合作和交流。

10.1.2 装配图的内容

图 10-1、图 10-2 所示分别为管钳的立体图和装配图。可以看出,一张完整的装配图必须包含以下内容。

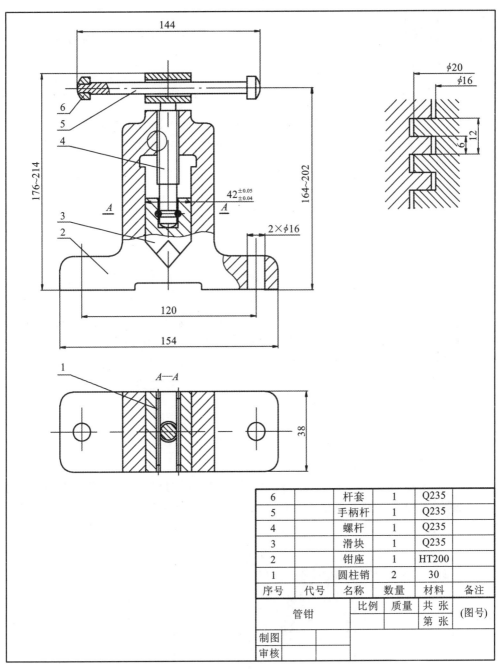

6		杆套	1	Q235	
5		手柄杆	1	Q235	
4		螺杆	1	Q235	
3		滑块	1	Q235	
2		钳座	1	HT200	
1		圆柱销	2	30	
序号	代号	名称	数量	材料	备注

管钳

比例／质量／共 张／第 张／(图号)

制图／审核

图 10-2　管钳装配图

1）一组视图

用各种常用的表达方法和特殊表达方法，准确、完整、清楚和简便地表达出机器（或部件）的工作原理、部件的结构、零件之间的装配关系和主要零件的结构形状。

2）必要的尺寸

装配图上应注出机器（或部件）有关性能、规格、安装、外形、配合关系等方面的尺寸数据。

3）技术要求

用文字或符号注写出机器(或部件)有关装配、检验、调试和使用等方面的要求。

4）标题栏、零件序号、明细栏(表)

（1）标题栏　注写装配体的名称(或名称代号)、图号、比例,以及有关责任者的签名、日期等内容的栏目称为标题栏。

（2）零件序号　对组成装配体的各零件依次编写的号码称为零件序号。

（3）明细栏(表)　按规定格式将各零件的序号、代号、名称、数量、材料等信息依次排列的表格称为明细栏。

■ 10.2　装配图的表达方法

装配图的视图表达方法与零件图的视图表达方法有许多共同点,因此,零件的各种表达方法在装配图中仍然适用,但是由于装配图和零件图的作用不同,对它的要求和侧重面也就不同。

装配图以表达机器或部件的工作原理和主要的装配关系为中心,并采用了适当的表达方法把组成部件或机器的零件的相对位置关系、连接方式和装配关系表达清楚。根据装配图可分析出装配体的传动路线、运行特点、润滑和冷却方式,以及操纵或控制情况等。所以,机械制图国家标准对装配图的表达方法又专门作出了一些相应的规定。

10.2.1　装配图的规定画法

1. 相邻零件轮廓线的画法

如图 10-3 所示,相邻两零件的接触面和基本尺寸相同的相互配合的工作面只画一条线(不论间隙多大);而对于相互不接触表面,间隙再小也必须画两条线,如图中螺钉与端盖上的阶梯孔、基本尺寸不同的轴与孔等处。

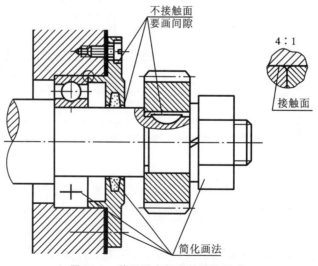

图 10-3　装配图中规定的简化画法

2. 装配图中剖面符号的画法

（1）在装配图的剖视、剖面图中，各零件应使用国家标准规定的剖面符号。

（2）同一零件在各个视图中的剖面线方向间隔都要一致，而不同零件的剖面线方向、间隔不一样，如图 10-3 所示。

（3）若零件很薄可用涂黑代替，如图 10-3 所示的垫片。

3. 实心杆件、标准件的画法

在装配图上作剖视时，当剖切平面通过实心杆件（如轴、连杆、拉杆、球、手柄、钩子等）及标准件（如螺栓、螺钉、垫片、螺母、键、销等）的基本轴线时，这些零件均按不剖绘制；如果确实要表达其内部结构，则可用局部剖视表达，如图 10-3 所示的半圆键。当剖切平面通过的某些部件为标准产品或该部件已由其他图形表示清楚时，可按不剖绘制，如图 10-4 所示的油杯。

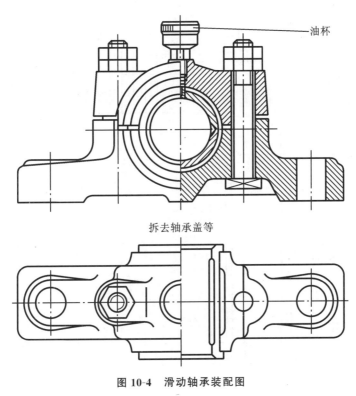

图 10-4　滑动轴承装配图

10.2.2　装配图的特殊画法

1. 拆卸画法

对于在某视图上已表达清楚的零件，如果在另一视图上重复出现，或者其图形将影响后面零件的表达时，可假想将该零件拆去不画，或者沿两零件的结合面进行剖切后绘制，这种画法称为拆卸画法。如图 10-5 所示的铣刀头装配图，左视图拆去零件 1、2、3、4、5 后，表示了端盖与座体的形状特征及其连接方式。对于拆去某零件后的视图，可在视图上方标注"拆去零件×××……"。

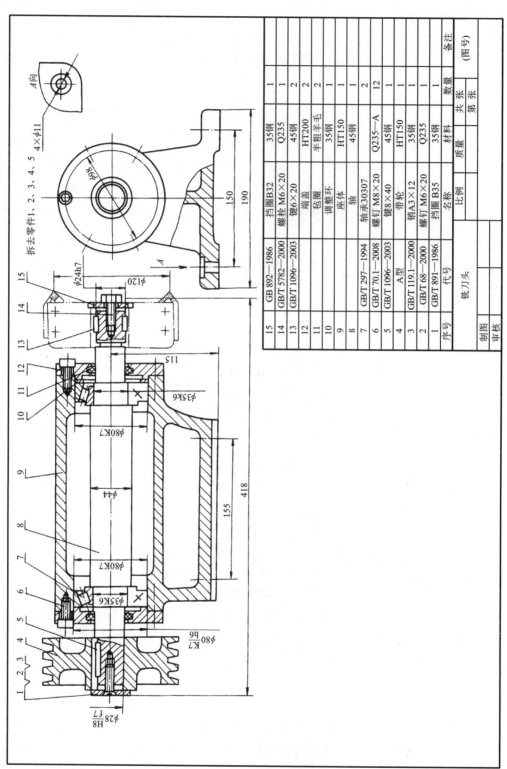

图 10-5　铣刀头装配图

15		挡圈B32	35钢	1	
14	GB/T 5782—2000	螺栓 M6×20	Q235	1	
13	GB/T 1096—2003	键6×20	45钢	2	
12		端盖	HT200	2	
11		毡圈	半粗羊毛	2	
10		调整环	35钢	1	
9		座体	HT150	1	
8		轴	45钢	1	
7	GB/T 297—1994	轴承30307		2	
6	GB/T 70.1—2008	螺钉 M8×20	Q235—A	12	
5	GB/T 1096—2003	键8×40	45钢	1	
4	A型	带轮	HT150	1	
3	GB/T 119.1—2000	销A3×12	35钢	1	
2	GB/T 68—2000	螺钉 M6×20	Q235	1	
1	GB/T 891—1986	挡圈 B35	35钢	1	
序号	代号	名称	材料	数量	备注

铣刀头

2. 假想画法

（1）为表示部件与其相连接的其他零部件的装配、安装关系,可以用双点画线将其他零部件的形状或部分形状假想画出来,如图 10-5 所示铣刀头装配图中的铣刀盘。

（2）需要表达运动件的运动范围或多个工作位置时,可以画出运动件的一个极限位置,而在其另一极限位置上用双点画线画出轮廓,如图 10-6 所示摇把的极限位置。

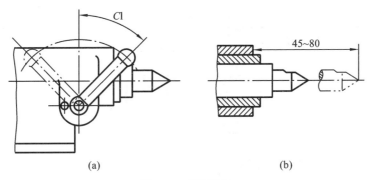

(a)　　　　　　　　　　　　　(b)

图 10-6　假想画法

3. 展开画法

在装配图中,为了表达不在同一平面上的空间重叠装配关系,可以假想按其运动顺序进行剖切,然后展开在一个平面上,这种方法称作展开画法,如图 10-7 所示。

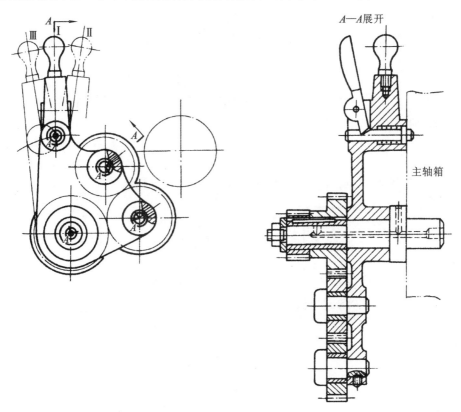

图 10-7　展开画法

4. 夸大画法

在装配图中常有一些薄片零件、细丝弹簧、微小间隙、小锥度等，如果按实际尺寸画出，往往表达不清晰或不易画出，为此可以采用夸大画法（此时可不按比例画），如图 10-8 所示。

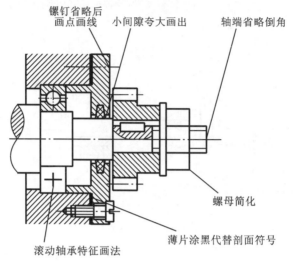

图 10-8　夸大、简化画法

5. 简化画法

装配图中如遇下列情况可以采用简化画法。

（1）对分布有规律而又重复出现的螺纹紧固件及其连接等，允许只详细画出一处，其余用点画线表明其中心位置即可，如图 10-8 所示的螺钉连接和图 10-9 所示相同组件的画法等。

（2）对装配图中的滚动轴承、油封（密封圈）等，允许只画出对称图形的一半，另一半采用特征画法，如图 10-8 所示轴承的画法。

（3）装配图中，零件的工艺结构，如倒圆、倒角、退刀槽等，允许省略不画，如图 10-8 所示。

（4）装配图中，螺母、螺栓头中的曲线可不画，如图 10-8 所示。

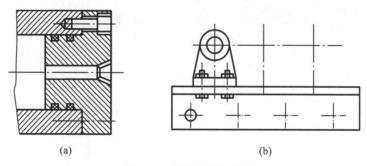

（a）　　　　　　　　　　　　　　　　（b）

图 10-9　相同组件画法

6. 单独表达某个零件

在装配图中，当某个零件的结构未表达清楚，且对理解装配关系有影响时，可以另外用视图单独表达该零件,且在该视图上方标注"零件××",如图 10-10 所示。

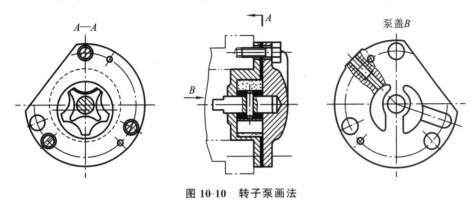

图 10-10　转子泵画法

10.2.3　装配体的工艺结构

为了保证各零件的装配质量,使机器或部件达到规定的性能和使用要求,在设计绘制图样时,必须考虑合理的装配工艺结构,达到拆装方便的目的。

表 10-1 列出了装配工艺结构的正误比较,以供读者参考。

表 10-1　装配工艺结构

结构名称	图例		简要说明
	合理	不合理	
1. 孔轴配合工艺结构	接触面　非接触面		两零件的接触表面,同方向只允许一对接触面
2. 相邻零件配合转角处工艺结构	倒圆和倒角　退刀槽和倒角		为了确保两零件转角处接触良好,应将转角处设计成倒圆、倒角或退刀槽
3. 减少加工面的工艺结构			两零件接触表面在保证可靠性的前提下,应尽量减少加工面积

续表

结构名称	图例		简要说明
	合理	不合理	
4.紧固件装配工艺结构	(a) (b) 旋具孔 (c)	(a) (b) (c)	两零件的接触表面,同方向只允许一对接触面
5.圆锥面配合处的工艺结构	(a) (b)	(a) (b)	(1)圆锥面接触应有足够长度,不能同时有其他面接触; (2)定位销孔应为通孔
6.并紧及防松结构	轮孔长 24 轴长 22 (a) (b)	(a) (b)	轮长应大于该段轴长,以保证螺母垫片并紧
7.滚动轴承定位装置			轴上零件应可靠定位,防止其在轴上移动

续表

结构名称	图例		简要说明
	合理	不合理	
8.油封装置	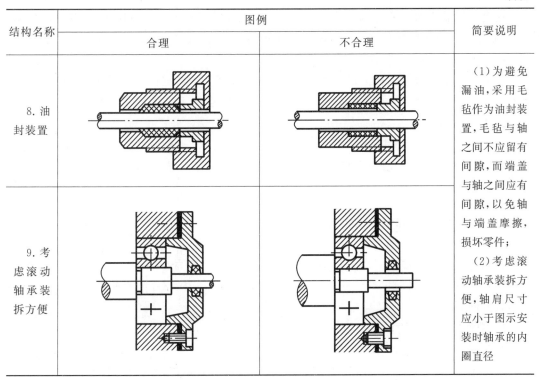		（1）为避免漏油，采用毛毡作为油封装置，毛毡与轴之间不应留有间隙，而端盖与轴之间应有间隙，以免轴与端盖摩擦，损坏零件； （2）考虑滚动轴承装拆方便，轴肩尺寸应小于图示安装时轴承的内圈直径
9.考虑滚动轴承装拆方便			

10.2.4 装配图的尺寸标注和技术要求

1. 装配图的尺寸标注

装配图和零件图的作用不一样，因此对尺寸标注的要求也不同。零件图是为加工制造零件而画的，所以在图上需要标注出全部尺寸；而装配图是为了设计和装配机器或部件所用的，所以在装配图中不需标注出所有尺寸，只需标注出下列尺寸即可。

1）规格、性能尺寸

它表示机器或部件的规格或性能的尺寸，这类尺寸往往是设计时就确定了的，它是设计机器及了解机器性能、工作原理、装配关系等的依据，如图 10-5 所示的 $\phi120$ 就属于规格尺寸。

2）装配尺寸

这类尺寸表明装配体上相关零件之间的装配关系，一般可分为以下两类。

（1）配合尺寸 它是表示零件之间接触面配合性质的尺寸，如图 10-5 所示的 $\phi80K7/h6$ 和 $\phi28H8/f7$。

（2）相对位置尺寸 它表示零件间和部件间比较重要的相对位置尺寸，如图 10-5 所示的 115 为相对位置尺寸。

3）安装尺寸

它表示将部件安装在机器上和机器安装到基座上所需要的联系尺寸，如图 10-5 中主视图所示的 155 和左视图所示的 150 等尺寸。

4）外形尺寸

它表示机器或部件的总体长、宽、高的尺寸。它反映机器或部件总体大小，以及包装、安装、运输过程中所占空间的大小，如图 10-2 所示的 154、38、176～214 即总体外形尺寸。

5）其他重要尺寸

这类尺寸是指未包括在上述几类尺寸中的一些重要尺寸。这类尺寸是设计时经计算确定的尺寸，拆画零件时不可改变，如图 10-5 所示的 $\phi 44$ 就属于这种尺寸。

2. 技术要求

装配图上的技术要求是指零件与装配有关的加工要求，装配时调整、试验和检验的有关要求，技术性能指标，以及维护、保养、使用时的注意事项等，一般用文字注写在明细栏的上方或图纸下方空白处。

10.2.5　装配图中的零、部件编号和明细栏

装配图上每个零件都必须进行编号，并将其相关信息填写在明细栏中，以便备料、编制购货单等，也以利于组织生产。同时，在看装配图时，也必须根据序号查阅明细栏，了解各零件的具体内容。

1. 零件序号（代号）的排列方法

装配图上包括标准件在内的所有零件，应按一定顺序统一编号。形状和尺寸相同的零件只编一个序号，一个序号只注一次；序号写在视图外明显位置，整齐排列，如图 10-5 所示。零件序号标注规定如下。

（1）在所注零件的可见轮廓内用细实线画出指引线，指引线一般不可相互交叉，指引线一端用水平细实线或细实线圆圈表示；指引线通过剖面线区域时，不应与剖面线平行且允许曲折一次；指引线应尽量穿越较少的其他零件（即以较短为好）。

（2）序号字号比图上尺寸数字大一号或两号，其注法如图 10-11 所示。很薄或涂黑零件的序号注法如图 10-12 所示。

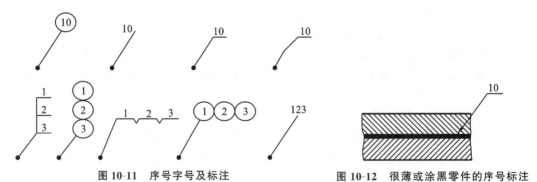

图 10-11　序号字号及标注　　　　　　图 10-12　很薄或涂黑零件的序号标注

（3）紧固件组或装配关系清楚的零件组，可以采用公共的指引线，如图 10-11 所示。

（4）序号在图样中一般应按水平或垂直方向排列整齐，按顺时针或逆时针方向顺序排列，如图 10-5 所示。

2. 明细栏

明细栏是装配图全部零部件的详细目录,一般配置在装配图中标题栏上方,按由下而上的顺序填写,如图 10-13 和图 10-14 所示。当由下而上延伸位置不够时,可紧靠标题栏的左边由下而上延续。一些常用件的重要参数,如齿轮的模数、齿数、压力角等,可填入明细栏的备注栏中。明细栏的具体格式可查阅相关的国家标准。

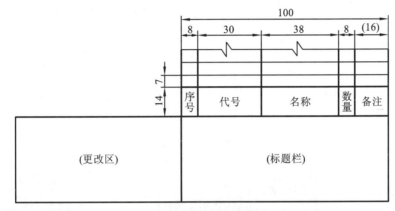

图 10-13 标题栏、明细栏画法(一)

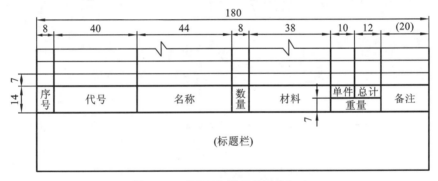

图 10-14 标题栏、明细栏画法(二)

10.3 装配体测绘

测绘是指根据现有部件(或机器)实体的结构和形状,先测量绘制出其零件的草图,再画出装配图和零件图的过程。

在生产实践中,为了仿造其他机器设备或进行技术改造时,在没有现成的技术资料的情况下,就需要对机器或部件进行测绘,以得到有关的技术资料。下面通过测绘齿轮油泵来说明测绘的一般方法和步骤。

10.3.1 概括了解测绘对象

在测绘机器或部件前,首先要对其进行全面的了解和分析,了解其用途、性能、工作原理、结构特点及零件之间的装配关系。可以通过观察实物,阅读有关说明书和资料,参考同类产品的图纸,向有实践经验的同志了解使用情况和改进意见等来达到上述目的。

如图 10-15 所示,齿轮油泵是机床润滑系统的供油泵,分析其结构如下:在泵体内装有一对啮合的圆柱直齿轮,动力输入端是主动齿轮轴的右端,它的密封是通过填料、压盖及螺母来实现的;从动齿轮和从动轴之间为间隙配合,而泵体孔与从动轴的另一端为过盈配合;用四个螺栓连接泵体与泵盖,两者之间通过圆柱销定位;进油管和出油管分别安装在位于泵体两侧的圆锥管螺纹孔中。

其工作原理是:齿轮轴带动从动齿轮旋转,使齿轮左边形成真空,同时油在大气压力的作用下流入泵体,将油压入出油管而输往各润滑系统。钢球在出油孔处油压超过额定压力时被顶开,使高、低压通道相通,起到限压保护作用。油压的调节可通过旋转调节螺钉,改变弹簧压力来实现。

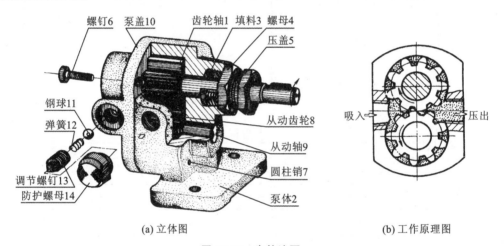

图 10-15　齿轮油泵

10.3.2　拆卸零件和绘制装配示意图

在初步了解部件结构与原理的基础上,依次拆卸各零件。要从装配体上拆卸下每个零件,首先要假想将零件从装配图中分离出来,并构思出它的空间结构形状。

拆卸时应注意以下几方面。

(1) 按一定顺序拆卸,以保证精度及避免损坏零件。装配体中不可拆的零件(如过盈配合、铆接等)应尽量不拆,拆卸时要合理使用工具。

(2) 将拆下的零件按顺序妥善放置,配上标签,编上号,小件如螺钉、螺母等放在盒内,以防遗失。重要的零件或表面精度较高的零件,要防止碰伤、变形、生锈,以免影响精度。

(3) 拆卸时应研究每个零件的名称、数量、材料及其作用与结构特点,以及与相邻零件间的装配关系,正确判断其配合性质。

经过以上拆卸工作后即可画装配示意图了。

装配示意图是在机器拆卸过程中所画的记录图样。它的主要作用是:避免由于零件拆卸或可能产生的错乱致使重新装配时遇到困难,同时也为绘制装配图打下良好的基础。

装配示意图所表达的主要内容是零件间的位置和装配关系,以及机器的工作情况,应用规定的符号和较形象的轮廓线,绘制出部件每个组成部分的连接关系、装配关系。图 10-16 为齿轮油泵的装配示意图。

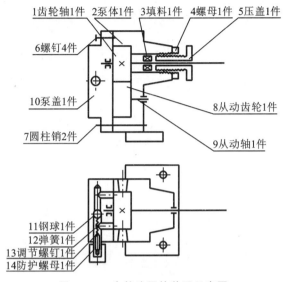

图 10-16　齿轮油泵的装配示意图

装配示意图是将部件看成透明体,既画出了外部轮廓,又画出了外部和内部零件间的关系。它既不是外形图,也不是全按剖视图绘制的,必须按相应国家标准的规定去画。

画示意图时,一般用简单的线条画出零件的大致轮廓。对各零件的表达不受前后层次的限制,尽可能把所有零件集中到一个图上。如有必要可以补充图形。

另外还有如下一些规定。

(1)两零件的接触面最好留出间隙,以便区分。

(2)画示意图的顺序一般从主要零件着手,然后按装配顺序将其他零件画上;零件在视图中的位置应尽量与装配图中保持一致,便于绘制装配图。

(3)示意图画完后应依次将各零件编上序号、代号、名称等内容。

(4)区分标准件与非标准件。其中,非标准件必须画草图,而标准件只需测量它们的规格尺寸或规定代号,再查出它们的标准代号。

10.3.3　画零件草图

装配体的测绘工作通常都是在现场进行的,往往受时间、场地限制,因此要先画出各个零件的草图,然后根据零件草图画出装配图,再由装配图拆画零件图。零件草图是画装配图和零件图的依据,因此画草图应注意以下的一些要求。

(1)图形正确,表达清晰,尺寸完整,线型分明,图面整洁,并注出基本技术要求。

(2)零件间有配合关系的轴、孔的基本尺寸必须相同。

(3)非标准件必须画草图,如泵盖草图、齿轮轴草图,如图 10-17 和图 10-18 所示。其他草图在此不一一列举。

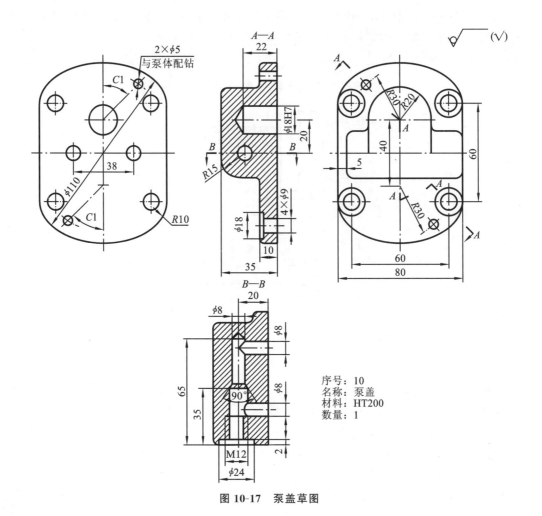

图 10-17　泵盖草图

序号：10
名称：泵盖
材料：HT200
数量：1

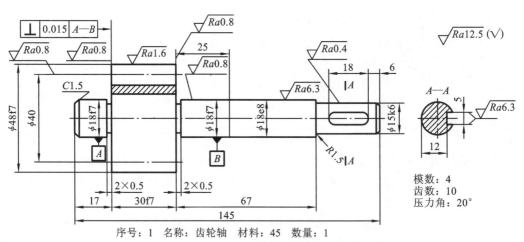

模数：4
齿数：10
压力角：20°

序号：1　名称：齿轮轴　材料：45　数量：1

图 10-18　齿轮轴草图

10.3.4　画装配图

在充分了解装配体的工作原理、零件的主要装配关系和零件的主要结构形状的基础上，就可以运用前面所学的相关知识，拟定视图表达方案，着手画装配图了。

1. 装配图的视图选择

1）主视图的选择

选择视图时，首先要确定主视图的表达方案，然后再确定其他视图的表达方案。所选主视图应符合部件的工作位置，并能较多地显示零件间的相对位置及装配、连接关系。

在部件或机器中，常常是许多零件围绕某些轴线装配在一起的，因而一般会形成一条或几条装配干线，所以常常通过装配干线的轴线选取剖切平面，画出剖视图。根据上述原则，我们确定将通过齿轮轴及从动轴轴线的局部视图作为主视图，这样既表达了齿轮油泵的外形，同时又能看出部分装配关系，并符合工作位置。

2）确定其他视图

主视图确定后，用其他视图补充表达主视图没有表达而又必须表达的内容。所选视图要求重点突出、相互配合、避免重复。至于视图的多少，要根据部件的复杂程度而定。选择视图时，要抓住各自的表达重点。根据上述要求，我们选取剖切平面通过安全装置中心线的局部剖视作为俯视图。它表达了泵盖、钢球、弹簧、调节螺钉、防护螺母等零件的装配关系和工作原理。最后选左视图表达销和螺栓的分布情况和泵体、泵盖的形状。

2. 画装配图的方法和步骤

1）定比例，选图幅，定基准线，布置视图

装配图的表达方案确定以后，应根据部件大小及结构复杂程度，确定合适比例和图幅。选定图幅时，不仅要考虑到视图放置所需要的面积，而且要考虑标注尺寸、零件编号、画标题栏、明细栏和填写技术要求所需要的图面空间。然后用中心线、对称线及主要零件的主要轮廓线确定各视图的主要基准线。对齿轮油泵来说，先定主视图中泵体、泵盖等零件的中心线位置，再画俯视图中泵盖、钢球、弹簧等的基准线位置，最后画左视图中心线，如图 10-19 所示。

2）画主要零件轮廓

画图时一般从大的零件（如泵体、齿轮轴、泵盖等）开始画，也可以从表达装配关系最多、最明显的零件开始画。如从泵体、齿轮轴、泵盖、填料、螺母、压盖等这条主要装配线画起，以主视图为主，与其他几个视图同时进行，逐个画出全部视图的大致轮廓，如图 10-20 所示。

3）查漏补缺，完成全图的绘制

画全零件的细部结构，画剖面线，标注尺寸，编序号、代号，加深线条，填写标题栏、技术要求、明细栏，完成全图的绘制，如图 10-21 所示。

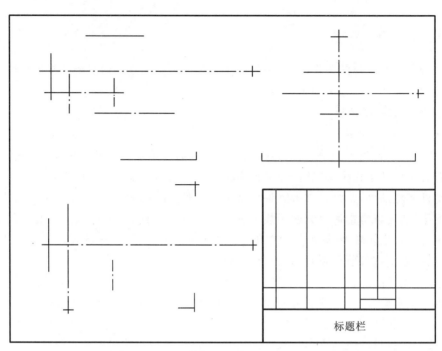

图 10-19　画出各视图的作图基准线和范围，留出标题栏与明细栏的位置

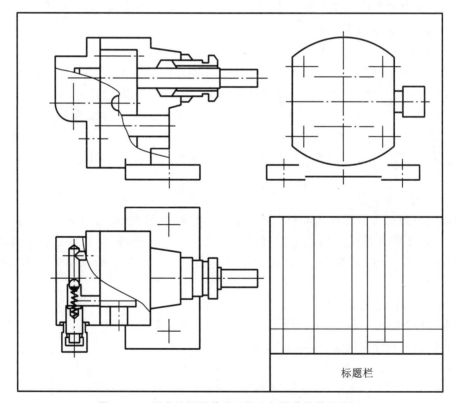

图 10-20　画主俯视图装配干线上各零件的装配关系

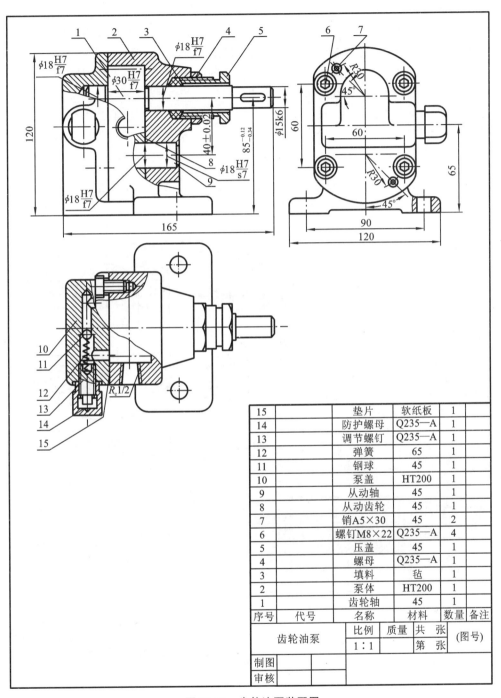

15		垫片	软纸板	1	
14		防护螺母	Q235—A	1	
13		调节螺钉	Q235—A	1	
12		弹簧	65	1	
11		钢球	45	1	
10		泵盖	HT200	1	
9		从动轴	45	1	
8		从动齿轮	45	1	
7		销A5×30	45	2	
6		螺钉M8×22	Q235—A	4	
5		压盖	45	1	
4		螺母	Q235—A	1	
3		填料	毡	1	
2		泵体	HT200	1	
1		齿轮轴	45	1	
序号	代号	名称	材料	数量	备注

齿轮油泵	比例	质量	共 张	(图号)
	1:1		第 张	
制图				
审核				

图 10-21 齿轮油泵装配图

10.3.5　画零件图

根据装配图和零件草图绘制零件图。绘制零件图时,对视图的选择不必强求与零件草图和装配图的视图方案一致,而可按实际情况重新选取。

对零件的主要尺寸,特别是配合尺寸应按零件的结构要求和画装配图时给定的配合种类标注,并查阅设计资料确认或进行必要的计算校核。

其他的内容如表面粗糙度、技术要求可参阅零件草图和有关资料,以及同类或相近的产品图纸,参考生产条件及生产经验加以制定进行标注。泵盖和齿轮轴零件图如图 10-22 和图 10-23 所示,其余零件图略。

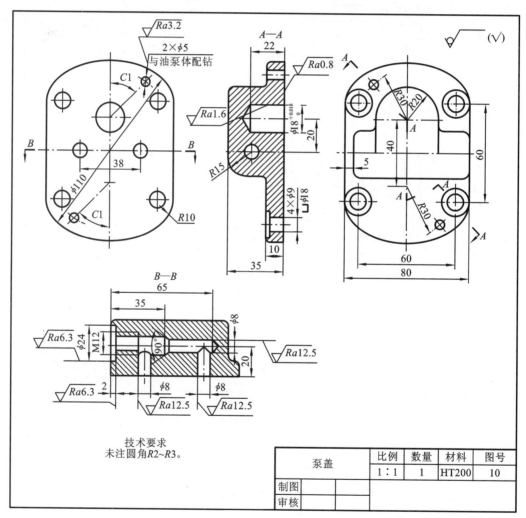

图 10-22　泵盖零件图

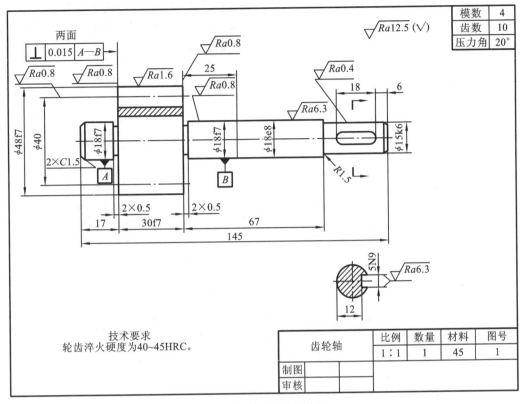

		模数	4
		齿数	10
		压力角	20°

齿轮轴	比例	数量	材料	图号
	1：1	1	45	1
制图				
审核				

技术要求
轮齿淬火硬度为40~45HRC。

图 10-23　齿轮轴零件图

10.4　读装配图和拆画零件图

10.4.1　读装配图

　　在设计工作中,要经常了解相关设备的原理和结构,学习借鉴一些成熟和先进的技术资料,这些都会涉及读装配图;在生产过程中经常要读装配图,如在零件加工、设备安装、检验和维修等工作中;在技术更新改造中,首先要从分析、了解改造对象的结构原理和技术特点入手,这也要求看懂、读透装配图。

　　画装配图是用图形、尺寸、符号或文字来表达设计意图和设计要求的过程,而读装配图是通过对现有图形、尺寸、符号、文字进行分析,了解设计者的意图和要求的过程。读装配图的主要目的如下：①了解部件或机器的名称、用途、性能和工作原理;②了解各零件间的装配关系、作用和结构形状;③了解部件或机器的技术要求。

　　下面介绍读装配图的方法和步骤。

1. 概括了解

　　读装配图时,首先要看标题栏、明细栏及产品说明书,再联系生产实践知识,了解装配体的名称、工作原理、性能、功用、代号等内容。下面以轴用虎钳为例加以说明。

轴用虎钳装配图如图 10-24 所示。首先从标题栏可以知道装配图的名称为轴用虎钳，画图比例为 1:1。再看明细栏可以知道该部件共由 12 个零件组成，其中标准件有 3 件，分别是 9、10、12 号件。从主视图中双点画线处看出规格：夹持最大轴径为 $\phi50$ mm，最小轴径为 $\phi10$ mm，它是一种夹紧工件用的部件。

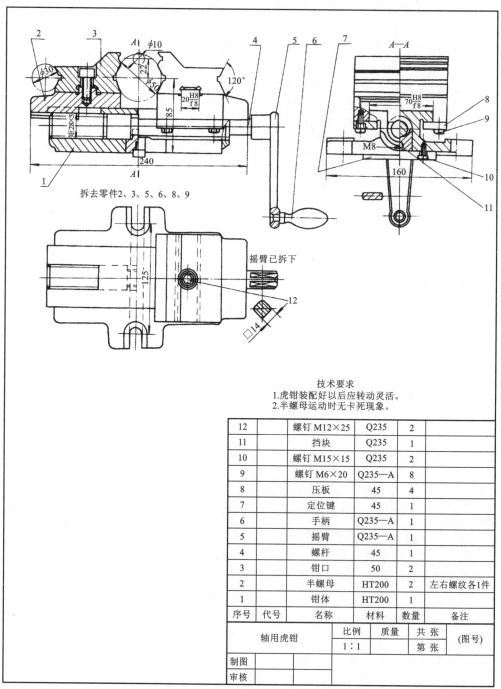

图 10-24　轴用虎钳装配图

2. 分析视图

经过前面的概括了解,下一步就应该对视图作进一步研究,明确各视图的相互关系及其表达的内容。轴用虎钳立体图如图 10-25 所示。

装配图中共采用了三个基本视图来表达装配关系,即主视图、俯视图和左视图。下面逐一进行分析。

(1) 主视图由于左右不对称,左边用局部剖视表达钳口 3、半螺母 2、螺钉 12、钳体 1、挡块 11 和定位键 7 等零件的装配关系和连接方式,而主视图右下边采用了局部剖视,以便看清螺杆与钳体、手柄与摇臂的装配关系。

(2) 俯视图采用拆卸画法,假想把左边的半螺母 2 与钳口 3 拆下,以便反映钳体 1 和螺杆 4 的外形,右边假想拆去摇臂,以便看清螺杆 4 的头部形状。

(3) 左视图的图形对称,采用半剖视,既表达外形又表达钳体的内部结构,以便看清挡块、螺钉、钳体、定位键的装配关系,还采用局部剖视来表示半螺母的鞍形结构与钳体 1、压板 8、螺钉 9 的连接形式。为了表示摇臂的厚度,图中采用移出断面的方式来画出其断面形状。

除了以上三个基本视图以外,为了表示螺杆右端的形状还用了一个移出断面,摇臂下端在左视图位置也用了一个移出断面图,用来表示断面形状。

3. 分析工作原理和装配关系

对照各视图仔细研究部件和机器的工作原理和装配关系是读装配图的重要阶段。

一般情况下可由图样上直接分析,产品复杂时则需要参考产品说明书。先从主视图着手,分析部件或零件的运动情况,从而了解其工作原理。在弄清工作原理之后,从反映装配关系的视图入手分析零件间的装配关系及配合要求。

轴用虎钳的工作原理如图 10-26 所示,顺时针转动手柄,通过摇臂带动螺杆旋转,由于挡块限制螺杆沿轴向位移,因此螺杆只能做旋转运动,而与它相配合的半螺母沿轴向左右移动,带动钳口夹紧被加工零件。应注意的是,半螺母左右各一个,形状相同,螺旋方向相反,左边的半螺母为右旋螺纹,右边的半螺母为左旋螺纹。与半螺母相配合的螺杆 4,右端为左旋螺纹,左端为右旋螺纹。这样,当螺杆 4 旋转时,两个半螺母才会同时前进或后退。与一般虎钳相比,轴用虎钳操作方便、生产效率高,因为一般虎钳只靠一个钳口移动来夹紧工件。

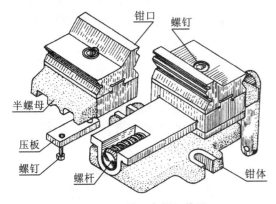

图 10-25 轴用虎钳立体图

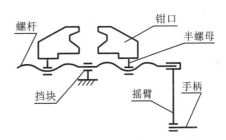

图 10-26 轴用虎钳工作原理示意图

轴用虎钳钳口有三个 V 形槽,可夹持不同直径的零件。如图 10-24 所示,它可夹持 $\phi10$ ~$\phi50$ mm 直径范围内的零件。当直径在 $\phi30$ mm 以内范围时,应卸下螺钉 12,反向安装钳口 3 即可。为了使钳口 3 与半螺母准确定位,方便拆卸,在钳口上制作有方形槽,与半螺母上面的方形凸块相配合,其间隙配合为 $20\dfrac{H8}{f8}$。

4. 分析零件

从明细栏中可以了解零件的名称、代号、序号、数量和材料等内容。轴用虎钳的作用是将螺杆的旋转运动变为钳口的轴向移动来夹持加工零件,钳口用螺钉固定在半螺母上,当螺杆旋转时带动半螺母移动。为了使其工作可靠、移动平稳,半螺母的鞍形结构与钳体的导轨相配,并用螺钉 9 把压板装在半螺母 2 上,使它只能在钳体的导轨面上沿螺杆 4 作轴向移动。在钳体 1 的底座上装有定位键 7,它插入机床工作台的 T 形槽内,使轴用虎钳定位准确,并保证被加工件的轴线与工作台轴线平行或垂直,而虎钳是用两个螺栓固定在工作台上的。在钳体的底面上加工有方形孔,插入挡块 11,卡住螺杆的轴颈,从而限制螺杆的轴向移动,使它只能作旋转运动。底板上的 M8 孔是装拆零件必不可少的工艺孔,当拆下定位键 7 后,用 M8 螺钉旋入螺孔中,方可顺利取出挡块。

5. 分析尺寸

除了前面讲过的几类尺寸外,装配图中还有配合尺寸。如图 10-24 所示,为保证精度,方便装拆,钳口 9 与半螺母 2 相配合处采用 H8/f8 的间隙配合,螺母和钳体间也采用 H8/f8 的间隙配合,以保证其运动自如。

6. 归纳总结

对装配图进行上述分析后,对该部件就有了一个大概的了解,为了全面、透彻地读懂装配体,还有必要对全部尺寸、技术要求,以及每一个零件的装配、拆卸方法进行研究,进一步了解部件和机器的设计意图和装配工艺等,从而加深对部件和机器的认识。另外,以上读图过程每一步都是相互渗透、交错进行的,应在实践中灵活掌握。

10.4.2 拆画零件图

由装配图拆画零件图是设计过程中的重要环节。拆画零件图时,一般要在全面看懂装配图的基础上,联系该零件与其他零件的装配、连接关系,分析其结构形状,按零件图的内容和要求,选择恰当的表达方案画出零件图。

1. 确定零件图的视图表达方案

由于装配图主要是表达零件的装配关系,它的视图选择主要是从整体出发,不一定符合每一个零件视图选择的要求,因此零件图的表达方案应根据具体情况重新选择,不能机械地照搬装配图中该零件的视图。例如,轴套类零件在装配图中的位置是多种多样的,而画零件工作图时则必须将各零件按工作位置来水平放置。

画零件图时,对零件上的一般工艺结构,如铸造斜度、小圆角、退刀槽、倒角等,必须按照加工工艺要求和使用功能将其结构形状表达清楚、合理、完整,因为在装配图中这些细小结构并不画出。

下面以图 10-27 所示的钻床夹具为例,介绍拆画零件图的详细过程。

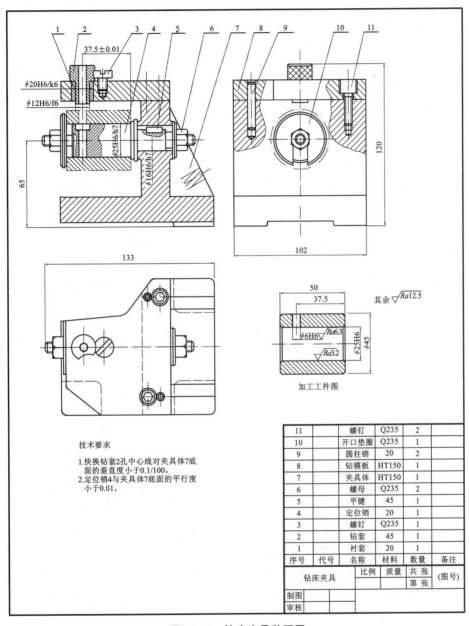

图 10-27 钻床夹具装配图

11		螺钉	Q235	2	
10		开口垫圈	Q235	1	
9		圆柱销	20	2	
8		钻模板	HT150	1	
7		夹具体	HT150	1	
6		螺母	Q235	2	
5		平键	45	1	
4		定位销	20	1	
3		螺钉	Q235	1	
2		钻套	45	1	
1		衬套	20	1	
序号	代号	名称	材料	数量	备注

技术要求
1.快换钻套2孔中心线对夹具体7底面的垂直度小于0.1/100。
2.定位销4与夹具体7底面的平行度小于0.01。

加工工件图

从图 10-27 中可以了解到装配图的名称为钻床夹具,由 11 种零件组成。该夹具是放在钻床工作台上用来钻(铰)工件上 $\phi6H6$ 孔的专用夹具,其工作原理是:加工时工件被开口垫圈 10 和螺母 6 夹紧,同时工件被套在定位销 4 上,以销的左轴肩和外圆定位。若要卸下工件,只需松开螺母(一般转半圈左右),然后取下开口垫圈 10 即可。定位销 4 上纵向槽的作用是容屑和排屑,这个槽通过槽底钻一个与被加工孔同轴线,但直径稍大于 $\phi6$ 的径向通孔。在钻模板 8 上镶嵌有一个固定衬套,用来防止钻模板的磨损,在固定衬套内装有快换钻套 2,以便于依次钻、铰孔,并且确定被加工孔的位置,引导钻头、铰刀进行加工。为了防止快换钻套 2 在加工的时候随同刀具一起转动,或者随刀具的抬起而脱出,在凸肩处制有凹面和圆弧形状的缺口,如图 10-27 所示。如果需要更换或安装快换钻套 2,可以将它转动一定的角度,使圆弧缺口与紧固螺钉 3 的头部对准就可以取出来了。读图时可以参考钻床夹具立体图,如图 10-28 所示。

经过以上读图工作后,就可以拆画零件图了。我们先要弄清几个视图中所表达零件的投影关系,并根据剖面线的不同与其他零件区别开来。同一个零件在图中应符合高平齐、宽相等、长对正的关系,同时剖面线的方向、间隔应该相同。这样,我们就可以想象出零件的形状,如夹具体立体图,如图 10-29 所示。

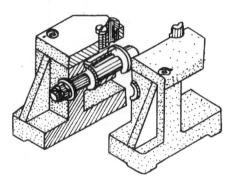

图 10-28 钻床夹具立体图

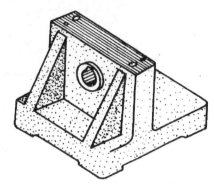

图 10-29 夹具体立体图

在初步想象出零件立体的形状后,还应该根据它的结构特征和加工工艺,最后确定零件图的表达方案,如图 10-30 所示。用同样方法,可画出其他零件图。

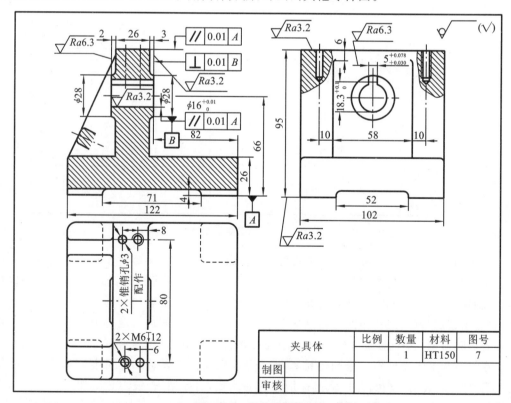

图 10-30 夹具体零件图

2. 确定零件图上的尺寸

1）标注装配图上的尺寸

凡是装配图上已经标注出的尺寸,都是比较重要的尺寸,这些尺寸可以从装配图移到零件图上。凡有配合代号的尺寸,应分别按孔、轴注上配合代号,或者查出具体公差数值注上,如图 10-31 所示的 $\phi25_{-0.013}^{0}$ 等。

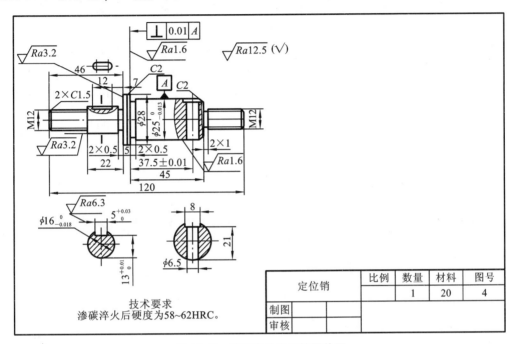

图 10-31 钻床夹具定位销零件图

2）标注应查表确定的结构尺寸

（1）标注螺栓、螺母、螺钉、键、销的尺寸。

（2）标注螺孔、螺孔深、键槽、销孔的尺寸。

（3）标注规定的倒角、倒圆、退刀槽的尺寸。

3）计算确定尺寸

某些零件尺寸可以通过计算得到,例如,齿轮分度圆直径可根据模数、齿数计算确定。

4）装配图中没有标注的尺寸

这类尺寸可以根据零件的作用及其与相邻零件的关系,结合生产实际全面考虑,数值则用分规从装配图上量取,然后按比例算出并进行恰当取整即可。

在注写零件图上的尺寸时,对有装配关系的尺寸要注意相互协调,不要造成矛盾。如图 10-27 所示的 $\phi25\dfrac{H6}{h7}$ 和图 10-31 所示的 $\phi25_{-0.013}^{0}$ 就属于这种情况。

3. 零件图技术要求的确定

技术要求在零件图中占有很重要的地位。技术要求的制定和注写正确与否,将直接影响零件的加工质量和使用性能。

技术要求包括表面粗糙度要求、整体或表面热处理要求,以及其他与零件加工或使用功能有关的要求等。一般情况下,接触表面和有配合的表面质量要求应该高一些;对于具有密封、耐腐蚀、美观等要求的表面,表面粗糙度值也相对小一些。有的零件要进行整体热处理,以保证其具有满足使用性能要求的足够强度、韧性、耐磨性等;有的零件表面需要热处理,以保证其具有耐腐蚀、耐磨损和抗疲劳等性能,如图 10-31 中所示的技术要求。

技术要求中各项内容的选择可参阅有关资料后决定。正确地制定技术要求涉及许多专业知识,在制定技术要求时,必须参阅有关资料及相近产品图样,考虑生产技术条件,才能最后决定。

经过以上步骤后,为了使所画图样尽量满足生产要求、保证产品质量,还要对其仔细检查、修改和完善,检查的方法、步骤与读装配图、零件图的步骤基本相同。另外,还要将装配图和零件图加以对照分析,同时参照有关技术文件,吸纳各方面的意见和建议,才能不断提高制图水平。

第 *11* 章 薄壁零件的表面展开

在工业生产中,常常有一些零部件或设备由板材加工制成。在制造时需先画出有关的展开图,然后下料成型,再用咬缝连接而成。

把立体的表面,按其实长和实际形状依次摊开在一个平面上,称为立体的表面展开。展开所得的图形,称为该立体的表面展开图,简称展开图,如图 11-1 所示。

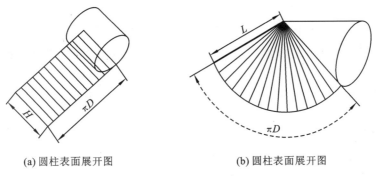

(a) 圆柱表面展开图   (b) 圆柱表面展开图

图 11-1 圆柱表面展开示意图

在机械、冶金、化工、造船、电力和轻工等部门的产品和设备中,都有形状不同的板制件,往往要用到展开图。

图解法是当前我国应用最普遍的一种画立体表面展开图的方法,也是本章所要讨论的主要内容。

▇ 11.1 平面立体的表面展开

平面立体的表面都是多边形。因此,求平面立体的表面展开图,实质上是求属于该平面的所有多边形的实形,并将它们依次地画在一个平面上。为了画出多边形的实形,经常要用到线段实长的求法。在前面章节中我们介绍了利用直角三角形法和换面法求线段实长的方法,下面介绍另一种求线段实长的方法,即用旋转法求线段实长。

11.1.1 用旋转法求线段的实长

由于两点决定一条直线,所以直线的放置完全取决于直线上两点的旋转,但旋转时两点的相对位置必须始终保持不变。两点必须绕同一轴线,向同一方向旋转同一角度,然后把旋转的两点同面投影连接起来,就得到该直线旋转后的新投影。

根据正投影规律,当一直线平行于一投影面时,则在该投影面的投影反映实长,否则不反映实长。因此,求一般位置线段的实长,可将该线段绕垂直于某一投影面的直线为轴旋转,旋转到与另一投影面成平行位置,其投影即反映实长。

例 11-1 求 AB 的实长及角度 β(见图 11-2)。

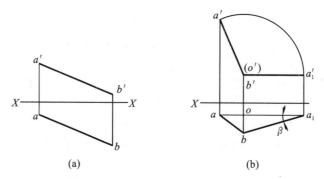

图 11-2 绕正垂直旋转求 AB 的实长

分析 只要求出 β,实长就能确定了。如果 AB 为水平线,则水平投影表达实长,且与 X 轴的夹角等于 β。用旋转法使 AB 旋转时,只有绕正垂线旋转才不会改变线段对 V 面的倾角。可见旋转轴应选为正垂线。为了作图方便,可使旋转轴通过 B 点。这样只需旋转点 A 就可以了。

作图

(1) 以 $b'(o')$ 为圆心,$b'a'$ 为半径画弧,使 $ab /\!/ X$ 轴;

(2) 在过 a 所作平行于 X 轴的直线上求出 a_1,则 $a_1b = AB$,$\angle aa_1b = \beta$。

11.1.2 棱锥的表面展开

棱锥除底面外,所有棱面都是三角形。知道了三边长度,形状就唯一确定了。可见在求得棱锥棱线的实长后,用已知三边作三角形的方法即可得到展开图。

如图 11-3 所示,已知三棱锥 $S—ABC$ 的正投影,求其展开图。方法是只要把三棱锥的各棱面三角形和底面的实形画在一个平面上即可作出。

底面三角形 ABC 在 H 面上,所以三角形 abc 反映底面实形。而各棱面都是一般位置平面,它们在 V 面、H 面上的投影均不反映实形。为此,必须求各棱实长,利用各棱和底边的实长来作出各棱面实形。

因棱线 SA 是正平线,所以 $s'a'$ 反映实长,如图 11-3(a)所示。SB、SC 的实长求法如下:先作一线段 s_1s_x(即$\triangle Z$)为直角三角形的一个直角边;取 $s_xb_1 = sb$;$s_xc_1(s_xc_1 = sc)$ 为另一直角边,s_1b_1 和 s_1c_1 即为棱 SB、SC 的实长,如图 11-3(b)所示。

然后从 SA 棱边开始,按已知三角形三边实长画三角形的方法,依次画出各棱面 $\triangle SAB$、$\triangle SBC$、$\triangle SCA$ 及底面 $\triangle ABC$,即得到三棱锥 $S—ABC$ 的展开图,如图 11-3(c)所示。

表示四棱锥表面展开的画法如图 11-4 所示。由于棱锥的底面为水平面,它的水平投影

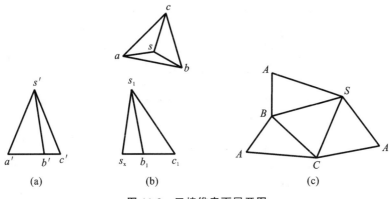

图 11-3　三棱锥表面展开图

表达实形,各底边实长也就确定了。棱线的实长用旋转法求得,作法如图 11-4(a)所示。

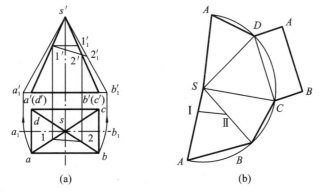

图 11-4　四棱锥表面展开的画法

如图 11-4(b)所示,画展开图时,以 $SA(SA=s'a')$、$SB(SB=s'b')$ 为边作△SAB,然后以 $BC(BC=bc)$、$SC(SC=s'c'=s'b')$ 为边作△SCB、△SDA 和平行四边形 CDAB,即得四棱锥表面展开图。

图中还表示了已知棱面内直线的投影 $(12,1'2')$,在展开图上的相应表面内求该直线 I II 位置的作图情况。

11.1.3　棱柱的表面展开

如需展开正棱柱的表面,则由于各个棱面都是矩形,在求得各棱形的实长后,即可画出这些矩形。因各棱线与底面垂直,故将底面各边展成一直线,以此展开线为基础,即可画出展开图。图 11-5 所示为正四棱柱表面展开的画法。在图示情况下,水平投影表达底面的实形,正面投影表达了各直立棱线的实长,因而可直接画展开图,画法如图 11-5(b)所示。

对于斜棱柱来说,它的各个棱面都是任意平行四边形,只知其边长,形状还是不定的。因此,需按下列方法之一去作图。

1. 对角线法

作出各棱面的对角线使之成为两个三角形,在求出各边实长后再画展开图,画法如图 11-6 所示。

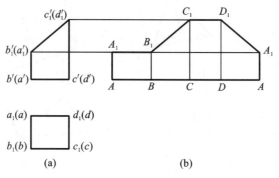

图 11-5　正四棱柱表面展开的画法

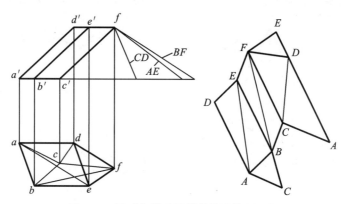

图 11-6　用对角线法画斜棱柱面的展开图

2. 正截面法

用一个垂直于斜棱柱的平面 P 截断立体,求出截断面的投影后,再用辅助投影面法求实形,然后用展开正棱面的方法画展开图。具体画法如图 11-7 所示。

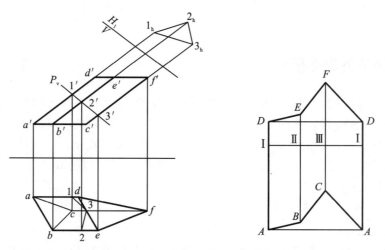

图 11-7　用正截画法画斜棱柱面的展开图

图 11-7 中三棱柱的棱线是正平线,与正平线垂直的平面是正垂面。显然,$P_v \perp a'1'$,且 P_v 有积聚性,因而可直接求得截断面的水平投影三角形。用更换 H 面的方法使 $H_1 // P$,在 H_1 面上即可求出截断面的实形 $\triangle 1_h 2_h 3_h$。

11.2 曲面立体的表面展开

11.2.1 锥面展开

圆锥可认为是棱线无限多的棱锥,因而可用展开棱锥表面的方法画它的展开图。每个棱面可以看做是相邻两素线构成的一个窄小三角形,然后把棱面顺序展开,即可得到展开图。

1. 求正圆锥面的展开图

图 11-8 所示为正圆锥的表面展开图。其作图步骤如下。

(1) 先将锥底圆周 12 等分,得 1、2 ……12 点,过各分点素线,用内接正十二棱锥代替正圆锥。

(2) 求素线实长。因正圆锥素线长度相等,其中 $S0$ 及 $S\text{Ⅵ}$ 为正平线,所以 $s'0'$ 及 $s'6'$ 反映素线的实长。

(3) 画展开图。取一点 S 为中心,以 $s'0'$ 为半径画圆弧,并在此圆弧上取 12 段弧长,每段弧长均等于锥底圆周长的 1/12,得 Ⅰ、Ⅱ ……Ⅻ 点,连接 $S0$、$S\text{Ⅻ}$ 得到一个扇形 $S0\text{Ⅻ}$,即为圆锥表面的展开图。

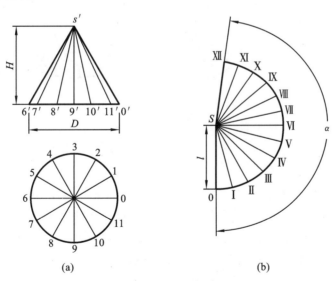

图 11-8 正圆锥表面展开图

由以上分析可知,将锥底等分的份数越多,则展开图越准确,必要时可以用计算结果来校对作图的准确度。用计算法求扇形圆心角 $\alpha = 360° \times \dfrac{r}{l}$,其中 α 为扇形圆心角,r 为锥底圆半径,l 为锥面素线长度。

2. 求斜截正圆锥面的展开图

如图 11-9 所示,用内接正八棱锥近似地代替正圆锥面,然后用展开正八棱锥的方法画圆锥的展开图。具体画法如下。

(1) 将底圆 8 等分,得 Ⅰ、Ⅱ…… Ⅷ点,连接 SⅠ、SⅡ……SⅧ,即得内接正八棱锥。

(2) 除 $s'1'$、$s'5'$ 为素线实长外,用旋转法求其他素线的实长。

(3) 画完整正圆锥的展开图。以 $s'(S)$ 为圆心,$s'1'$ 为半径画圆弧,并在所画弧上截取 Ⅰ、Ⅱ…… Ⅷ点,使 ⅠⅡ＝12、ⅡⅢ＝23……再把所得各点与 S 连接起来,即得正圆锥展开图。

(4) 在展开图的每一条素线上截取切口上相应素线的实长,得 A、B……各点,将所求各点顺次圆滑连接即得。

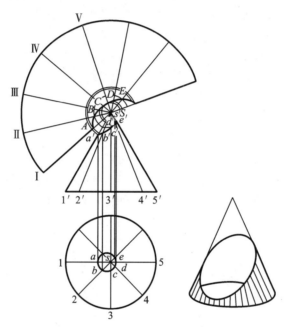

图 11-9　斜截正圆锥的展开画法

11.2.2　柱面展开

圆柱面或其他柱面,不论是正的或斜的,都可看做是某些棱柱的棱线无限增加的结果。因此,柱面展开的一般方法是:以内接棱柱来代替曲面柱,每个棱面都可看做是相邻两素线构成的一个小梯形或平行四边形,然后再把各棱面顺次展开,即可得到展开图。

例 11-2　求斜圆柱面的展开图,如图 11-10 所示。

作图　用内接正十二棱柱代替圆柱画它的展开图。由于棱柱轴为铅垂线,柱面上素线的正面投影表达实长。其作图步骤如下。

(1) 作内接正十二棱柱。将底圆周 12 等分,并过各分点作柱面的素线。

(2) 画展开图。将底圆周长展成直线,并作 12 等分;过各分点作垂线,在所作垂线上截取相应素线的实长;最后,将各垂线的端点连成圆滑曲线即可。

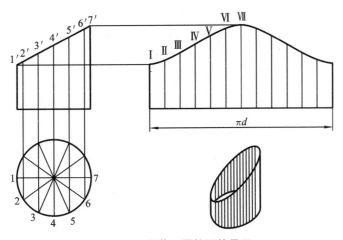

图 11-10　斜截正圆柱面的展开

例 11-3　求直角弯管的表面展开图,如图 11-11 所示。

作图　在通风管道中,如要垂直地改变风道的方向,多用图 11-11(e)所示的直角弯管。根据通风要求,一般将直角弯管分成若干节(图示为四段、三节,两端各为半节、中间为两个全节),每节即为斜截正圆柱面,按图 11-10 所示的展开画法便可得到每一节的展开图。

图 11-11(d)所示为分节和段的方法,进口和出口为半节,中间为全节。分为三节时,每节所对应的角度为 30°,半节所对应的角度为 15°。

图 11-11(c)是将各段展开后拼在一起的图形,刚好是一个矩形。

这种弯管如果用现成圆管切割焊接,可以如图 11-11(a)、图 11-11(b)那样,把管子割成所需的段数。

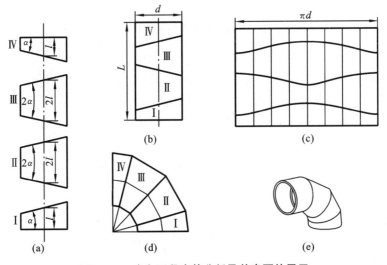

图 11-11　直角四段弯管分析及其表面的展开

11.3 不可展曲面立体的近似展开

由于工程上的需要,经常要求画出不可展开曲面的展开图,因此需要采用近似展开法来进行作图。近似展开的一般方法是:先将不可展曲面分为若干较小部分,使每一部分的形状接近于某种可展曲面,如柱面或锥面,然后把每一部分看成可展曲面,画出其展开图。不可展的曲面很多,下面以常用的几种为例,说明近似展开图的画法。

11.3.1 球面的近似展开

图 11-12 所示为球体近似展开的作图方法(图中只画了半球)。如图 11-12(a)所示,通过球心作若干辐射状平面,将球面分为若干等份,则相邻两平面间所夹柳叶状的球面可近似地看成柱面,然后用展开柱面的方法近似地将球面展开,即得展开图。展开的具体画法如下。

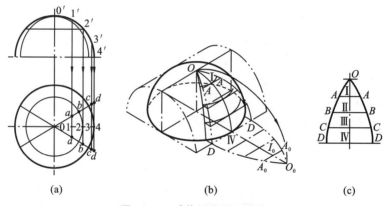

图 11-12 球体近似展开画法

(1)将半球的水平投影分成若干等份(图中为六等份,3 个平面)。
(2)将正面投影的轮廓线分为若干等份(图中为四等份),得分点 1′、2′……
(3)过正面投影的各等分点作正垂线,并求出水平投影 aa、bb……
(4)将 $O'4'$ 展成直线 $O\mathrm{IV}$($O\mathrm{IV}=\pi R/2$),并在此线上确定分点 Ⅰ、Ⅱ……
(5)过点 Ⅰ、Ⅱ 分别作 $O\mathrm{IV}$ 的垂线,并取 $AA=aa$、$BB=bb$……得 A、B……各点。
(6)将 A、B……点连成圆滑的曲线,即得 1/6 半球面的展开图,如图 11-12(c)所示。

11.3.2 正螺旋面的近似展开

用正螺旋面制成的螺旋输送器(俗称咬龙)可作为输送物品之用,也有用做搅拌机构的搅拌器,制造时需要画出它的展开图。

一般图解方法如图 11-13 所示,可以看出,展开图是一个环形。画图时,将螺旋面分成若干三角形,然后求出这些三角形的边长,最后顺次毗连地画各三角形的实形,即得图 11-13 所示的展开图,图中 $b=(D-d)/2$。

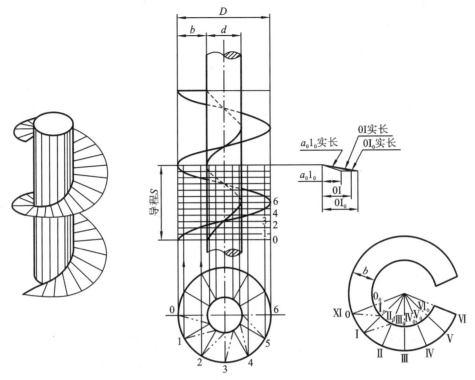

图 11-13　用图解法画正螺旋面的近似展开图

具体作图步骤如下。

（1）把一个导程内的螺旋面等分为若干小块（图中为 12 块，每一块是由两直角边和两曲边组成的四边形）。在水平投影上，将圆周十二等份，连接对应分点；在正面投影上，将导程也作十二等份，并过各等分点作水平线。这样，就求出了每小块的水平投影和正面投影。

（2）画每小块的近似展开图。此时把每小块划分为两个三角形，把空间曲线作为直线并求每边的实长，然后按平面近似展开。

（3）同样的，顺次毗连地将其余各块展开，并将内、外两侧各点圆滑地连成曲线。

以上讨论的是一般图解方法。下面谈谈简便展开法。

若已知正螺旋面的外径 D、内径 d 和导称 S，简便画法如图 11-14 所示。

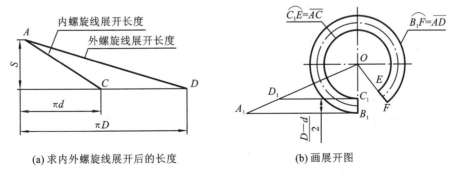

(a) 求内外螺旋线展开后的长度　　　　　(b) 画展开图

图 11-14　正螺旋面近似展开的简便画法

具体作图步骤如下。

(1) 画内圈和外圈的螺旋线展开图。

(2) 作横线 A_1B_1，并使 $A_1B_1=AD/2$，过 B_1 作 A_1B_1 的垂线，使 $B_1C_1=(D-d)/2$，过 C_1 作 $C_1D_1 /\!/ A_1B_1$，并使 $C_1D_1=AC/2$，连接 A_1、D_1 并延长使之与 B_1、C_1 的延长线交于点 O。

(3) 以 O 为圆心，OC_1、OB_1 为半径画圆，在外圆上取弧长 $B_1F=\overline{AD}$，内圆上取弧长 $C_1E=\overline{AC}$，连接 EF 即可。

11.3.3 柱状面的近似展开

图 11-15 所示的柱状面，是母线以一水平圆和一侧平圆为导线作平行于正面的运动时所形成的。这种形式的柱状面，在管道中可用做直角换向接头。

画这种柱状面的展开图时，可用一系列四边形近似地代替相邻两素线所夹的曲面，然后展开。为此，需要作适当数量的素线，即在投影图上，将两个圆分成同数等分（图中为十二等份），并把对应分点连成直线。

把所示四边形分成两个三角形，然后求出每个三角形三边的实长，并依次展开，最后将所求三角形的顶点 A_1、I_1……以及 A、I……顺次连成圆滑的曲线，即得柱状面的近似展开图。

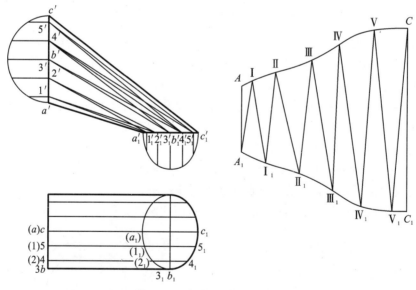

图 11-15 柱状面的近似展开

11.4 变形接头展开

变形接头一般用在流体通道必须变化的过渡段，它使通道的形状逐渐变化，减少过渡处的阻力，以便于流体顺畅通过。现在以图 11-16 所示的方圆接头为例，说明画变形接头展开图的步骤和方法。

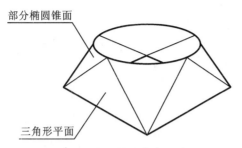

图 11-16　方圆接头的表面分析

11.4.1　分析表面形状和三角形的顶点

　　方圆接头是用来连接方管和圆管的,接头由 4 个三角形和 4 个部分椭圆锥面组成。画展开图前,必须把平面和锥面的分界线找出来。很明显,方口的每边就是一个三角形的一边,也就是知道了三角形的两个顶点,则另一个顶点就在圆口上。

　　为了使接头内壁圆滑,三角形平面必须和它相邻的椭圆锥面相切。据此,可包含方口各边作椭圆锥面的切平面,以求三角形的顶点。具体作法如图 11-17 所示。在圆口作 4 条与圆相切而又平行于方口各边的直线,相互平行的两直线所决定的平面即椭圆锥面的平面,而切点即为三角形的顶点。在给定条件下,4 个切点恰好在纵横中心线和圆的交点上,这是圆口平面与方口平行的结果。

　　图 11-18 所示为方圆接头方口的两边 AB、CD 不与圆口所在平面平行时的作图方法。先求出 AB、CD 与圆口所在平面的交点 E、F;然后过 E、F 两点分别作圆口的切线,切点 1′(4′)即为所求三角形平面的顶点。只有这样,△AB1 和△CD4 才与左、右圆锥面相切,即这时△AB1、△CD4 就是左、右椭圆锥面的切平面。

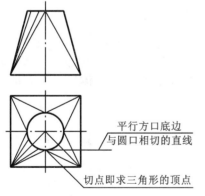

图 11-17　方口各边与圆上所在平面平行时
三角形平面在圆口上的顶点的求法

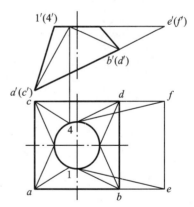

图 11-18　方口各边与圆上所在平面不平行时
三角形平面在圆口上顶点的求法

11.4.2　画展开图

　　将椭圆锥面的底圆分成若干等份,画出相应的素线并用直角三角形法或旋转法求出线段的实长后,再求出三角形各边的实长。然后把 4 个三角形和 4 个部分椭圆锥面顺次毗连地画在一起,展开图如图 11-19 所示。

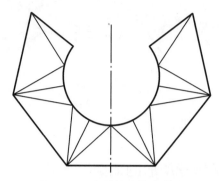

图 11-19　方圆接头的展开图

■ 11.5　绘制钣金件展开图时应注意的问题

本章所介绍的展开方法,不论是直接展开的,还是用近似方法展开的,都没有考虑板厚,而是按几何表面展开的,实际应用时要根据具体情况适当考虑板厚。其次还要考虑加工工艺,如接口形式、余量多少、何处剪开等,都需考虑清楚。

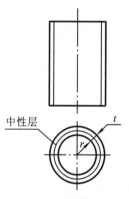

1. 板厚处理

当采用较厚板材折弯时,其展开尺寸应以中性层的尺寸进行计算。如图 11-20 所示的圆筒,壁厚为 t,内径为 $2r$,当 $\dfrac{r}{t}$ >4 时,则圆筒展开长度 $L = 2 \times 3.14 R_\text{中}$,$R_\text{中} = \dfrac{r+t}{2} r$。

2. 制品的接口

用厚板折弯成制品时,要考虑接口处焊接或铆接的工艺要求,在展开图中一定要留出接头的尺寸。用薄铁皮折弯成制品时,要根据咬口形式留出余量。具体尺寸可查阅有关工艺规范。

图 11-20　板厚处理

3. 节约材料

在画展开图时,应尽量排列紧凑,以减少剩余边角余料,节约原材料。

总之,在画展开图时,要考虑到实际问题,这需要从实践中不断探索经验,也可以参考相关书籍。

参考文献

［1］ 丁一,陈家能.机械制图［M］.重庆:重庆大学出版社,2012.

［2］ 黄其柏,阮春红,何建英,等.画法几何及机械制图［M］.7 版.武汉:华中科技大学出版社,2019.

［3］ 眭满仓,耿家源,刘丽梅.机械制图［M］.武汉:华中科技大学出版社,2015.

［4］ 胡建生.机械制图［M］.北京:机械工业出版社,2019.